U0309394

中国航天技术进展丛书

吴燕生　总主编

水下垂直发射航行体空泡流

唐一华　权晓波　谷立祥　魏海鹏　编著

中国宇航出版社

·北京·

图书在版编目（CIP）数据

水下垂直发射航行体空泡流 / 唐一华等编著. -- 北京：中国宇航出版社，2017.12

ISBN 978-7-5159-1405-3

Ⅰ. ①水… Ⅱ. ①唐… Ⅲ. ①水下发射—垂直发射—水中武器—空泡流 Ⅳ. ①TJ6

中国版本图书馆 CIP 数据核字（2017）第 279031 号

责任编辑　彭晨光

责任校对　祝延萍　　**封面设计**　宇星文化

出版发行　中国宇航出版社

社　址　北京市阜成路 8 号　**邮　编**　100830

(010)60286808　(010)68768548

网　址　www.caphbook.com

经　销　新华书店

发行部　(010)60286888　(010)68371900

(010)60286887　(010)60286804(传真)

零售店　读者服务部　(010)68371105

承　印　河北画中画印刷科技有限公司

版　次　2017 年 12 月第 1 版

2017 年 12 月第 1 次印刷

规　格　787×1092

开　本　1/16

印　张　12　**彩　插**　8

字　数　292 千字

书　号　ISBN 978-7-5159-1405-3

定　价　98.00 元

《中国航天技术进展丛书》
编委会

总　序

中国航天事业创建60年来，走出了一条具有中国特色的发展之路，实现了空间技术、空间应用和空间科学三大领域的快速发展，取得了“两弹一星”、载人航天、月球探测、北斗导航、高分辨率对地观测等辉煌成就。航天科技工业作为我国科技创新的代表，是我国综合实力特别是高科技发展实力的集中体现，在我国经济建设和社会发展中发挥着重要作用。

作为我国航天科技工业发展的主导力量，中国航天科技集团公司不仅在航天工程研制方面取得了辉煌成就，也在航天技术研究方面取得了巨大进展，对推进我国由航天大国向航天强国迈进起到了积极作用。在中国航天事业创建60周年之际，为了全面展示航天技术研究成果，系统梳理航天技术发展脉络，迎接新形势下在理论、技术和工程方面的严峻挑战，中国航天科技集团公司组织技术专家，编写了《中国航天技术进展丛书》。

这套丛书是完整概括中国航天技术进展、具有自主知识产权的精品书系，全面覆盖中国航天科技工业体系所涉及的主体专业，包括总体技术、推进技术、导航制导与控制技术、计算机技术、电子与通信技术、遥感技术、材料与制造技术、环境工程、测试技术、空气动力学、航天医学以及其他航天技术。丛书具有以下作用：总结航天技术成果，形成具有系统性、创新性、前瞻性的航天技术文献体系；优化航天技术架构，强化航天学科融合，促进航天学术交流；引领航天技术发展，为航天型号工程提供技术支撑。

雄关漫道真如铁，而今迈步从头越。“十三五”期间，中国航天事业迎来了更多的发展机遇。这套切合航天工程需求、覆盖关键技术领域的丛书，是中国航天人对航天技术发展脉络的总结提炼，对学科前沿发展趋势的探索思考，体现了中国航天人不忘初心、不断前行的执着追求。期望广大航天科技人员积极参与丛书编写、切实推进丛书应用，使之在中国航天事业发展中发挥应有的作用。

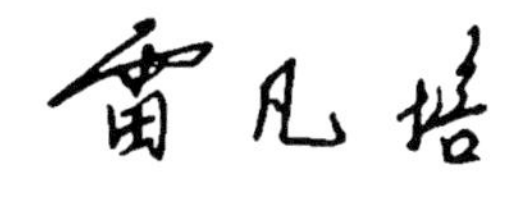

2016年12月

序

航行体空泡流是船舶、航天等多个领域的热点和难点问题，中国运载火箭技术研究院针对航行体空泡流开展了大量研究工作，取得了显著的成绩，不仅推动了工程研制和技术进步，而且牵引了国内基础水动力学的快速发展。本书作者作为该领域的学术带头人和基础研究首席科学家，带领研究团队做了大量富有成效的工作，取得了具有国际前沿水平的成果。

本书以水下航行体为背景，科学地阐述了空泡流动基本概念和流动机理，全面介绍了空泡流动的基础理论和基本方法，系统梳理并提出了空泡流研究的数学模型、数值模拟方法和试验方法；结合具体研究对象，总结提炼了肩空泡发展演化、尾空泡流动特征、复杂海洋环境影响等基本规律；在此基础上，揭示了水下空泡流动控制机理，提出了控制方法，并系统给出了航行体水载荷与水弹道变化规律。本书针对水下航行体空泡流进行系统总结，涉及流体动力学、结构动力学、弹道学等多个学科，覆盖理论研究、数值模拟、试验研究等多种研究手段，反映了空泡流研究的最新进展和发展趋势，具有较高的学术价值和技术水平。

本书是作者及其研究团队多年工作经验和科研成果的结晶，它的出版发行将填补国内该领域书籍的空白，将成为我国水下航行体领域的经典著作，为我国水下航行体研制提供参考。

包为民

中国科学院院士

中国航天科技集团公司科技委主任

2016 年 7 月于北京

前 言

水下垂直发射技术是跨介质航行体研究的核心和关键，涉及发射环境、发射平台等多个因素，以及流体动力学、结构动力学等多个学科，具有两个突出特点：一是动基座发射，发射过程中发射平台牵连速度使得航行体与海水存在横向相对运动，进而产生横向力、运动及载荷；二是空泡流动，发射过程中航行体通常在短时间内经历由气入水、水中飞行、由水入气这样复杂的物理过程，由于压力降低产生空化现象，气、汽、水三者会直接与航行体表面接触，在空泡流作用下的航行体出水过程异常复杂。空泡流是航行体水下发射过程中最为重要的流体动力现象，是研究的重点和难点，它与水下垂直发射航行体的运动过程密切相关。

本书针对水下垂直发射航行体，研究了航行体水下运动过程中的空泡初生、发展、溃灭等各种多相流现象，阐述了在理论分析和仿真计算中所采用的空泡流控制方程与数学模型，对目前广泛采用的多种湍流模型和空化模型进行了总结与比较，并对空泡流数值模拟中的界面捕捉技术、动网格技术等方法进行了描述；系统总结了水洞试验、水下弹射试验等空泡流试验原理、方法和设施，对于不同阶段的工程设计具有较强的指导作用；基于试验与仿真，对水下航行体肩空泡、尾空泡的多相流场特点、演化机理和二者之间的相互耦合作用进行了深入的阐述；同时针对海浪、海流等复杂海洋环境问题，给出了其数值模型和对航行体水下运动的影响规律；最后对国内外空泡流流体动力控制技术进行了论述，阐述了其控制原理，并对航行体水下运动的流体动力特性进行了分析。本书将基础理论与工程实际结合，为从事水下垂直发射航行体工程设计人员提供了系统的理论、仿真、试验、设计方法，也可为从事空泡流研究的科研人员提供理论参考。

本书第 1 章绪论由唐一华、魏海鹏执笔，第 2 章空泡流理论研究由唐一华、权晓波、王聪执笔；第 3 章基于 N-S 方程的空泡流数学模型和数值模拟方法由黄彪、孔德才、燕国军执笔；第 4 章水下航行体空泡流试验方法由谷立祥、李岩执笔；第 5 章附体空泡发展演化由唐一华、孔德才、尤天庆执笔；第 6 章尾空泡发展演化由魏海鹏、王占莹执笔；第 7 章复杂海洋环境的影响由唐一华、陈浮、黄海龙执笔；第 8 章水下垂直发射航行体运动与载荷特性由权晓波、吕海波执笔；第 9 章通气空泡流体动力控制原理与技术由权晓波、刘元清执笔。

在本书编写过程中得到了中国运载火箭技术研究院总体设计部、哈尔滨工业大学、北京理工大学等相关单位的大力支持，总体设计部水下发射技术研究中心为本书的编写提供了相关素材，北京理工大学王国玉教授、哈尔滨工业大学魏英杰教授对本书进行了审阅，提出了非常宝贵的意见，在此一并向对作者完成本书提供帮助的专家表示衷心的感谢。由于作者知识水平所限，书中错误和不当之处在所难免，恳请读者批评指正。

编者

2016年7月于北京

目　录

符号表

符号	含义
1. 拉丁字母符号	
a	航行体加速度;波浪波幅
A	常数;参考截面积
A_0	空泡最大截面积
b	航行体横向半宽度
B	常数;风洞横向半宽度
c	波速;结构广义阻尼矩阵
C_A	轴向力系数
C_D	阻力系数
C_L	升力系数
C_N	法向力系数
C_Z	侧向力系数
C_l	滚转力矩系数
C_m	俯仰力矩系数
C_M	柱体质量系数
C_n	偏航力矩系数
C_{mg}	对质心的俯仰力矩系数
C_{MX}	(绕 X 轴)滚转力矩系数
C_{MY}	(绕 Y 轴)偏航力矩系数
C_{MZ}	(绕 Z 轴)俯仰力矩系数
C_p	压力系数
$C_{p\min}$	最小压力系数

续表

符号	含义
$\widetilde{C}_{Lh}$, $\widetilde{C}_{Lp}$	非定常升力系数
$\widetilde{C}_{Mh}$, $\widetilde{C}_{Mp}$	非定常力矩系数
C_{dst}	蒸发系数
C_{prod}	凝结系数
C_p	等压比热容
C_V	等容比热容
C_u	u 在开边界处的传播速度
C_v	v 在开边界处的传播速度
C_N^{α}	法向力系数对攻角的导数
C_{MZ}^{α}	对质心的俯仰力矩系数对攻角的导数
d	空泡横向半宽度
D_n	回转体直径
D	直径
e	自然对数底
E	势能
Eu	欧拉数
f	频率;单位质量力
$\boldsymbol{f}$	广义力矢量
f_x, f_y, f_z	单位质量力在 x、y、z 方向的分量
F	力
F_D	阻力
F_{df}	摩擦阻力
F_{dp}	压差阻力
F_l	升力
Fr	弗劳德数
F_x, F_y, F_z	X, Y, Z 方向的力

续表

符号	含义
g	重力加速度
h	回射水流厚度
H	发射深度;波浪高度
$H_{1/3}$	有义波高
$\boldsymbol{k}$	结构广义刚度矩阵
k	波数;湍动能
Kn	克奴森数
K_{ij}	附加质量系数
L/D	升阻比
L	参考长度
L_0	初始空泡长度
L'_0	局部空泡长度
L_c	空泡长度
L_H	航行体长度
$\boldsymbol{m}$	结构广义质量矩阵
$\dot{m}_s$	通入空泡内气体质量流量
$\dot{m}_l$	空泡外泄气体质量流量
$\dot{m}^-$	蒸发源项
$\dot{m}^+$	凝结源项
M	质量;力矩
Ma	马赫数
M_{ij}	附加质量
$\boldsymbol{n}$	物体表面法向的单位矢量
n_x, n_y, n_z	物体表面法向的单位矢量在 x, y, z 方向的分量
Nu	努赛尔数
$N(R)$	R 的数密度分布函数

续表

符号	含义
N_s	空泡壁面上划分节点数量
$OXYZ$	风轴系
$OX_tY_tZ_t$	体轴系
p	航行体表面压强
p_0	大气压强
p_c	泡内压强
p_{c0}	初始泡内压强
p_g	气体压强
p_k	溃灭压强
$p_{\min}$	最小压强
p_s	水击压强
p_T^+	球形泡泡壁外侧压力
P_∞	来流压力
P_{local}	当地压力
P_{di}	航行体尾部压力
P_{tou}	航行体头部压力
P'	脉动压力
P_v	饱和蒸汽压力
q	来流动压；常数
$\boldsymbol{q}$	广义位移
q_c	切向速度
Q_c	附着在发射筒口的气泡体积
$\dot{Q}_{in}$	通气流量
Q_v	通气率
r	极距
Re	雷诺数

续表

符号	含义
R_n	头型半径
R_m	空泡最大半径
R	球形气泡半径
R_b	空泡半径
R_c	空泡截面半径
R_0	空泡初始半径
R^*	无量纲空泡半径
s	波面到发射台的距离,海水表面倾斜度
St	斯坦顿数
S	表面张力;波浪频谱函数
S_m	源项
S_B	航行体表面积
s_f	空泡壁面弧长
s_L	空泡壁面总弧长
s_T	空泡恒压区壁面弧长
s_0	空泡起始点弧线坐标
S_C	空泡横截面积
ΔS_{ci}	空泡节点弧长
t	时间
T	周期;温度
T_W	物面温度
U	速度
U_{cdo}	海水表面速度
U_∞	来流速度
u'	脉动速度
u_i, u_j, u_k (u, v, w)	速度分量

续表

符号	含义
u', v', w'	沿 x，y，z 方向的湍流脉动速度
V_∞	参考流速
V_r	气泡壁膨胀或压缩速度
V_{c0}	泡内初始气体体积
V_p	颗粒的速度
v_{x1}, v_{y1}, v_{z1}	航行体轴向、法向、侧向速度
We	韦伯数
W_g	空泡溃灭过程做功
W_p	空泡溃灭过程外力做功
x'_B	附体空泡前缘点坐标
x'_D	附体空泡尾缘点坐标
X_{cp}	相对于坐标原点的压心位置
z	复数，$z = x + \mathrm{i}y$
2. 希腊字母符号	
α	攻角；常数
$\alpha_v, \alpha_g, \alpha_l$	汽，气，液相体积分数
β	侧滑角；常数
χ_1	空泡能量衰减系数
δ	水层厚度
$\boldsymbol{\varepsilon}$	湍流耗散率；常数
ε_i	成分波浪的初始相位
ϕ	扰动速度势
φ	航行体俯仰姿态角
φ_n	初生空泡截面势能
Φ	速度势函数
Φ_∞	来流速度势

续表

符号	含义
γ	滚转角;比热比
λ	气体导热系数;分子平均自由程
λ_{ij}	附加质量
μ	动力粘性系数
μ_0	海浪的主波倾角
μ_t	湍流粘性系数
μ_m	混合相的粘性系数
μ_l	液体粘性系数
μ_v	蒸汽的粘性系数
μ_g	气体粘性系数
ν	运动粘性系数
π	圆周率
ρ	密度
ρ_g	气相密度
ρ_l	液相密度
ρ_m	混合密度
ρ_v	蒸汽相密度
σ	空化数;方差;表面张力系数
σ_i	初生空化数
σ_v	自然空化数
σ_g	通气空化数
σ'_0	局部空化数
τ	液体表面张力系数
$\boldsymbol{\tau}$	物体表面切向的单位矢量
ω	角速度
ω_1	低频侧频率

续表

符号	含义
ω_2	高频侧频率
ω_p	峰频
ω_x	X 方向角速度
ω_y	Y 方向角速度
ω_z	Z 方向角速度
ζ	波面位移
$\Gamma_{\alpha\beta}$	相间的质量传输
Δ	网格尺度
下角符号	
0	无扰动流场
1	扰动流场
b	物体表面
g	气体相流体
l	液体相流体
m	混合相流体
s	激波
∞	来流条件
上角符号	
$-$	平均
$\cdot$	一阶导数
$\cdot\cdot$	二阶导数

第1章 绪 论

在航行体水下垂直发射过程中，由于水介质绕流的作用，在航行体表面形成局部低压区，当压力小于水的饱和蒸汽压力时，发生汽化现象，形成空泡。空泡的生成、发展及溃灭是航行体水下垂直发射重要的物理现象，其对航行体水下运动、结构完整具有重要影响。

本章首先概括介绍了航行体水下垂直发射空泡流现象，并阐述了空泡流的特点及面临的主要问题，其次介绍了目前在空泡流研究中采用的主要手段，最后给出了本书的主要内容。

1.1 水下垂直发射空泡流现象

本书研究的水下垂直发射指航行体利用布置在水下运动平台上的垂直发射装置弹射入水后，依靠惯性在水中做无控运动，并以一定的速度穿越水面的过程。与水平发射、倾斜发射方式相比，垂直发射具有全方位攻击、装载量大等特点，是水下发射技术领域的重要发展方向。

在水下垂直发射过程中，航行体从运动的平台上发射出筒，经历水中航行、穿越自由液面后进入空中飞行，通常将整个运动过程分为出筒段、水中段和出水段 3 个阶段，水下垂直发射航行体运动过程如图 1-1 所示。出筒段，航行体从位于水下一定深度，并以一定速度运动的发射平台上实施发射，发射装置在航行体与发射筒之间的空间产生高温、高压燃气，形成作用在航行体尾部的推力，使得航行体不断加速出筒进入水中，至航行体全部进入水中时，已经具有较高的运动速度；水中段，航行体无控制向上运动，受到阻力、浮力、重力等共同作用，轴向运动速度不断减小，同时由于受到平台牵连运动影响和法向力作用，存在横向速度，在水动力矩作用下航行体姿态不断变化；出水段，航行体跨介质飞行，从头到尾依次穿越自由液面。

为了保证航行体出水后的姿态，垂直发射航行体一般采用较高的水下运动速度。随着航行体向水面运动，其所处环境压力降低，表面局部压力会因扰流的作用而降低，周围的水介质将汽化而产生附体空泡。同时，航行体离开发射筒后，筒内高温、高压燃气附着在航行体尾部形成尾空泡。空泡流是水下垂直发射重要的流动现象之一，与航行体的运动过程密切相关，是水下发射技术研究的重点和难点。

在发射过程的不同阶段，空泡流动具有不同的特点：

1）在出筒段，航行体发射前，通常要向发射筒内通入气体，使得筒内气压与当地水静压相当，因此发射前航行体处于一定压力的气体介质中。出筒段是航行体由气入水的运动过程。在此过程中，航行体肩部易产生流动分离，在表面形成局部低压区域，当低压区的压力小于水的饱和蒸汽压力时，发生汽化现象，同时发射筒内的部分气体将被卷入低压区域，与饱和蒸汽掺混形成封闭空泡。在出筒过程中，空泡直径和长度均不断增加，而泡内压力则逐渐减小。

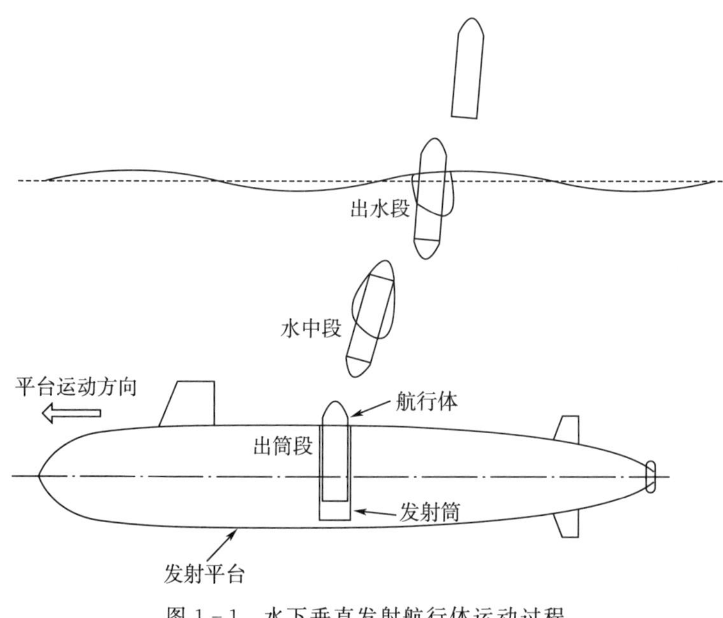

图 1-1 水下垂直发射航行体运动过程

2）在水中段，随着航行体不断运动，环境压力不断减小，附体空泡不断发展，尺寸持续变化。在横向运动速度影响下，航行体存在攻角，产生迎、背流面，迎流面空泡一般比背流面更短、更薄，空泡呈现出较为明显的不对称性。

当航行体出筒后，筒内燃气随航行体尾部向上运动，在尾部与发射筒之间形成连通的柱型尾空泡。随着航行体的运动，尾空泡长度不断拉长，体积不断膨胀，至膨胀到一定程度后，尾空泡从中部开始颈缩，并发生断裂形成两个气泡，一个附着在航行体尾部继续随航行体向上运动，在航行体尾部出水后溃灭，另外一个附着在发射筒口，在水倒灌进发射筒后溃灭消失。

3）在出水段，航行体附体空泡穿越自由液面过程中，周围的介质由水变为空气，使得空泡失去了存在的条件，在泡内外压差的作用下，驱动附着水以一定速度运动，拍击在航行体表面形成空泡溃灭压力效应，空泡、自由液面、附着水、空气之间的相互作用过程极为复杂；在出水过程中，附体空泡溃灭沿航行体表面由肩部向尾部依次推进。航行体尾部出水后尾空泡溃灭，产生向上射流，冲击航行体尾部形成高压，出现航行体出水尾涌效应。

1.2 水下垂直发射空泡流特点和主要问题

1.2.1 垂直发射空泡流特点

同其他领域的空泡流特征相比，由于其独特的发射方式，水下垂直发射空泡流涉及的流动问题有以下 4 个特点：

1）水下动基座发射导致空泡不对称。由于发射过程中发射平台存在一定的速度，并通过发射筒传递到航行体上，航行体在轴向运动的同时还存在横向运动，使得空泡流呈现出较为明显的不对称性，并对航行体的载荷和姿态造成显著影响。

2）航行体运动速度和环境压力变化导致空泡非定常发展。水下航行体空泡流特征与航行体的运动状态、环境压力等密切相关，不断变化的运动条件与周围环境使得空泡流存在明显的非定常现象，空泡不断发展演化，整体尺度不断变化。即使在相同的攻角和来流状态下，空泡流的状态也可能不同，非定常特征明显。空泡的非定常性常常表现为空泡自由表面的脉动及失稳、空泡非定常溃灭及脱落。例如，图 1－2（a）所示的非稳定空泡被限制在一个相对小的区域内，从大尺度范围来看是稳定的，而图 1－2（b）是非稳定的局部空泡，其非稳定效应影响整个空泡。

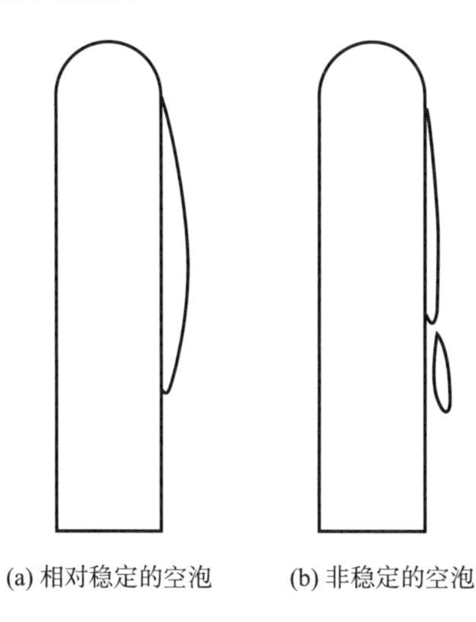

(a) 相对稳定的空泡　　(b) 非稳定的空泡

图 1－2　稳定与非稳定的局部空泡

3）水下垂直发射跨介质运动过程导致空泡溃灭。航行体在短时间内由水入气，流场中的介质属性、流动特征等存在突变，作用在航行体表面的力也剧烈变化，无论是从流场特征随时间和空间的分布，还是从航行体表面压力随时间和空间的分布来讲，水下航行体空泡溃灭均是一个复杂的非线性问题。

4）影响因素复杂。航行体水下垂直发射受多因素耦合影响，空泡流体动力更加复杂。如发射水深、平台运动、出筒速度等发射条件及海浪、海流等复杂发射环境均会对水下发射航行体空泡流动产生影响，且各种影响因素之间存在一定的耦合，发射海浪海流与平台运动的耦合、发射水深与出筒速度的匹配、尾空泡对附体空泡的耦合影响等众多因素交叉在一起，使得问题的复杂程度和研究难度均较大。

1.2.2　空泡流重点关注的问题

通过准确把握水下垂直发射过程中航行体受力情况，确保航行体水下运动弹道稳定性及结构完整，对工程研制具有重要意义，需要在以下几个方面开展深入研究。

(1) 附体空泡的产生、发展及溃灭

垂直发射航行体在水下高速运动时，附体空泡的产生与航行体的头型、空化数等因素密切相关。当航行体采用钝锥形头型时，易在肩部形成附体空泡；当航行体采用流线形头型时，流场结构比较稳定，难以在头部形成空泡。

随着航行体的运动，空泡形态不断发展演化。一方面，随着航行体运动速度和发射深度的变化，空泡形态不断变化，特别是在有攻角的情况下，迎流面空泡与背流面空泡不对称，空泡形态呈现出较为明显的三维特征。另一方面，由于空泡末端闭合区回射流导致空泡区域和沾湿流区域之间存在一个驻点压力，这个压力即为空泡末端的回射压力，水下垂直发射空泡流回射现象如图 1-3 所示，随着空泡长度增加，空泡回射压力向航行体后端移动，形成移动脉冲载荷，如图 1-4 所示，在有攻角的情况下，迎、背流面的回射压力峰值和作用区域也不相同，由此使得在空泡末端形成回射压力差，压差在轴向上的作用位置和量值大小随运动过程不断变化，是影响航行体载荷与弹道特性的主要因素之一。

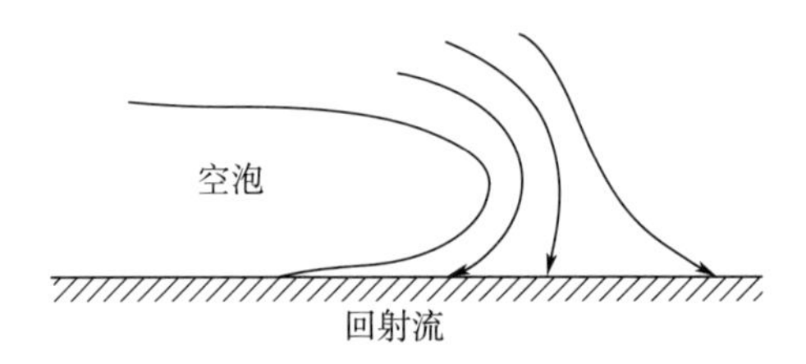

图 1-3　水下垂直发射空泡流回射现象

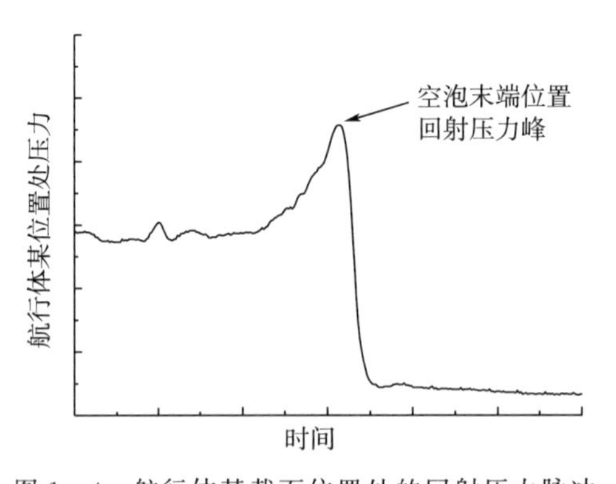

图 1-4　航行体某截面位置处的回射压力脉冲

在航行体出水过程中，在泡内外压差作用下，附着水拍击航行体表面形成空泡溃灭，并呈现出逐渐向航行体尾部推进的特征。

(2) 尾空泡生成发展过程

不同的尾部形状会使航行体尾部空泡形成状态具有明显的差异。若航行体尾部为凹面，则有利于弹射燃气跟随航行体运动，并形成体积较大的尾空泡，泡内压力基本维持在尾部位置处的静压附近；若航行体尾部为凸面，则不利于弹射燃气的跟随，尾空泡内含气量少，且在水介质的冲刷作用下，尾空泡内的含气量不断减少，且受到来流冲刷的作用，跟随的尾部燃气不断流失，导致尾空泡内压力下降，航行体所受阻力增大。

随着航行体不断运动，尾空泡形态受到发射水深、出筒速度、筒口压差等因素的影响，且伴随着复杂的膨胀、收缩、脱落过程。尾空泡压力是航行体轴向运动速度设计的重要输入，其周期性变化过程对航行体弹道特征具有明显的影响。同时，尾空泡内压力的振荡过程也会对附体空泡产生影响。

航行体尾部出水后，尾空泡溃灭，产生向上射流，冲击航行体尾部形成高压，出现航行体出水尾涌效应，这是分析尾部出水过程受力特征需要重点考虑的因素。

(3) 复杂海洋环境影响

航行体水下垂直发射时，海流和波浪等对水质点的扰动形成相对速度，进而对航行体形成附加攻角，速度的切变使得空泡壁面附近的速度沿水深方向产生差异，对空泡形态产生影响，外界干扰的存在会影响和加剧空泡界面的不稳定程度，从而使得流场特征发生变化。

波浪对航行体的影响主要体现在近水面和出水过程中。波高、相位及浪向对航行体所处位置处的静压及攻角均存在明显影响，从而使得空泡推进规律、不对称性存在一定的差异。由于波浪引起的水质点速度随水深分布的特性，以及波浪相位点的时变性，使得分析研究波浪对航行体影响的过程具有一定的难度和复杂性。

海流表现为不同水深处垂直于航行体轴向的平面内海水流动，可分解为法向海流和横向海流。在均匀海流条件下，航行体在水下运动时的攻角发生变化，会造成空泡的不对称性发生变化，进而影响水下弹道和载荷。当存在流切变时，空泡附近的局部流场也会发生变化。

(4) 水下弹道及载荷特性预示

基于对航行体运动时空泡流特征的认识，掌握影响水下运动参数和载荷的主要因素，建立与之适应的水下运动参数及水载荷预示方法，实现对航行体非定常流体动力、运动参数、载荷的准确预示，为航行体运动稳定性、结构可靠性设计提供依据。在工程实践中，可以通过优化设计，改变空泡流动参数，达到改善流体动力特性的目的，满足航行体运动参数与载荷设计要求。

1.3 水下垂直发射空泡流研究方法

针对航行体水下发射复杂空泡流动问题，研究人员长期以来开展了理论分析、数值计算和试验研究，取得了一系列的研究成果。

1.3.1 基于势流理论的空泡流研究工作

从18世纪起，基于Helmholtz和Kirchhoff提出的自由流线理论（Free Stream - line Theory）和速度图法（Hodograph Method），开启了空泡理论研究的进程。势流理论立足于在无粘流动的范围内解决空泡流问题，把主要精力集中在解决物体附近及近尾流区外侧的流动，而把复杂的尾流用模型来代替，主要有Riabouchinsky影像模型[2]、开式模型[3]、回射流模型[4]，其共同的假设为空泡内部为等压区，空泡面为自由流线，均未涉及空泡内部流动，空泡尾流闭合的轮廓线示意图如图 1－5 所示，A 点即为空泡闭合点。

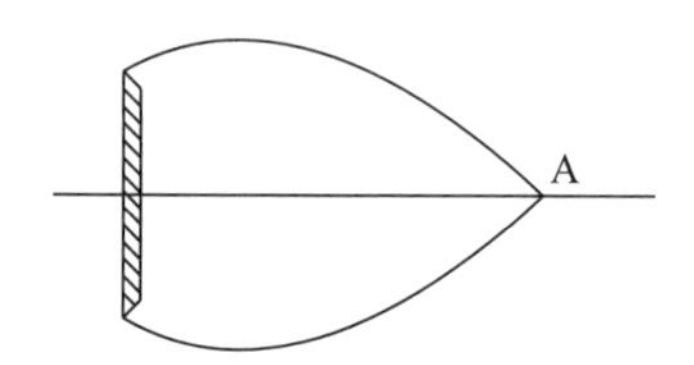

图 1－5　空泡尾流闭合的轮廓线

Rayleigh Lord 在 1917 年提出了单个球形空泡的动力学方程，为单个空泡发展演化研究提供了途径[1]。自建立可压缩流中球形空泡的运动方程以来，许多学者不断完善和发展空泡溃灭理论。对于偏离球形形状不大的气泡，Plesset、Benjamin 等对空泡壁面作球面函数展开，获得了不可压缩理想流体条件下的近似方程，对非球形空泡溃灭过程也分别开展了理论研究和数值计算[5-9]。在带空泡航行体出水空泡溃灭研究方面，相关学者将三维附体空泡简化为二维圆形空泡的独立溃灭过程，按照球形气泡运动的分析方法建立了空泡溃灭运动的数学模型，通过获取有限厚度水层冲击航行体表面的速度进而获得空泡溃灭的压力。

20 世纪 50 年代，洛格维诺维奇（G. V. Logvinovich）基于势流理论和能量守恒定律提出的“空泡截面独立膨胀原理”，对轴对称空泡的研究具有十分重要的意义。在理想流体框架内，“空泡截面独立膨胀原理”认为空泡的每一个横截面按照同一个规律几乎独立于航行体的运动而膨胀收缩，这种规律仅与流场与空泡内部压力之差、航行体运动速度、航行体外形及阻力有关，空泡截面独立膨胀原理如图 1－6 所示。

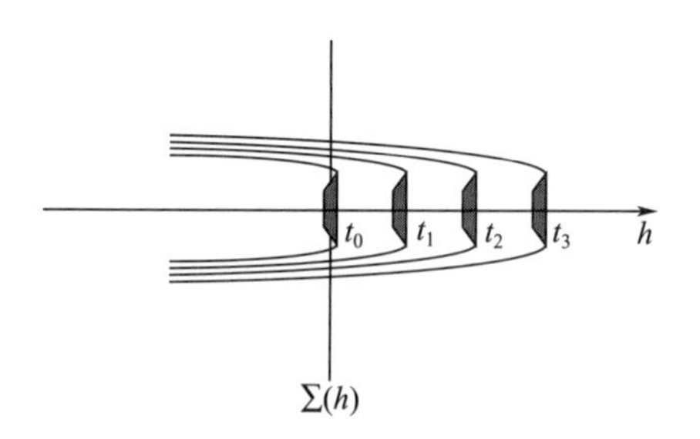

图 1－6　空泡截面独立膨胀原理示意图

空泡流的理论研究基于势流理论、瑞利（Rayleigh）球形空泡运动方程及独立膨胀原理，这些方法忽略了粘性的影响，对空泡初生、发展、脱落、溃灭等非定常发展过程模拟缺乏有效的手段，同时对于一些简单空泡流动问题虽然可以获得解析结果，但面临复杂问题时求解难度很大[10]。

1.3.2　基于数值计算的空泡流研究工作

随着计算机技术和计算流体力学的发展，流场数值模拟在空泡流中得到广泛应用。与通常的空泡流动类似，垂直发射航行体空泡流数值模拟的关键在于准确确定相界面的位置和运动过程、确定各时刻流场区域内各空间位置的物性参数及发展一套稳健的数值仿真方法。当前关于空泡流数值仿真研究主要集中在数学模型研究和数值仿真方法研究等方面。在数学模型方面，通过对不同多相流模型、湍流模型及空化模型下航行体空泡流的数值模拟，研究适用的多相流模型、湍流模型和空化模型；在数值仿真方法方面，主要研究复杂边界下的网格策略、数值求解方法等方面。经过近些年的发展，数值仿真在航行体空泡流中的应用越来越广泛。

根据对待流场中不同相的处理方式，空泡流模型通常可以分为多流体模型和单流体模型[11]。在多流体模型中，认为每一相同时存在于流场中的每一点，各相均独立地满足一组微分方程，通过定义空隙率表征每一相所占的比例。各相的流动参数在界面上发生间断，相界面上存在相的质量、动量和能量传递。多流体模型的控制方程组最为复杂，可以用来分析流场的局部特征。Markatos 等应用这种方法进行了空泡模拟[12]。由于控制方程复杂，计算量大，当前多流体模型应用并不广泛。

单流体模型又称为均相模型或无滑移模型，将计算区域内的多相介质看成是均匀混合的单一介质，物性参数取各相介质对应参数的某种加权平均，采用单相流的研究思路来处理空泡流问题。

根据空泡流研究中界面处理思路的不同，研究方法可分为基于空泡面的界面追踪法和基于全流场的界面捕捉法[11]。界面捕捉法主要包括 MAC 方法、Level Set 模型和 VOF 模型。

在界面追踪法中，认为两相之间互不掺混，具有明确的分界面。由于空泡面的形状和位置事先未定，因此必须通过空泡面的运动学或动力学条件，用迭代方法（定常问题）或时间步进方法（非定常问题）确定。

界面捕捉法基于全流场欧拉方程或 N－S 方程出发，通过流场区域中的相分布确定界面位置，是当前空泡流研究应用最广泛的方法。国外有关学者采用 VOF 方法对航行体的水下运动及出水过程进行了数值模拟，获得了水下运动时空泡的回射流结构、出水过程水面的隆起及空泡的溃灭，计算结果与试验结果定性符合。美国宾夕法尼亚州立大学公布了六自由度的超空泡鱼雷的数值模拟结果。其计算方法基于“局部均匀假设”，考虑了混合介质的可压缩性、相间质量传输及冷凝和不可冷凝气体等因素。

1.3.3 基于试验的空泡流研究工作

试验研究是认识空泡流动物理现象、获得流场特征的重要手段。空泡流机理研究试验主要包括在水洞中开展的航行体试验、单个空泡的溃灭试验两个方面。Oba 等借助 LDV 和高速摄像观察了圆柱产生的超空泡流情况，尤其仔细分析了脱体点附近的超空化现象[13]。上海交通大学谢正桐、何友声等开展了小攻角下轴对称细长体的通气附体空泡试验，并将测量结果与仿真结果进行了比较；中国船舶科学研究中心易淑群、惠昌年等研究了锥柱组合体模型在轴向约束加速运动中，通气量对加速过程中超空泡形态的影响及其变化规律[14]。以上研究大多基于水洞开展小尺度试验，在一定流速和压力条件下，测量获得不同攻角、通气参数下的航行体模型受力、航行体表面压力等水动力相关参数，观测通气空泡流动形态。试验的主要目的是了解空泡流动机理，增加对空泡流的感性认识，因此通常缩比尺度较小，在 1∶40～1∶80 之间，可采用连续通气获得稳定状态下的流场信息。

在航行体跨界面机理研究方面，哈尔滨工程大学、北京理工大学和中科院力学所等均建设了机理研究的弹射试验水槽，对航行体跨界面运动过程中的流场结构进行观测，获得了航行体水下及出水运动过程中的空泡演化过程和航行体水下运动参数。

20 世纪 50 年代，美国加州理工学院等开展了水下轴对称航行体空泡形态和空泡水动力试验研究，并建立了经验预报公式。美国弗吉尼亚理工学院开展了水下高速运动航行体形成的空泡流场的高速 PIV 测量研究，测量主要集中在航行体模型的出筒过程及其水下运动过程。通过试验，获得了出筒和水下带空泡运动过程中航行体周围速度场的变化、空泡涡环的演变、流场涡量的变化等。在水下航行体研制过程中，美国建立了水下发射平台、高速水槽、高速水洞、高压模拟舱等研究设施，进行了大量的试验研究，涵盖了缩比模型到全尺寸航行体模型的各种尺度模型。

苏联在 1960 年就建造了大型弹道水池，使用水下拖车和气动弹射器进行出水水动力试验研究。在莫斯科大学、马科耶夫航行体设计局建设了大型水洞、弹射水池等试验设施，在水下航行体研制过程中进行了大量的水洞试验和弹射试验。

法国针对出筒过程航行体尾空泡的发展进行了大量的模型试验研究，研究内容包括发射气体参数对尾空泡收缩时间和空泡拉断产生的回射流强度的影响等。同时，通过激光片光源结合示踪粒子得到了尾空泡收缩断裂时产生的回射流图片。在水下航行体研制过程中，法国建设了一系列综合试验设施，包括用于弹射试验的水下试验平台、地面发射台和圆形水池等。

1.4 本书的主要内容

作者针对水下垂直发射空泡流开展了长期的研究，取得了一系列研究成果。本书针对空泡流研究中面临的重点和难点问题进行了论述。

全书共分 9 章，其中第 2 章～第 4 章针对空泡流的研究方法和手段进行介绍，第 5 章～第 9 章针对空泡流所重点关注的问题进行论述。

第 1 章绪论，阐明水下垂直发射基本过程及空泡流动现象，论述空泡流问题的基本特点，提炼重点关注的主要问题，综述开展空泡流研究的方法。

第 2 章空泡流理论研究，介绍了空泡多相流的基本概念，概述了基于势流的空泡流理论、空化气泡动力学和 Logvinovich 独立膨胀原理等空化理论，给出了基于这些理论计算空泡形态、空泡溃灭的基本方法。

第 3 章基于 N－S 方程的空泡流数学模型和数值模拟方法，介绍了几种常用的多相流模型、湍流模型、空化模型，从全流场的 Reynolds 平均 N－S 方程入手，基于界面捕捉方法和动网格技术实现航行体水下垂直发射全过程的数值模拟。

第4章水下航行体空泡流试验方法，推导了水下流场的相似准则，并针对水下垂直发射的流场特点对相似准数进行取舍，确定了试验模拟主要相似准则和相似参数转换关系，介绍了水洞、旋臂水池、弹射水池试验和水下实物弹射平台等试验设施，以及测力、测压等试验方法。

第5章附体空泡发展演化，介绍了水下航行体垂直发射附体空泡的基本概念和形成机理，讨论了头型、空化数和攻角对附体空泡形态的影响，给出了空泡非定常发展中回射、断裂与脱落等基本特征，获得了附体空泡的脉动频率特性。

第6章尾空泡发展演化，概述了尾空泡的生成、发展演化基本过程，分别从R-P气泡动力学方程、独立膨胀原理和CFD数值仿真3个方面建立了尾空化数学模型，分析了影响尾空泡形态与压力的主要因素及其变化规律，讨论了尾空泡对附体空泡、航行体受力和姿态产生的影响。

第7章复杂海洋环境的影响，介绍了波浪基本理论及数值造波方法，研究了波浪对航行体载荷及水下运动过程的影响，阐述了海流的基本概念，讨论了海流对水下垂直发射航行体空泡特性的影响趋势。

第8章水下垂直发射航行体运动与载荷特性，综合采用理论分析、数值模拟、试验数据等手段分别对航行体受力分布特征、水下运动特征、水下载荷特征进行了论述，给出了空泡非定常发展下航行体表面压力的变化过程，辨识了影响水下弹道与载荷的主要因素。

第9章通气空泡流体动力控制原理和技术，介绍了流动控制的概念、主要方法和分类，分析了通气空泡形态、流体动力特性与通气参数及弗劳德数的关系，介绍了基于主动充气技术的流体动力控制技术，给出了通气对空泡形态及压力的影响。

参考文献

[1] RAYLEIGH L. On the pressure developed in a liquid during the collapse of a spherical cavity. Phil. Mag.，1917，34：94－98.

[2] RIABOUCHHINSKY D. On steady flow motions with free surfaces. Proc. London Math. Soc. 1920，19：206－215.

[3] WU T Y. A wake model for free streamline theory，part 1：Fully and partially developed wake flows and cavity flows past an oblique. J. Fluid Mech，1962，13：161－181.

[4] KREISEL G. Cavitation with finite cavitation numbers. Admirally Res. Lab. Rep.，R1/H/36，1946.

[5] BENJAMIN T B，ELLIS A T. The collapse of cavitation bubbles and the pressure thereby produced against solid boundaries. Phil Trans，1966，A 260：221－240.

[6] SHIMA A. The behaviour of a spherical bubble in the vicinity of a solid wall. J Basic Eng，1968，90：75－89.

[7] MITCHELL T M，HAMMITT F G. Asymmetric cavitation bubble collapse. J Fluids Engng Trans，ASME，1973，I95：29－73.

[8] HSIEH D Y. Varitational method and dynamics of nonspherical bubbles and liquid drops. Finit－Amplitude Wave Effects in Fluids，Proceedings of the 1973 symposium，Copenhagen，1974.

[9] BEVIR M K，FIELDING P J. Numerical solution of incompressible bubble collapse with jetting in moving boundary problems in heat flow and diffusion. Oxford：Clarendon Press，1974.

[10] 陈鑫．通气空泡流研究．上海：上海交通大学，2006.

[11] 车得福，李会雄．空泡流及其应用．西安：西安交通大学出版社，2007.

[12] MARKATOS N C. Modeling of two－phase transient flow and combustion of granular propellant. Int. J Multiphase Flow，1986，(12)，913－933.

[13] OBA R，IKOHAGI T，YASU S. Supercavitating cavity observations by means of laser velocimeter. Journal of Fluids Engineering，1980，(102)：433－439.

[14] 易淑群，惠昌年，等．通气量对轴向加速过程超空泡发展规律影响的试验研究．船舶力学，2009，13 (4)：522－526.

[15] 权晓波，赵长见，王宝寿，等．水中航行体绕流数值计算研究. 船舶力学，2006，10 (4)：44－48.

第2章 空泡流理论研究

多相流动是水下航行体垂直发射过程的基本特征。在出筒段，筒内的气体与筒外的液体形成气液两相流动；在水中段，由于航行体高速运动使得附近的流场出现空化现象，空化生成的水蒸气、筒内带出的气体和液体形成了气、汽、液三相流动；在出水段，航行体穿越大气与水介质的边界，且空泡在航行体表面出现溃灭，航行体附近流场会形成气、汽、液三相流动。

2.1 空泡流基本概念

2.1.1 空化数

在常温常压下，液体分子逸出液体表面而成为气体分子的过程，称为汽化。从微观来看，汽化是液体中动能较大的分子克服液体表面分子的引力而逸出液体表面的过程，它有蒸发和沸腾两种方式。一般而言，任何温度下液体都会在表面发生蒸发，而在常压下仅当温度达到沸点时才能发生沸腾，其是剧烈的汽化过程，发生于整个液体内部，并在液体内部涌现大量气泡。

当液体内部某点的压强降低到某一临界压强以下时，液体也将发生汽化。先是液体中存在的气核膨胀形成小气泡，而后小气泡在液体内部或液体与固体的交界面汇合形成较大的水蒸气与气体的空腔。这种现象类似于沸腾，为了与沸腾相区别，常把由于压强降低使液体汽化的过程称为空化（cavitation），空化在水中形成的空腔称为空泡（cavity）。

影响水中空化的因素较多，也很复杂。主要因素有：流场几何参数、绝对压强、流速，水流粘性、表面张力、饱和蒸汽压力、气体含量、水中杂质等液体特性参数，湍流度、压力梯度、热传导等动力学参数，壁面粗糙度、浸润性等物面特性。其中最基本的量为压强与流速，一般均以这两个变量为基础来建立标志空化特性的无量纲参数。

对于水下航行体而言，由于航行体与水流间的相对运动，航行体上各处的压强会有所不同，为了标识航行体上的压强分布特性，通常利用下式表示压力系数

$$C_p = \frac{p - p_\infty}{\frac{1}{2}\rho V_\infty^2} \tag{2-1}$$

式中 C_p ——压力系数；

ρ ——液体密度；

p ——航行体上某点的压强；

p_∞ ——未受航行体扰动处的参考压强；

V_∞ ——未受航行体扰动处的参考流速。

航行体上压强最小处（$p=p_{\min}$）的压力系数称为最小压力系数，即

$$C_{p\min}=\frac{p_{\min}-p_{\infty}}{\frac{1}{2}\rho V_{\infty}^{2}} \tag{2-2}$$

一般来讲，无空化发生并忽略雷诺数的影响时，$C_{p\min}$ 仅取决于物体的形状。故而使 $p_{\min}$ 减小主要可以采用两种方法：保持 p_{∞} 不变、增大 V_{∞}，或者保持 V_{∞} 不变，减小 p_{∞}。这样，当 $p_{\min}$ 减至某一临界值时，在该压强最小处将会出现空化现象，生成空泡。如果假设空泡内的压强为 p_c，可定义表征液体空化特性的无量纲参数空化数为

$$\sigma=\frac{p_{\infty}-p_c}{\frac{1}{2}\rho V_{\infty}^{2}} \tag{2-3}$$

通常认为航行体表面附近如果发生空化，应首先发生在压强最小处，且其值 $p_{\min}$ 应等于 p_c。此时的空化数 σ_i 通常称为初生空化数

$$\sigma_i=-C_{p\min} \tag{2-4}$$

式（2-4）是对初生空化数的一种估计方法，但实际上由于液体中空化气核的存在，使液体具有一定的抗拉特性，会导致即使满足了式（2-4），空化也可能不会马上发生。

空化数是描述空化发展程度的重要无量纲参数。一般来说，随着空化数的减小，空泡覆盖区域增大，图 2-1 描述了水下航行体空化发展的几个阶段。当 $\sigma>\sigma_i$ 时为无空化绕流，如图 2-1（a）所示；但是当 $\sigma\leqslant\sigma_i$ 时，空化便会发生，并且随着空化数的不断降低，空化的发展将呈现不同阶段：初生空化、局部空化和超空化阶段。

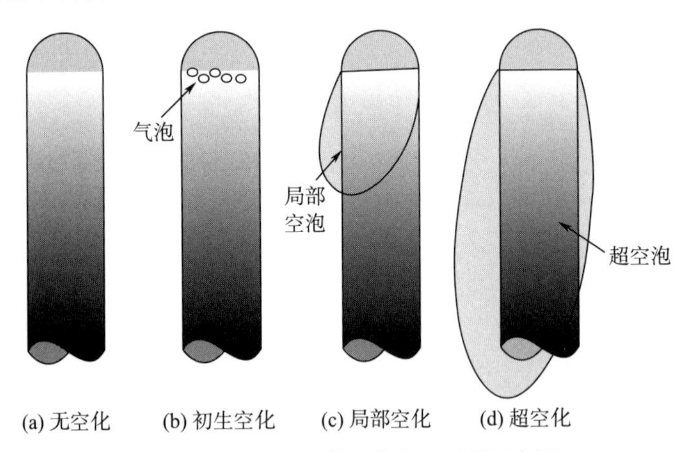

图 2-1　水下航行体空化发展过程示意图

在空化初生阶段，即空化数 σ 等于或稍小于初生空化数 σ_i 时，先发生单个分散的空化气泡，随主流向下游移，这种空泡称为游移型空泡，形态如图 2-1（b）所示。这些游移的空化气泡可发展成发夹形（或马蹄涡样）的空化流，它们可在航行体表面溃灭，对表面产生剥蚀、振动和噪声。

在局部空化阶段，空化数 σ 进一步减小，在物面最小压强点附近就会发生贴附于物面上的局部片状空化。试验观测表明，这种片状空化区的后端很不稳定，它的破碎和分裂在

其下泄的后方会形成大量空化气泡聚集的云状空化现象。众多云状空化气泡与物面相互作用而溃灭，可对物面产生更强的剥蚀作用。因为这种空化形态出现在航行体表面局部区域，如图 2-1（c）所示，故层状和云状空化形态亦称为局部空泡。

在超空化阶段，即空化数 σ 减至远小于初生空化数 σ_i 时，航行体表面上局部空泡区会发展到覆盖整个航行体，其空泡尺寸还可以远远超过航行体的尺寸，如图 2-1（d）所示。这就是超空泡形态，它是一种完全发展的空泡形态。

由式（2-3）可知，使空化数减小的方法主要有 3 种，即增大流速 V_∞、减小压强 p_∞ 和增大空泡内压力 p_c。

对于水下航行体来说，如果空泡内部压强为饱和蒸汽压强，即空泡内气体成分为水蒸气，此时的空化数 σ_v 称为自然空化数

$$\sigma_v = \frac{p_\infty - p_v}{\frac{1}{2}\rho V_\infty^2} \tag{2-5}$$

生成的空泡称为自然空泡。

也可以通过向空泡内通入气体来提高空泡内压力从而减小空化数，此时空泡内部的介质是水蒸气和通入气体的混合物，空泡内压力应为饱和蒸汽压 p_v 和通入气体分压 p_g 之和，此时的空化数 σ_g 称为通气空化数

$$\sigma_g = \frac{p_\infty - (p_v + p_g)}{\frac{1}{2}\rho V_\infty^2} \tag{2-6}$$

生成的空泡称为通气空泡。

2.1.2　附体空泡与回射流航行体

附体空泡是指附着在航行体表面上的空泡，一般位于前部，它的形成与水流动边界层分离有关。附体空泡是一种普遍而又复杂的空化类型，根据水动力条件的不同，附体空泡会呈现不同的形式，即片状空化和云状空化。片状空化表现为具有光滑透明边界的稳定空泡薄层，在空泡的尾部闭合。云状空化具有很强的不稳定性，其强烈的脉动状态会导致空泡长度强烈的振荡，空泡的界面是波状和湍动的，伴随云状空化还会出现很强的振荡、噪声。

当附体空泡的末端与绕流物体壁面接触时，由于附体空泡的外表面凹向壁面，水流中必然有一根流线与壁面正交而形成一个滞点。当水流能量足够大时，则可形成流向与主流方向相反的回射水流。由于附体空泡的尺寸有限，故回射水流的水量以很快的速度充填附体空泡的空间，以致空泡的内表面不能维持其正常的平衡状态，回射水流将冲破附体空泡的表面形成强烈的扰动，导致空泡断裂并被水流的主流冲向下游，这种现象称为脱落；水流脱落后，附体空泡暂时消失，同时在绕流物体壁面首先发生空化处又生长出新的空泡，并发展成为一个新的附体空泡，继而形成新的回射水流，如此循环往复形成连续的周期过程。

Knapp 等人根据速度为 20 000 幅/s 的高速摄影资料，得出某种特定状态下附体空泡的周期约为 0.01 s，周期的长短与水流和绕流条件有关。当水流的流速较低时，水流能量

将不足以形成回射水流，或所形成的回射水流较弱时，则附体空泡就不具有周期过程，此时称之为稳定的附体空泡。如果绕流物体的下游末端与附体空泡的表面近于平行，则没有显著的回射水流，也就无法形成周期过程。

2.2 基于势流理论的空泡流研究

2.2.1 航行体轴对称定常空泡流求解

附体空泡的流动是十分复杂的。一方面，空泡具有较清晰的光滑壁面，空泡是由于压力降低到液体蒸汽压力附近而发生的，可认为空泡内的压力为饱和蒸汽压；另一方面，在空泡与远场水流的交界面速度梯度很大，产生漩涡，在空泡闭合区充满了蒸汽、液滴、气泡与漩涡，是非定常、非稳定的多相流湍流区，再往下游是一个逐渐过渡到来流状态的区域，气泡逐渐变小并最后消失，漩涡逐渐耗散。

针对附体空泡流动的研究，早期主要基于自由流线理论，将空泡表面作为流线处理，采用势流理论解决航行体附近及空泡壁面外侧的流动问题，而用空泡尾流模型来替代复杂的空泡闭合区。

轴对称条件下航行体表面空泡形态如图 2-2 所示，航行体长度为 L_H，空泡长度为 L_C。S_B 代表航行体表面，S_C 代表局部空泡表面。D 点为空泡的初始发生点，T 点为空泡尾流区域的初始点，L 点为空泡尾流区域的终点。假定此处考虑的空泡为附体空泡，在 D 点和 T 点之间的空泡表面压力保持不变且为常量 p_c，而在空泡表面的 T 点和 L 点之间为空泡尾流的转化区，在此区间需要应用空泡尾流闭合模型。

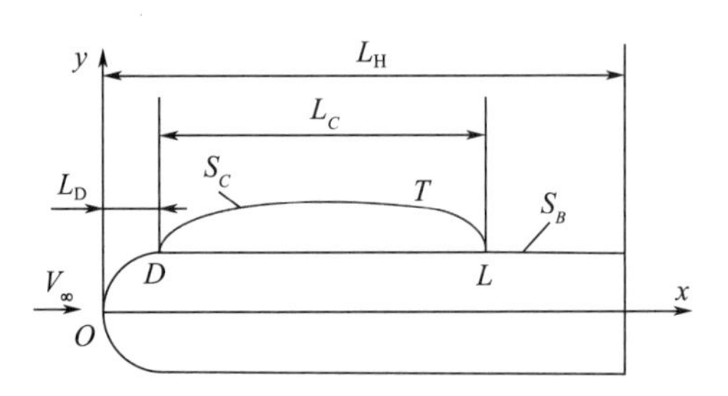

图 2-2 定常轴对称空泡流示意图

流场中任意点速度矢量为 $\boldsymbol{V}$

$$\boldsymbol{V}=V_{\infty}\boldsymbol{i}+\boldsymbol{u} \tag{2-7}$$

其中

$$\boldsymbol{u}=u_x\boldsymbol{i}+u_r\boldsymbol{j}$$

式中 V_{∞} ——来流速度；

$\boldsymbol{u}$ ——扰动速度矢量。

假设流动为不可压缩无粘无旋流动，存在速度势函数 $\Phi(x, r)$，它满足柱坐标的拉普拉斯方程式

$$\nabla^2 \Phi = \frac{\partial^2 \Phi}{\partial x^2} + \frac{\partial^2 \Phi}{\partial r^2} + \frac{1}{r}\frac{\partial \Phi}{\partial r} = 0 \tag{2-8}$$

将总速度势 Φ 分解为远方来流速度势 Φ_∞ 和扰动速度势 ϕ，即

$$\Phi = \Phi_\infty + \phi = V_\infty \cdot X + \phi \tag{2-9}$$

式中，扰动速度势 ϕ 与扰动速度矢量 $\boldsymbol{u}$ 的关系为 $\nabla\phi = \boldsymbol{u}$，也满足式（2-8）。求解扰动势方程的边界条件讨论如下。

在航行体表面 S_B 和空泡面 S_C 上的运动学边界条件：因为流体必须与航行体表面和空泡面相切，故在 $S = S_B \cup S_C$ 面上，有

$$\frac{\partial \phi}{\partial \boldsymbol{n}} = -\boldsymbol{n} \cdot V_\infty, \quad S = S_B \cup S_C \tag{2-10}$$

在空泡面 S_C 上的动力学边界条件：因空泡面上为恒定压力 p_c，故在空泡面上压力系数 C_p 应满足的动力学边界条件为

$$C_p = -\sigma \tag{2-11}$$

由伯努利方程式可知，空泡边界上切向矢量 $\boldsymbol{q}_c$ 的大小为

$$|\boldsymbol{q}_c| = V_\infty \sqrt{1+\sigma} \tag{2-12}$$

相应的切向扰动速度 $\partial\phi/\partial s$ 为

$$\frac{\partial \phi}{\partial s} = V_\infty \sqrt{1+\sigma} - V_\infty s_x \tag{2-13}$$

在航行体的尾部需要满足库塔条件，即

$$\nabla \phi = \text{finite} \tag{2-14}$$

由于空泡尾流为高湍流度的多相流，需要采用空泡尾流模型来进行模拟。人们发展了很多有效的空泡尾流模型来模拟空泡的尾部流场，例如镜像板模型（Riabouehinsky model）、过渡流模型（Transient flow model）、开式粘性尾流模型（Open viscous wake model）、螺旋涡模型（Spiral vortex model）、回射流模型（Reentrant jet model）和压力恢复闭合模型（pressure recovery close model）等。

本章对压力恢复闭合模型进行介绍，空泡尾流区为压力恢复区（如图 2-2 所示），此区域内空泡压力不再是恒定压力 p_c，故而其表面切向速度不再是 $\boldsymbol{q}_c$，而是需要根据空泡尾部闭合在航行体表面进行修正，其表达式为

$$q_t = |\boldsymbol{q}_t| = q_c[1 - f(s_f)] \tag{2-15}$$

其中

$$f(s_f) = \begin{cases} 0 & s_f < s_T \\ A\left(\dfrac{s_f - s_T}{s_L - s_T}\right)^\nu & s_T \leqslant s_f \leqslant s_L \end{cases} \tag{2-16}$$

式中　s_f ——空泡壁面弧长；

s_T ——空泡恒压区壁面弧长；

s_L ——空泡壁面总弧长；

A，ν ——常数，从有关的空泡尾流实验中获得。

当给定航行体和空泡长度时，扰动势方程便可在以上运动学边界条件、动力学边界条件和空泡终端的边界条件下通过边界元方法求解。根据格林第三恒等式，流场 Ω 内任意一点的速度势可以用边界 S 上的速度势及其法向导数表示，边界积分方程可以写成

$$\lambda\phi(\boldsymbol{p})=\iint_S\left(\frac{\partial\phi(\boldsymbol{q})}{\partial n}G(\boldsymbol{p},\boldsymbol{q})-\phi(\boldsymbol{q})\frac{\partial}{\partial n}G(\boldsymbol{p},\boldsymbol{q})\right)\mathrm{d}S \tag{2-17}$$

式中　S ——包括航行体和空泡表面在内的所有边界面；

$\boldsymbol{p}$，$\boldsymbol{q}$ ——分别是边界上的固定点和积分点；

λ ——在 $\boldsymbol{p}$ 点观察流场的立体角。

当 $\boldsymbol{p}$ 在流场内时 $\lambda=4\pi$；当 $\boldsymbol{p}$ 点在光滑边界上时 $\lambda=2\pi$；当 $\boldsymbol{p}$ 点在拐角处时 $\lambda<4\pi$。

在固定点 $\boldsymbol{p}$ 处的立体角可以通过积分求得

$$\lambda(\boldsymbol{p})=\iint_S\frac{\partial G}{\partial n}(\boldsymbol{p},\boldsymbol{q})\,\mathrm{d}S_q\;,\;\boldsymbol{p}\in S \tag{2-18}$$

式中自由空间 Green 函数为 $G(\boldsymbol{p},\boldsymbol{q})=|\boldsymbol{p}-\boldsymbol{q}|^{-1}$。

对于二维轴对称模型，流体沿航行体母线运动，不存在横向流动，由于空泡收敛时法向速度为零，切向速度满足 $\frac{\partial\Phi}{\partial s}=q_t$。则沿切向对式（2－15）进行积分，即可获得空泡表面各节点速度势

$$\phi_b(s_c)=q_c\int_{s_0}^{s_c}[1-f(s_f)]\mathrm{d}s+\phi_b(s_0)+V_\infty\cdot x(0)-V_\infty\cdot x(s_c) \tag{2-19}$$

式中　s_0——空泡起始点的弧线坐标（沿空泡边界线曲线）；

$x(0)$ ——相应于 s_0 点处柱坐标 x 值。

对于空泡尾部闭合方程，航行体局部空泡表面 S_C 的空泡厚度 h_c 分布是未知的，将通过迭代确定。当进行第一步迭代时，空泡面元将首先被放置在航行体表面上，而随后的迭代将使空泡面元放置在上一次迭代的空泡厚度上。空泡厚度满足迭代形式

$$\frac{\partial(\Delta h)}{\partial s}=\left(\frac{\partial\phi}{\partial n}+\frac{\partial\Phi_\infty}{\partial n}\right)/\{q_c[1-f(s_f)]\} \tag{2-20}$$

沿切向对式（2－20）进行积分并离散为

$$\Delta h=\frac{1}{q_c}\int_{s_0}^{s_c}\left(\frac{\partial\phi}{\partial n}+\frac{\partial\Phi_\infty}{\partial n}\right)\frac{\mathrm{d}s}{1-f(s_f)}=\frac{1}{q_c}\sum_{i=1}^{Ns}\left(\frac{\partial\phi_i}{\partial n}+V_\infty n_i\right)\frac{\Delta S_{ci}}{1-f_i(s_f)} \tag{2-21}$$

式中　N_s ——在空泡壁面上划分的节点数量；

ΔS_{ci} ——空泡节点弧长。

空泡末端闭合于航行体表面时空泡厚度为 0。根据式（2－21），可知空泡速度势需满足以下表达式

$$\sum_{i=1}^{Ns}\left(\frac{\partial\phi_i}{\partial n}\right)\frac{\Delta S_{ci}}{1-f_i(s_f)}=-\sum_{i=1}^{Ns}(V_\infty n_i)\frac{\Delta S_{ci}}{1-f_i(s_f)} \tag{2-22}$$

将边界积分方程（2－17）的离散形式和尾部闭合条件（2－22）联立，即可求得航行体表面未知的速度势和空泡表面未知的法向速度及切向速度 q_c，再由式（2－21）可求得空泡法向厚度增量，反复迭代直至厚度增量或 q_c 增量满足精度要求为止。

2.2.2　航行体三维定常空泡流求解

对于三维模型，流体不仅存在沿航行体母线的轴向运动，还存在因攻角引起的横向流动，其速度可写作

$$\boldsymbol{q}_t = \nabla \Phi = \frac{\partial \Phi}{\partial u}\boldsymbol{u} + \frac{\partial \Phi}{\partial v}\boldsymbol{v} + \frac{\partial \Phi}{\partial n}\boldsymbol{n} \tag{2-23}$$

式中　$\boldsymbol{u}$，$\boldsymbol{v}$，$\boldsymbol{n}$ ——分别为航行体轴向、横向、法向的单位坐标。

且

$$\frac{\partial \Phi}{\partial \boldsymbol{u}} = V_\infty \boldsymbol{u} + \frac{\partial \phi}{\partial \boldsymbol{u}}, \frac{\partial \Phi}{\partial \boldsymbol{v}} = V_\infty \boldsymbol{v} + \frac{\partial \phi}{\partial \boldsymbol{v}} \tag{2-24}$$

将式（2-15）、式（2-24）代入到式（2-23），并忽略二阶小量 $\left(\frac{\partial \Phi}{\partial n}\right)^2$，可得

$$\frac{\partial \phi}{\partial \boldsymbol{u}} = -\frac{\partial \Phi_\infty}{\partial \boldsymbol{u}} + \left[q_c^2[1-f(s)]^2 - (\frac{\partial \Phi}{\partial v})^2\right]^{\frac{1}{2}} \tag{2-25}$$

对式（2-25）进行积分，即可获得空泡表面需满足的狄利克雷边界条件

$$\phi(u) = \phi(0) - \Phi_\infty(u) + \Phi_\infty(0) + \int_0^u \left\{\left[q_c^2[1-f(s)]^2 - (\frac{\partial \Phi}{\partial v})^2\right]^{\frac{1}{2}}\right\} \mathrm{d}s \tag{2-26}$$

式中 $\frac{\partial \Phi}{\partial v}$ 未知，在计算的初始，其初值为全湿流时细长体总速度势的偏导数，并进行迭代，直至横向流动收敛。

对于空泡尾部闭合方程，类比于轴对称模型，容易得到空泡厚度 h 分布应满足的偏微分方程式

$$\frac{\partial h}{\partial u}\frac{\partial \Phi}{\partial u} + \frac{\partial h}{\partial v}\frac{\partial \Phi}{\partial v} = \frac{\partial \phi}{\partial n} + \frac{\partial \Phi_\infty}{\partial n} \tag{2-27}$$

对于局部空化而言，空泡末端闭合于航行体表面，空泡末端厚度为 0，即

$$h(L_c) = 0 \tag{2-28}$$

式中　L_c ——空泡长度。

2.2.3　航行体定常空泡流计算过程和结果

航行体表面空泡流计算可分为两方面的内容：已知空泡长度，求解空化数和空泡线型，称为内迭代；已知空化数，求解空泡长度和空泡线型，称为外迭代。在一般情况下，外迭代计算包含内迭代计算过程，因此主要针对外迭代计算方法进行介绍。其计算过程为：

1）开展外迭代计算，在给定的空化数 $\sigma_0 = \sigma$ 下猜测一初始长度 L_0。应用给定的空化数和猜测的长度求解式（2-17）、式（2-26）。由于空泡长度是猜测的，并不一定和给定的空化数相对应，这样就使得空泡的末端厚度不一定为零，空泡末端的厚度 $h(L_C, \sigma)$ 应用式（2-27）可求得。为了获得空泡末端厚度为零的计算结果，可根据牛顿迭代公式 $l_{k+1} = l_k - h(l_k)/(\frac{\partial \Phi}{\partial n}/\frac{\partial \Phi}{\partial s})$ 对空泡长度进行迭代求解，以满足

$$h(L_0,\sigma_0)=0 \tag{2-29}$$

通过此迭代初步确定局部空泡长度 L'_0。

2）开展内迭代计算，求局部空泡长度 L'_0 所对应的空化数 σ'_0：首先假定空泡壁面与航行体壁面重合，根据式（2－17）计算航行体和空泡表面速度势分布，而后根据式（2－26）计算空泡区的扰动速度势，通过式（2－27）对空泡厚度进行迭代计算，并满足式(2－28）即可求解得到空泡壁面速度 q_c 和空化数 σ'_0。

3）定义一个新的空化数 $\sigma_1=\sigma+(\sigma_0-\sigma'_0)$。

4）再次采用外迭代计算，在给定的空化数 σ_n 下，重复步骤 1）初步确定局部空泡长度 l_n。

5）再次运用内迭代计算，根据局部空泡长度 l_n，重复步骤 2）所对应的空化数 σ'_1。

6）采用牛顿迭代法定义新的空化数

$$\sigma_{k+1}=\sigma_k-(\sigma'_k-\sigma)/1=\sigma+(\sigma_k-\sigma'_k)\quad k=1,2,\cdots \tag{2-30}$$

7）重复步骤 4)，5）和 6）直至 $|\sigma'_n-\sigma|\leqslant\varepsilon$，其中 ε 为收敛精度。

针对两种头型轴对称回转体，计算得到了不同空化数下的空泡形态与表面压力，并与实验值进行对比，如图 2－3 所示。

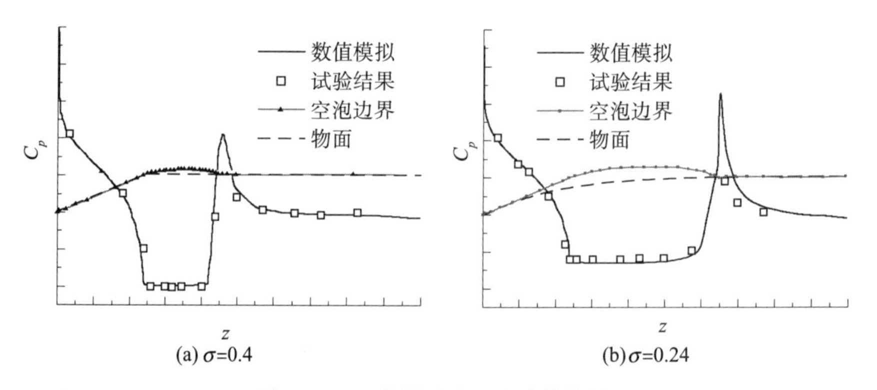

图 2－3　二维轴对称空泡计算结果

采用三维定常空泡流计算方法计算有攻角条件下的空泡形态与压力，给出空泡形态计算结果（如图 2－4 所示)，可见攻角越大，迎、背流面空泡长度差也越大。

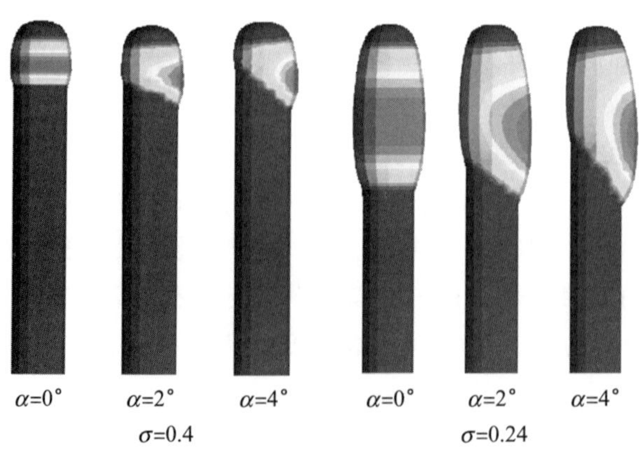

图 2－4　三维带攻角空泡形态计算结果（见彩插）

2.3　基于气泡动力学模型的空泡流研究

当气体和液体的体积具有相同数量级时，气体与液体的混合物可看作两种连续介质的混合物来处理，气体和液体的离散特性则可以不予考虑，而只考虑气体或液体及其混合物的平均特性。而当液体或气体在全部混合物中占极小的体积份额时，就不能再把这种气体与液体的混合物当作两种连续介质混合物来看待，其组元（混合物中占有少量体积的液体或气体）的离散特性就变得重要。这种流动的一种情形就是液体中的气泡。

近几十年来，人们通过对液体中气泡的研究，形成了多相流的一个分支——气泡动力学。气泡动力学主要研究气泡在液体中长大和运动的规律。如果存在加热表面，则需要研究气泡在加热面上成长、脱离的规律和条件。理想球形气泡的生成过程是研究气泡动力学的基础，下面主要介绍理想球形气泡动力学方程的推导过程。

先考虑最简单的情况。假设在压缩与膨胀全过程中空泡保持球形，主要考虑惯性的作用而忽略其他因素的影响，认为周围静止的不可压缩水体的运动是由于突然作用外力而产生的。由于静止的水体是无旋的，故周围水体的运动应为无旋运动，即应存在速度势 ϕ，ϕ 应当满足拉普拉斯方程，即

$$\frac{\partial^2 \phi}{\partial x^2}+\frac{\partial^2 \phi}{\partial y^2}+\frac{\partial^2 \phi}{\partial z^2}=0 \tag{2-31}$$

如果采用球面坐标，则可改写成

$$r\frac{\partial^2 \phi}{\partial r^2}+2\frac{\partial \phi}{\partial r}=0 \tag{2-32}$$

式中　r——由气泡中心起算的水体中某点的极距。

由于气泡周围水体的运动为球对称，故流速为

$$V_r=\frac{\mathrm{d}\phi}{\mathrm{d}r} \tag{2-33}$$

则式（2-32）可写成下列形式

$$r\frac{\partial V_r}{\partial r}+2V_r=\frac{1}{r}\frac{\partial}{\partial r}(r^2\cdot V_r)=0 \tag{2-34}$$

可解出

$$V_r=\frac{C}{r^2} \tag{2-35}$$

式中　C——常数。

当 $r=R$ 时，气泡壁上水体质点的运动速度即为气泡壁的膨胀或压缩速度 V_r。令 $V_r=\dot{R}$，则上式中的常数 $C=R^2\cdot\dot{R}$。这样，水体中任一点的速度为

$$V_r=\frac{C}{r^2}=\frac{R^2\cdot\dot{R}}{r^2} \tag{2-36}$$

而速度势

$$\phi=-\frac{R^2\cdot\dot{R}}{r} \tag{2-37}$$

在有势流动中伯努利方程的积分可写成下列拉格朗日—柯西形式

$$\frac{p}{\rho}+\frac{\partial\phi}{\partial t}+\frac{1}{2}\left(\frac{\partial\phi}{\partial r}\right)^2=F(t) \tag{2-38}$$

如果将式（2－37）的 ϕ 分别对 t 及 r 求导，可得

$$\begin{cases}\dfrac{\partial\phi}{\partial t}=-\dfrac{2R\cdot\dot{R}^2+R^2\cdot\ddot{R}}{r}\\[2ex]\dfrac{\partial\phi}{\partial r}=\dfrac{R^2\cdot\dot{R}}{r^2}\end{cases} \tag{2-39}$$

将式（2－39）代入到式（2－38），则可求出水体中某任意点压强的计算公式

$$\frac{p}{\rho}=\frac{2R\cdot\dot{R}^2+R^2\cdot\ddot{R}}{r}-\frac{R^4\dot{R}^2}{r^4}+F(t) \tag{2-40}$$

设在流场内，距气泡中心无限远处的压强为 p_∞，则由式（2－38）可知

$$F(t)=\frac{p_\infty}{\rho} \tag{2-41}$$

将式（2－41）代入式（2－40），即可得出气泡壁（$r=R$）的运动微分方程式为

$$R\ddot{R}+\frac{3}{2}\dot{R}^2=\frac{p_R-p_\infty}{\rho} \tag{2-42}$$

式（2－42）就是 1917 年由 Rayleigh 发表的著名的气泡运动方程式，用它可以求出气泡周围水体内压强的瞬态分布及气泡半径随时间的变化情况。

当考虑气泡表面张力时，则气泡边壁上的液体压强为

$$p_R=p_v+p_g-\frac{2\sigma}{R} \tag{2-43}$$

式中　σ——液体的表面张力系数。

如果考虑液体粘性，气泡壁面上由粘性产生的流体正应力项为

$$2\mu\left(\frac{\partial V}{\partial r}\right)_{r=R}-\frac{2}{3}\mu\left(\frac{\partial V}{\partial x}+\frac{\partial V}{\partial y}+\frac{\partial V}{\partial z}\right) \tag{2-44}$$

则在气泡壁面上流体压力边界条件应为

$$p_R=p_v+p_g-\frac{2\sigma}{R}+2\mu\left(\frac{\partial V}{\partial r}\right)_{r=R}-\frac{2}{3}\mu\left(\frac{\partial V}{\partial x}+\frac{\partial V}{\partial y}+\frac{\partial V}{\partial z}\right) \tag{2-45}$$

将式（2－45）代入到式（2－42）中，得到气泡闭合过程考虑粘性和表面张力时气泡半径 R 随时间 t 变化的 Rayleigh－Plesset 方程，即

$$R\ddot{R}+\frac{3}{2}\dot{R}^2=\frac{p_v+p_g-p_\infty}{\rho}-\frac{4\mu\dot{R}}{\rho R}-\frac{2\sigma}{\rho R} \tag{2-46}$$

根据式（2－46）可知，当给出 p_∞，在已知 p_c 时即可求解气泡半径 R 随时间 t 的

变化。

若 $\dot{R}=\ddot{R}=0$，也就是气泡处于静平衡状态。由 Rayleigh－Plesset 方程可解得气核失稳生长的临界半径 R^*

$$R^*=R_0\sqrt{\frac{3R}{2\tau}\left(p_0-p_v+\frac{2\sigma}{R_0}\right)} \tag{2-47}$$

式中　p_0——气核初始半径 R_0 时的液体压强。

一般认为，对于单个气核来说，当 $R\geqslant R^*$ 时该气核就空化了。

由式（2-46）可得空泡壁面运动位置及速度，如图 2-5 所示。从图中可以看出，空泡溃灭初期壁面运动速度增长相对较慢，后期空泡壁面速度急剧攀升并趋近于无穷大。

图 2-5 中，τ 为空泡半径收缩至零的时间，常被称为瑞利时间。

$$\tau\approx 0.915R_0\sqrt{\frac{\rho}{p_\infty-p_v}} \tag{2-48}$$

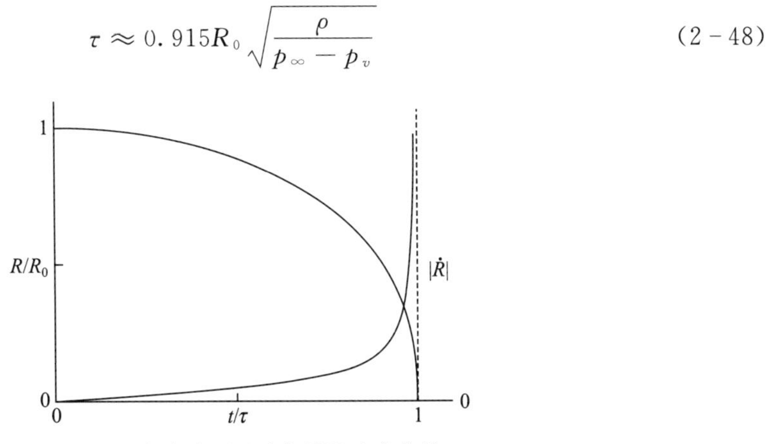

图 2-5　空泡壁面运动位置及速度曲线

不同时刻压力场的分布情况，如图 2-6 所示。从图中可以看出，压力波由无穷远处传来，后期空泡壁面附近的压力趋近于无穷大。虽然这种理想球形自然空泡的溃灭过程仅考虑了惯性力及压力的作用而忽略了其他因素的影响，但该过程展现了空泡溃灭过程流场压力的剧烈变化，并且其修正后的模型仍然大体反映了图 2-6 所示的压力场变化情况。

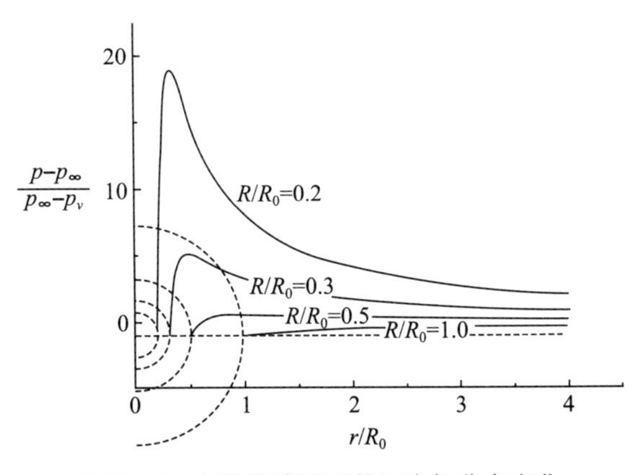

图 2-6　空泡收缩过程的压力场分布变化

应当注意的是上述计算没有限定理想球形空泡的尺寸，因此这种理想情况所表现的空泡溃灭过程具有较广泛的代表性，既适用于较小尺寸的孤立气泡溃灭，也适用于较大尺寸的空泡溃灭。该理论计算模型经过一定修正后，能较好地分析电火花或激光获得空泡的溃灭现象。不仅如此，理想球形空泡溃灭模型也能对附着于航行体表面空泡的出水溃灭过程起到一定的指导意义。

上述分析表明，在空泡溃灭末期，壁面速度及附近压力趋近于无穷大，表现出明显的奇异性。因此在模拟空泡溃灭的数值计算过程中应采用变时间步长，并在空泡溃灭后期采用较小的时间步长以保证良好的收敛性。由于存在来流速度，附着在航行体表面的空泡轮廓大体呈椭球形而非理想球形，并且空泡轮廓内部包括部分航行体，因此其溃灭消失位置必定在航行体表面。在空泡溃灭时空泡壁面周围流体以一定的速度冲击航行体表面，该过程类似水锤效应，会产生较高的局部压力作用于航行体表面。航行体出水过程空泡溃灭过程的压力云图如图 2 - 7 所示。

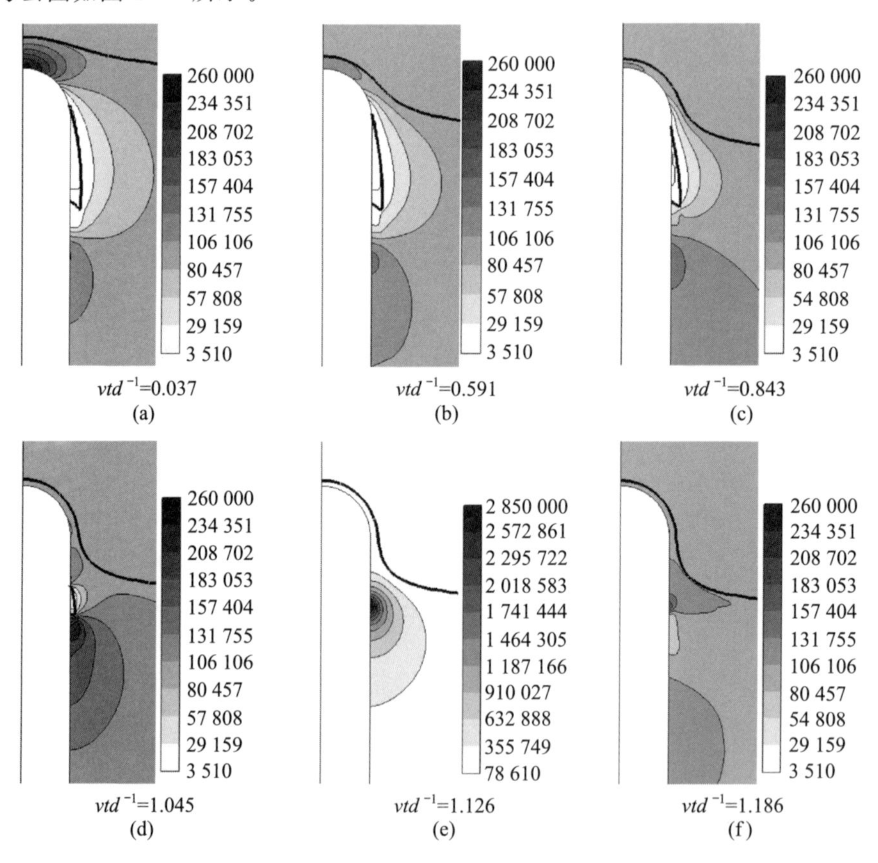

图 2 - 7 航行体出水过程压力云图

在计算空泡内含有空气的出水过程场时，保持空泡直径和环境压力等参数不变，改变泡内压力 p_{g0}，计算得到距离气泡中心不同位置处溃灭压力峰值分布情况，如图 2 - 8 所示。结果表明泡内压力对溃灭压力峰值影响较大，随着逐渐远离球泡中心，压力峰值明显减小。

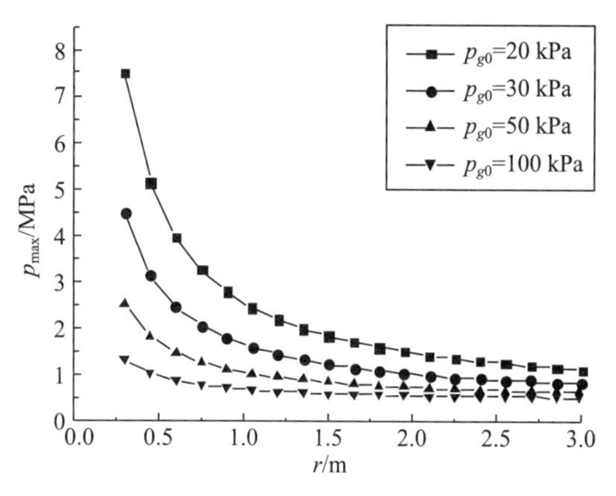

图 2-8　不同泡内压力溃灭过程中压力峰值分布

保持空泡直径和泡内压力等参数不变，改变环境压力 p_∞ ，计算得距离气泡中心不同位置处溃灭压力峰值分布情况，如图 2-9 所示。结果表明环境压力对溃灭压力峰值影响较大。

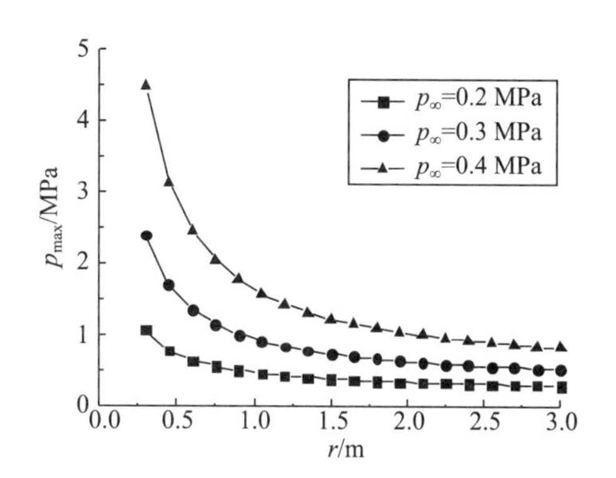

图 2-9　不同环境压力溃灭过程中压力峰值分布

2.4　基于空泡截面独立膨胀原理的空泡流研究

2.4.1　空泡截面独立膨胀原理

航行体在水中运动，航行体轴线方向为 x 向。在 $t=0$ 时刻，航行体以速度 V 沿 x 轴运动，则空泡将起始于头部并逐渐膨胀发展。若将流体考虑为无粘、不可压缩，则空泡膨胀生长的形式如图 2-10 所示。

垂直于 x 轴任意取一平面 Σ ，假设空泡在该平面内的截面半径为 $R_c(x, t)$ ，则截面积为 $A(x, t)=\pi R_c^2$ 。同时，假设空泡内部压力为恒定值 $p_c(x, t)$ ，无穷远场压力为 $p_\infty(x, t)$ 。若 $t=0$ 时刻，航行体头部所受阻力为 W ，则当航行体运动微小距离 Δx 时，其对流体所作的功为 $W \cdot \Delta x$ 。由能量守恒可知，该部分能量一部分转化为流体的动能 $T \cdot \Delta x$ ，而另一部分则转化为流体的势能 $E \cdot \Delta x$ 。因此，对每一个 Σ 平面上的空泡截面都满

足能量守恒方程

$$T(x,t)+E(x,t)=W(x,0) \tag{2-49}$$

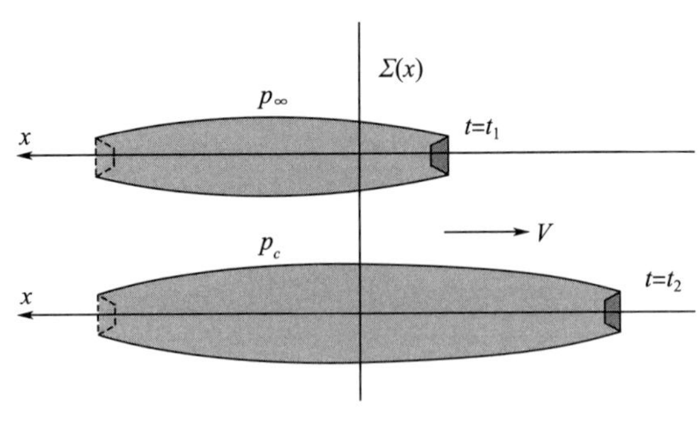

图 2-10　空泡发展示意图

该方程可以应用到整个空泡上。

由格林第一公式可以得到单位长度的空泡所具有的动能为

$$T=-\frac{1}{2}\rho\phi 2\pi R_c\frac{\partial\phi}{\partial n} \tag{2-50}$$

式中　ϕ ——空泡边界的绝对速度势；

$R_c=R_c(x,\ t)$ ——该截面的空泡半径［为方便后续公式的推导，此后利用 R_c 代替 $R_c(x,\ t)$］；

$\dot{R}_c\approx\partial\phi/\partial n$ ——空泡边界的径向速度。

单位长度的空泡具有的势能为

$$E=\int_0^t\Delta p(x,t)2\pi R_c\dot{R}_c\mathrm{d}t \tag{2-51}$$

其中

$$\Delta p(x,t)=p_\infty(x,t)-p_c(x,t)$$

将式（2-51）和式（2-50）代入式（2-49），可得

$$-\frac{1}{2}\rho\phi\dot{A}+\int_0^t\Delta p(x,t)\dot{A}\mathrm{d}t=W(x,0) \tag{2-52}$$

其中

$$A=A(x,t)$$

$$\dot{A}=2\pi R_c\dot{R}_c$$

式中　$\dot{A}$ ——空泡截面的时间导数。

由广义伯努利方程可知

$$\frac{\partial\phi}{\partial t}+\frac{V^2}{2}=\frac{\Delta p}{\rho} \tag{2-53}$$

其中

$$\Delta p=\Delta p(x,t)$$

式中　V ——位于空泡边界处流体质点的速度；

　　ρ ——流体密度。

在空泡中截面处 $V \approx \dot{R}_c$ 为小量，因此，相对 $\dfrac{\Delta p}{\rho}$ 项，我们可以忽略 V^2 项，则方程（2－53）可以表达为

$$\frac{\partial \phi}{\partial t}=\frac{\Delta p}{\rho} \tag{2-54}$$

将式（2－52）对 t 求导，并代入式（2－54）可得

$$\phi \ddot{A}=\frac{\Delta p}{\rho}\dot{A} \tag{2-55}$$

对式（2－54）积分可得

$$\phi=\phi_n+\int_0^t \frac{\Delta p}{\rho}\mathrm{d}t \tag{2-56}$$

式中　ϕ_n ——空泡初生时（即 $t=0$ 时刻）航行体头部边缘处空泡截面的势能。

由式（2－55）和式（2－56）可得下述方程

$$\left(\rho\phi_n+\int_0^t \Delta p\,\mathrm{d}t\right)\ddot{A}=\Delta p\dot{A} \tag{2-57}$$

由于 $\mathrm{d}\int_0^t \Delta p\,\mathrm{d}t=\Delta p\,\mathrm{d}t$ ，通过分离变量方法，将式（2－57）积分后可得

$$\dot{A}=C\left[\rho\phi_n+\int_0^t \Delta p\,\mathrm{d}t\right] \tag{2-58}$$

其中

$$C=\dot{A}_0/\rho\phi_n$$

式中　C——常数，与空泡初生截面的膨胀速度有关；

　　$\dot{A}_0$——空泡初生时刻截面的膨胀速度。

因此，上式又可以写为

$$\dot{A}=\dot{A}_0\left[1+\frac{1}{\phi_n}\int_0^t \frac{\Delta p}{\rho}\mathrm{d}t\right] \tag{2-59}$$

空泡初生时刻（$t=0$），航行体头部边缘处空泡截面的速度势 ϕ_n 可以表达为

$$\phi_n=-aR_nV(0) \tag{2-60}$$

式中　R_n ——空化器半径；

　　$V(0)$ —— $t=0$ 时刻的航行体运动速度；

　　a ——常数。

由于空泡最大截面处的速度势为零，因此根据式（2－56）可得

$$\phi_n=-\int_0^{t_k} \frac{\Delta p}{\rho}\mathrm{d}t=-\frac{\Delta p}{\rho}t_k=-aR_nV(0) \tag{2-61}$$

其中

$$t_k=L_c/2V$$

式中　t_k——空泡从初生扩展到最大截面处所用的时间；如果运动速度 V 不变，则可由式（2－61）得到 a 的表达式

$$a=\frac{\sigma L_c}{4R_n} \tag{2-62}$$

在 $t=0$ 时刻，航行体头部所受阻力可以表达为

$$W=C_D\pi R_n^2\frac{\rho V^2(0)}{2}$$

式中　C_D——航行体头部阻力系数。

将其代入式（2－52）可得空泡初生截面膨胀速度的表达式

$$\dot{A}_0=\frac{\pi C_x R_n V(0)}{a},\quad k=-\frac{\dot{A}_0}{\phi_n}=\frac{\pi C_x}{a^2} \tag{2-63}$$

a 取值范围为 1.5 ～ 2，受空化数的影响会略有不同。

由式（2－59）和式（2－63）可得

$$\dot{A}=\dot{A}_0-k\int_0^t\frac{\Delta p}{\rho}\mathrm{d}t \tag{2-64}$$

对式（2－64）求时间导数，即得

$$\ddot{A}=-\frac{k\Delta p}{\rho} \tag{2-65}$$

上式与式（2－63）被广泛应用于研究非定常超空泡形态问题。

若 k 为常数，将式（2－65）积分则可得空泡截面独立膨胀原理

$$A(x,t)=A_0+\dot{A}_0 t-\frac{k}{\rho}\int_0^t\int_0^t\Delta p\,\mathrm{d}t\,\mathrm{d}t \tag{2-66}$$

式中　A_0——空泡初生截面的面积。

式（2－66）为非定常超空泡形态计算公式，若考虑定常空泡形态，则 $\frac{\Delta p}{\rho}$ 为常数。则空泡截面积随时间变化的关系式可由式（2－66）积分得出

$$A(x,t)=A_0+\dot{A}_0 t-\frac{1}{2}k\frac{\Delta p}{\rho}t^2 \tag{2-67}$$

并有空泡最大截面积 A_k 为

$$A_k=A_0+\dot{A}_0 t_k-\frac{1}{2}k\frac{\Delta p}{\rho}t_k^2 \tag{2-68}$$

联立式（2－67）和式（2－68），并结合式（2－63）和式（2－61）可得

$$\frac{A-A_0}{A_k-A_0}=\frac{t}{t_k}\left(2-\frac{t}{t_k}\right) \tag{2-69}$$

2.4.2　垂向空泡流

当航行体在水中以垂直水面的速度 $V(t)$ 朝水面运动时，垂向空泡流发展示意图如图 2－11所示。以截面 Σ 为研究对象，忽略自由液面效应，根据空泡截面独立膨胀原理则

该截面空泡横截面积在内外压差、航行体速度的影响下，独立于其他截面进行膨胀。Σ 截面上无穷远处流体压力 p_∞ 为

$$p_\infty = p_0 + \rho g(x + L_c) \tag{2-70}$$

式中　p_0——大气环境压力；

x ——航行体头部距水面距离；

L_c —— Σ 截面空泡长度。

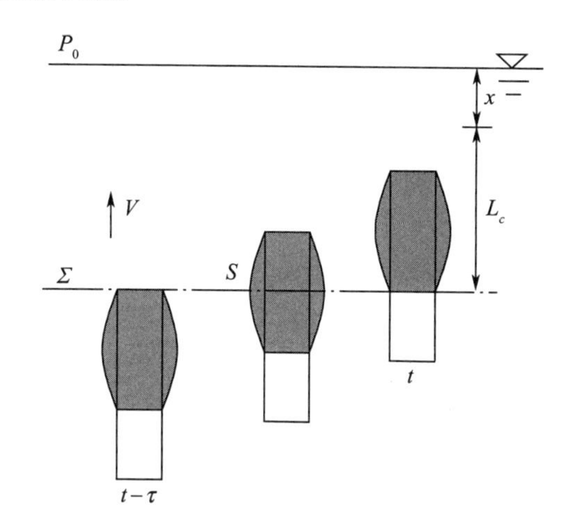

图 2-11　航行体水下垂直运动空泡发展示意图

当航行体匀速运动时，$x = Vt$ ，并令 $\Delta p_0 = p_0 - p_c$ ，利用空泡截面独立膨胀原理，由式（2-66）积分后可得

$$A(x,t) = A_0 + \dot{A}_0 t - \frac{kt^2}{2\rho}\left(\Delta p_0 \pm \frac{1}{3}\rho g V t\right) \tag{2-71}$$

其中

$$k = \pi C_x / a^2$$

$$a = \sigma L_c / (4R_n)$$

$$\dot{A}_0 = \pi C_x R_n V / a$$

$$A_0 = \pi R_n^2$$

$$t = x / V$$

将 k ，a ，$\dot{A}_0$，A_0，t 代入式（2-71），并令无量纲空泡半径 $R^* = R(x)/R_n$ ，无量纲坐标 $x^* = x/R_n$ ，航行体位置处的空化数 $\sigma = 2\Delta p_0/(\rho V^2)$ ，航行体弗劳德数 $Fr = V/\sqrt{gR_n}$ 。将式（2-71）写成无量纲空泡半径沿轴线变化关系式，如对高度递减的空泡可得

$$R^{*2} = 1 + \frac{C_x}{a}x^* - \frac{C_x x^{*2}}{a}\left(\frac{\sigma_0}{4} + \frac{x^*}{6Fr^2}\right) \tag{2-72}$$

2.4.3 非定常空泡流

根据空泡截面独立膨胀原理，任一空泡流动中空泡截面积的扩张只决定于空化器的瞬时速度 $V(t)$ 和瞬时压力差 $\Delta p(x, t)$ ，对非定常空泡流中空泡截面积，仍可用独立膨胀原理公式计算。独立膨胀原理公式的积分式表示某一时刻的空泡形态，对非定常空泡流，从时间 t_1 开始计算，则积分式应改写为

$$A(x,t)=A_0+\dot{A}_0\cdot(t-t_1)-\frac{k}{\rho}\int_{t_1}^{t}\int_{t_1}^{t}\Delta p(x,t)\,\mathrm{d}t\,\mathrm{d}t \tag{2-73}$$

在非定常空泡流中，空泡内压力 $p_c(t)$ 、空泡体积 $Q(t)$ 及物体运动速度 $V(t)$ ，都可以随时间变化。对每一时间步的计算，它们都是需要重新确定的量，故还要附加一些方程联立求解。

空泡内压力 $p_c(t)$ 由状态方程确定，即

$$\frac{p_c(t)\cdot Q(t)}{m(t)}=R\cdot T(t) \tag{2-74}$$

式中 $m(t)$ ——空泡内气体质量；

R——空泡内气体常数；

$T(t)$ ——空泡内气体温度，通常可假设等于空泡周围的水温。

在计算空泡体积 $Q(t)$ 时，由于空泡体积是空泡边界与航行体边界之间的体积，空泡会将部分航行体进行包裹，则 $Q(t)$ 的计算式为

$$Q(t)=\int_0^{x(t)}[A(x,t)-A_b(x,t)]\,\mathrm{d}x \tag{2-75}$$

式中 $A_b(x, t)$ ——航行体的横截面积。

空泡内气体质量 $m(t)$ 需根据质量守恒关系确定，即

$$\frac{\mathrm{d}m(t)}{\mathrm{d}t}=\dot{m}_s-\dot{m}_l \tag{2-76}$$

式中 $\dot{m}_s$ ——通入空泡内气体的质量流量；

$\dot{m}_l$ ——空泡外泄气体的质量流量。

当航行体作直线运动时，速度 $V(t)$ 的变化由动力学方程确定，即

$$M\frac{\mathrm{d}V(t)}{\mathrm{d}t}=\sum F \tag{2-77}$$

式中 M——航行体质量（包括附近水的质量）；

$\sum F$ ——作用力之和，包括航行体所受阻力、推进力、浮力、重力等。

非定常空泡流的空泡计算，则可由上述公式联立求解。

采用基于独立膨胀原理的方法对非定常运动空泡形态进行计算，并通过弹射试验的试验数据进行验证。当航行体在水下运动一定时间后向已有的空泡中通入气体，在航行体表面布置压力传感器，通过压力测量数据判定非定常空泡长度和压力的变化历程。同步开展非定常运动状态下压力和空泡长度的理论计算，二者比对结果如图 2-12 所示。

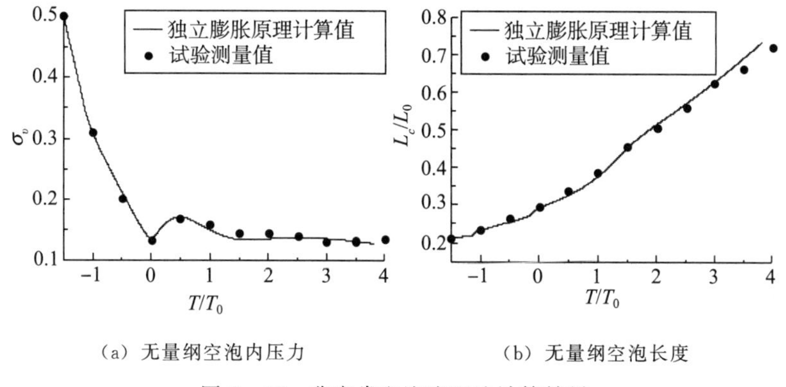

图 2-12　非定常空泡流理论计算结果

2.5　航行体出水空泡溃灭模型

基于势流理论，可建立二维和拟三维有限厚水层轴对称空泡溃灭的力学模型，能够得出出水空泡溃灭过程的泡壁运动方程，用于分析出水空泡的溃灭过程及其水动力学特性。

2.5.1　二维有限厚水层中圆形空泡溃灭模型

二维圆形空泡外的水层厚度有限，水层外边界压力为大气压 p_0，泡内压力 $p_c \geqslant$ 饱和蒸汽压 p_v，考虑进入空泡内气体分压的影响，空泡内气体按完全气体处理；假定溃灭开始时，泡壁法向速度为零；忽略重力影响。

基于势流理论，给出二维有限厚度水域中空泡溃灭运动的数学模型。设液体的外边界为 $R_1(t)$，内边界为 $R(t)$，$R(t)$ 即为空泡半径，水层厚度为 $h_w(t)=R_1(t)-R(t)$。假定液体无粘不可压，流动无旋，存在速度势 $\phi(r,t)$，满足拉普拉斯方程。由于对称性，$\phi(r,t)$ 满足

$$\left(\frac{\partial^2}{\partial r^2}+\frac{\partial}{r\partial r}\right)\phi(r,t)=0\quad R(t)\leqslant r\leqslant R_1(t) \tag{2-78}$$

连续性方程为

$$R_1^2(t)-R^2(t)=R_1^2(0)-R^2(0)$$
$$R_1\dot{R}_1=R\dot{R} \tag{2-79}$$

边界条件为

$$\frac{\partial\phi}{\partial r}=\dot{R}(t),\quad p=p_c,r=R$$
$$\frac{\partial\phi}{\partial r}=\dot{R}_1(t),\quad p=p_0,r=R_1 \tag{2-80}$$

式中　$\dot{R}_1(t)$ ——空泡壁面速度；

p ——压力。

初始条件为

$$\begin{aligned} &R(0)=R_0\\ &R_1(0)=R_{10}\\ &\dot{R}(0)=0\\ &\phi(r,0)=0\\ &p_c(0)=p_{c0} \end{aligned} \tag{2-81}$$

满足上述方程与边界条件的解为

$$\phi(r,t)=R\dot{R}\ln\frac{r}{R_1} \tag{2-82}$$

$$\frac{\partial\phi}{\partial r}=\frac{R\dot{R}}{r} \tag{2-83}$$

由于流动无旋，有伯努利方程

$$\frac{\partial\phi}{\partial t}+\frac{1}{2}\left(\frac{\partial\phi}{\partial r}\right)^2+\frac{p}{\rho}=f(t) \tag{2-84}$$

将式（2－82）、式（2－83）代入式（2－84），考虑到 $R_1\dot{R}_1=R\dot{R}$ 可得

$$(\dot{R}^2+R\ddot{R})\ln\frac{r}{R_1}-\left(\frac{R\dot{R}}{R_1}\right)^2+\frac{1}{2}\left(\frac{R\dot{R}}{r}\right)^2+\frac{p}{\rho}=f(t) \tag{2-85}$$

将液体外边界 $r=R_1$ 的条件式（2－80）代入式（2－85），可得

$$f(t)=-\frac{1}{2}\left(\frac{R\dot{R}}{R_1}\right)^2+\frac{p_0}{\rho} \tag{2-86}$$

故有

$$(\dot{R}^2+R\ddot{R})\ln\frac{r}{R_1}+\frac{1}{2}\dot{R}\left[\left(\frac{R}{r}\right)^2-\left(\frac{R}{R_1}\right)^2\right]+\frac{p}{\rho}=\frac{p_0}{\rho} \tag{2-87}$$

应用于空泡壁面 $r=R$ 处，得到泡壁运动的演化方程

$$(\dot{R}^2+R\ddot{R})\ln\frac{R}{R_1}+\frac{1}{2}\dot{R}\left[1-\left(\frac{R}{R_1}\right)^2\right]+\frac{p_c}{\rho}=\frac{p_0}{\rho} \tag{2-88}$$

根据状态方程，p_c 可表示为

$$p_c(t)=p_{c0}\left(\frac{R_0}{R}\right)^{2\gamma} \tag{2-89}$$

式中，$\gamma=1$ 时对应等温过程；γ 等于比热比时对应绝热过程。

将式（2－89）代入式（2－88），得到泡壁运动方程

$$(\dot{R}^2+R\ddot{R})\ln\frac{R}{R_1}+\frac{1}{2}\dot{R}\left[1-\left(\frac{R}{R_1}\right)^2\right]+\frac{p_{c0}}{\rho}\left(\frac{R_0}{R}\right)^{2\gamma}=\frac{p_0}{\rho} \tag{2-90}$$

令

$$\begin{aligned} &\tau=t/R_0\sqrt{\rho/p_0}\\ &\alpha=R/R_0\\ &\dot{\alpha}=\mathrm{d}\alpha/\mathrm{d}\tau \end{aligned}$$

$$\beta = p_{c0}/p_0$$

$$\delta(\tau) = h_w(t)/R_0\sqrt{\rho/p_0} = (R_1 - R)/R_0$$

则得式（2-90）的无量纲形式

$$(\dot{\alpha}^2 + \alpha\ddot{\alpha})\ln\frac{\alpha}{\alpha+\delta_1} + \frac{1}{2}\dot{\alpha}^2\frac{2\delta\alpha+\delta^2}{(\alpha+\delta)^2} + \beta\alpha^{-2\gamma} = 1 \tag{2-91}$$

式中 β 体现了泡内气体含量的影响。这里水层厚度 δ 是时间的函数，可以由连续性方程（2-79）的无量纲形式求得

$$\delta(\tau) = [\delta(0)^2 + 2\delta(0) + \alpha^2]^{\frac{1}{2}} - \alpha \tag{2-92}$$

求解式（2-91）和式（2-92），可以得到 α、$\dot{\alpha}$ 的时间变化曲线。对于每一时刻，可以由式（2-89）的无量纲形式计算泡壁内的压力分布。

2.5.2　拟三维有限厚水层轴对称空泡溃灭模型

2.5.1节中的空泡溃灭力学模型是以空泡的某一横剖面的二维流场为研究对象的，没有考虑各横剖面二维流场之间的相互影响。考虑到空泡内部的气体流动相通及空泡内部压力相对均匀的特点，在二维模型的基础上，建立拟三维有限厚水层轴对称空泡溃灭力学模型。

忽略空泡内气体流动，假定泡内压强处处相等，依据状态方程，有

$$\frac{p_c}{p_{c0}} = \left(\frac{V_{c0}}{V_c}\right)^{\gamma} \tag{2-93}$$

式中　p_c，p_{c0}——分别为泡内压强及初始泡内压强；

V_c，V_{c0}——分别为泡内气体体积及初始气体体积。

考虑航行体的存在，V_c 由下式可得

$$V_c = \int_{x'_B}^{x'_D}\pi[R(x')^2 - R_m^2]\,\mathrm{d}x' \tag{2-94}$$

式中　R_m——航行体半径；

积分变量 x'——沿航行体轴向的坐标；

x'_B，x'_D——分别为附体空泡前缘点和尾缘点的坐标。

因此有

$$p_c = p_{c0}\frac{\int_{x'_{B0}}^{x'_{D0}}\pi[R_0(x')^2 - R_m^2]\,\mathrm{d}x'}{\int_{x'_B}^{x'_D}\pi[R(x')^2 - R_m^2]\,\mathrm{d}x'} \tag{2-95}$$

将式（2-95）与式（2-88）联合求解，即可得到空泡外形的演化规律。

按照上述模型求解出水空泡溃灭过程，所需的初始空泡形状和液面形状，可以根据试验或CFD数值模拟结果给出。

2.5.3　出水空泡溃灭压力计算

研究结果表明空泡溃灭压力 p_k 由两部分组成，即空泡溃灭过程中附着水层冲击航行

体表面的水击压力 p_s 和空泡体积急剧压缩所导致的泡内气体压力上升 p_c

$$p_k = p_s + p_c \tag{2-96}$$

对于水击压力采用如下简化公式

$$p_s = k\rho V_s^2 \tag{2-97}$$

式中　k ——经验系数。

2.6　小结

本章首先对水下航行体垂直发射技术所涉及的多相流基本概念进行了介绍，介绍了空化数的概念及空化现象的分类，对水下航行体发射过程涉及的附体空泡特性进行了分析。其次介绍了水下航行体垂直发射技术涉及的一些经典空化理论，主要包括基于势流的空泡流理论、空化气泡动力学和空泡截面独立膨胀原理，给出了基于这些理论计算空泡形态的基本方法。最后介绍了近年来发展的航行体出水空泡溃灭力学模型，给出了应用空泡溃灭力学模型计算空泡溃灭压力的理论方法。

参考文献

[1] R. T. Knapp. 空化与空蚀．水利水电科学研究院，译．北京：水利出版社，1981.

[2] 黄继汤．空化与空蚀的原理及应用．北京：清华大学出版社，1991.

[3] 王献孚．空化泡和超空化泡流动理论及应用．北京：国防工业出版社，2009.

[4] 张林夫，夏维洪．空化与空蚀．南京：河海大学出版社，1989.

[5] 聂荣升．水轮机中的空化与空蚀．北京：高等教育出版社，1985.

[6] 郭烈锦．两相与多相流体动力学．西安：西安交通大学出版社，2002.

[7] 潘中永，袁寿其．泵空化基础．镇江：江苏大学出版社，2013.

[8] 贾彩娟．航行体空化流场的数值分析．西安：西北工业大学硕士论文，2002.

[9] 权晓波，李岩，魏海鹏．航行体出水空泡溃灭特性研究．船舶力学，2008，12 (4)：545-549.

第3章 基于N-S方程的空泡流数学模型和数值模拟方法

从经典的Tulin势流线性理论到1992年Kubota提出基于Rayleigh-Plesset空泡动力学方程的可变密度单流体空化模型（主要是从汽、水间的相变入手），以往对空泡流的理论分析和数值研究多集中在自然空化现象上。在高速水下航行体的运动过程中，不仅涉及航行体高速运动激发的自然空化，还包含通气空泡流动等复杂物理现象，可归结为一个气、汽、液多相高度非线性的三维湍流流动问题，各相之间的质量、动量和能量交换极为复杂。人们对这一流动的认识还不够充分，很难提出完善的物理模型。Lindau和Kunztl[1]等人构筑一种隐式、预处理（preconditioned）算法，求解同时带自然和通气空化现象的粘性多相流动问题。三组分控制方程分别用来描述液相、蒸汽相（与液相交换质量）及非凝结气相。目前国内的工作仍主要集中在对气、水两相通气空化流场的数值模拟上，对自然空化与通气空化共同作用下三相流场的数值模拟较少。

本章旨在从全流场的雷诺平均N-S方程入手，求解气相、蒸汽相质量守恒方程，并描述蒸汽相、液相之间质量传递的自然空化模型，模拟包含气、蒸汽、水多相的定常、非定常通气空泡流。

3.1 基本控制方程

对于单相流体而言，无论是从数量级分析还是进行试验验证，都证实了湍流微团与分子尺度相比要大得多，连续性假设仍是有效的，湍流和层流一样遵循N-S方程。基本控制方程如下。

质量守恒方程

$$\frac{\partial \rho}{\partial t}+\frac{\partial}{\partial x_i}(\rho u_i)=0 \tag{3-1}$$

动量守恒方程

$$\frac{\partial}{\partial t}(\rho u_i)+\frac{\partial}{\partial x_j}(\rho u_i u_j)=-\frac{\partial p}{\partial x_i}+\frac{\partial}{\partial x_j}\left(\mu\frac{\partial u_i}{\partial x_j}+\frac{\partial u_j}{\partial x_i}-\frac{2}{3}\delta_{ij}\frac{u_l}{x_l}-\rho\overline{u'_i u'_j}\right)+f_i \tag{3-2}$$

式中，$-\rho\overline{u'_i u'_j}$为湍流效应产生的Reynolds应力项，为了方程的封闭，必须模拟这些项，后面将作详细讨论。

能量守恒方程

$$\frac{\partial}{\partial t}(\rho T)+\frac{\partial}{\partial x_i}(\rho u_i T)=\frac{\partial}{\partial x_j}\left(\frac{k_t}{c_p}\frac{\partial T}{\partial x_j}\right)+S_T \tag{3-3}$$

若考虑可压缩性，对于理想气体，须补充一个联系p和ρ的状态方程

$$p=\rho R_0 T \tag{3-4}$$

3.2 多相流模型

对于多相流而言，基于N-S方程的计算框架，研究者普遍采用双流体模型和均质平衡流模型（HEM，Homogeneous equilibrium flow model）。均质流模型将气、汽、液三相混合物看作一种均匀介质，相间没有相对速度，流动参数取三相相应参数的加权平均，而双流体模型将气、汽、液三相都看成是充满整个流场的连续介质，针对各相分别建立质量、动量方程，并通过相界面间的相互作用将两组方程耦合起来。

3.2.1 均相流模型

基于各向同性RANS（Reynolds Averaged Navier Stokes）方程，将气、汽、液多相组成的混合介质看成一种变密度单流体，各相共享同一压力、速度场，未考虑滑移速度；并引入变量 α_g ，α_v 得到描述气、汽、液多相流动的控制方程。

混合介质连续性方程

$$\frac{\partial \rho_m}{\partial t}+\frac{\partial}{\partial x_i}(\rho_m u_i)=0 \tag{3-5}$$

混合介质动量方程

$$\frac{\partial}{\partial t}(\rho_m u_j)+\frac{\partial}{\partial x_i}(\rho_m u_i u_j)=-\frac{\partial p}{\partial x_i}+\rho g_i+\frac{\partial}{\partial x_i}\left[(\mu_m+\mu_t)\left(\frac{\partial u_i}{\partial x_j}+\frac{\partial u_j}{\partial x_i}\right)\right] \tag{3-6}$$

蒸汽相连续性方程

$$\frac{\partial}{\partial t}(\rho_v\alpha_v)+\frac{\partial}{\partial x_i}(\rho_v\alpha_v u_i)=\dot{m}^{-}-\dot{m}^{+} \tag{3-7}$$

气相连续性方程

$$\frac{\partial}{\partial t}(\rho_g\alpha_g)+\frac{\partial}{\partial x_i}(\rho_g\alpha_g u_i)=0 \tag{3-8}$$

能量守恒方程

$$\frac{\partial}{\partial t}(\rho_m T)+\frac{\partial}{\partial x_i}(\rho_m u_i T)=\frac{\partial}{\partial x_j}\left(\frac{k_i}{c_p}\frac{\partial T}{\partial x_j}\right)+S_T \tag{3-9}$$

式中 S_T ——流体的内热源及由于粘性作用流体机械能转换为热能的部分。

若考虑可压缩性，对于理想气体，须补充一个关联 p 和 ρ 的状态方程

$$p=\rho_m R_0 T \tag{3-10}$$

方程中混合物的速度为质量平均速度

$$u_i=\frac{\alpha_l\rho_l u_{i,l}+\alpha_v\rho_v u_{i,v}+\alpha_g\rho_g u_{i,g}}{\rho_m} \tag{3-11}$$

$\dot{m}^{-}$ 和 $\dot{m}^{+}$ 模拟的是水的蒸发和凝结速率，混合介质的密度 ρ_m 和粘性系数 μ_m 根据各相体积分量加权平均获得

$$\rho_m = \alpha_l \rho_l + \alpha_v \rho_v + \alpha_g \rho_g \tag{3-12}$$

$$\mu_m = \alpha_l \mu_l + \alpha_v \mu_v + \alpha_g \mu_g \tag{3-13}$$

3.2.2 非均相流模型

对于非均相流而言，每种流体有其各自的速度场、温度场及湍流场等，但是所有流体共享一个压力场。流体之间的相互作用通过界面传输来实现。模拟界面面密度和相间传输项的方法有：The Particle Model，The Mixture Model，The Free Surface Model 和 VOF (volume of fluid) 等界面捕捉方法。

非均相流的连续性方程和动量方程如下

$$\frac{\partial}{\partial t}(r_\alpha \rho_\alpha) + \nabla \cdot (r_\alpha \rho_\alpha U_\alpha) = S_{MS\alpha} + \sum_{\beta=1}^{N_p} \Gamma_{\alpha\beta} \tag{3-14}$$

$$\frac{\partial}{\partial t}(r_\alpha \rho_\alpha U_\alpha) + \nabla \cdot [r_\alpha (\rho_\alpha U_\alpha \otimes U_\alpha)] = -r_\alpha \nabla p_\alpha + \nabla \cdot \{r_\alpha \mu_\alpha [\nabla U_\alpha + (\nabla U_\alpha)^{\mathrm{T}}]\} + \sum_{\beta=1}^{N_p} (\Gamma_{\alpha\beta}^{+} U_\beta - \Gamma_{\beta\alpha}^{+} U_\alpha) + M_\alpha \tag{3-15}$$

M_α 为其他相对 α 作用的表面力，其表达式如下

$$M_\alpha = c_{\alpha\beta}(U_\beta - U_\alpha) \tag{3-16}$$

式中　$c_{\alpha\beta}$ ——阻力系数，其大小通常需要根据实际情况指定；

$\Gamma_{\alpha\beta}^{+} U_\beta - \Gamma_{\beta\alpha}^{+} U_\alpha$ ——由相间质量传输引起的动力传输项；

$\Gamma_{\alpha\beta}$ ——相间的质量传输，为由 β 相向 α 相转变的单位体积的质量流量；

$S_{MS\alpha}$ ——用户定义的质量源相。

各相的体积分数之和应为 1，见式 (3-17)

$$\sum_{\alpha=1}^{N_p} r_\alpha = 1 \tag{3-17}$$

非均相流的方程组包含 $4N_p + 1$ 个方程，$5N_p$ 个未知量 (U_α，V_α，W_α，r_α，p_α，$\alpha = 1, \cdots, N_p$)，为了使方程组封闭，规定各向共用同一压力场即 $p_\alpha = p$ 。

3.3 湍流模型

湍流一直是学术界研究的难题之一。湍流问题的基本控制方程——Navier - Stokes 方程的求解方法仍然是基础研究的数学难题。目前，湍流数值模拟的主要方法有：直接数值模拟 (DNS，Direct Numerical Simulation)，雷诺时均化模型 (RANS，Reynolds - Averaged Navier - Stokes)，大涡模拟 (LES，Large Eddy Simulation) 及各种混合湍流模型 (Hybrid Model)。

采用直接数值模拟的方法意味着在计算过程中对瞬时流动的控制方程直接进行求解，即直接求解 Navier - Stokes 方程。DNS 的最大好处是无须对湍流流动作任何简化或近似，

理论上可以得到相对准确的计算结果。但是，DNS方法对网格的要求十分严格，按目前计算机的发展水平，进行DNS的应用研究是不现实的。

目前DNS还无法用于真正意义上的工程计算，但大量的探索性工作正在进行之中，国际上正在做的湍流直接数值模拟还只限于较低的雷诺数和有简单的几何边界条件的问题。随着计算机技术，特别是并行计算技术的飞速发展，有可能在不远的将来，将这种方法用于实际工程计算。

3.3.1　雷诺时均化模型（RANS）

雷诺时均法的核心是不直接求解瞬时的Navier-Stokes方程，而是想办法求解时均化方程。这样，不仅可以避免DNS方法计算量大的问题，而且在工程实际应用中可以取得很好的效果。在RANS方法中，新增了6个未知量——Reynolds应力，因此，要使控制方程组封闭，必须对Reynolds应力作出某种假定，即建立应力的表达式或引入新的湍流模型。常见的几种RANS模型如下。

（1）标准$k-\varepsilon$模型

双方程湍流模型把湍流粘性与湍动能k和耗散率ε相联系，建立起它们与涡粘性的关系，这种模型在工程上得到了广泛的应用。$k-\varepsilon$双方程模型是由Spalding[1]领导的研究小组于1974年提出的，后来被广泛采纳。

标准$k-\varepsilon$方程形式为

$$\frac{\partial(\rho_m k)}{\partial t}+\frac{\partial(\rho_m u_j k)}{\partial x_j}=p-\rho_m\varepsilon+\frac{\partial}{\partial x_j}\left[\left(\mu+\frac{\mu_t}{\sigma_k}\right)\frac{\partial k}{\partial x_j}\right] \tag{3-18}$$

$$\frac{\partial(\rho_m\varepsilon)}{\partial t}+\frac{\partial(\rho_m u_j\varepsilon)}{\partial x_j}=C_{\varepsilon1}\frac{\varepsilon}{k}P_t-C_{\varepsilon2}\rho_m\frac{\varepsilon^2}{k}+\frac{\partial}{\partial x_j}\left[\left(\mu+\frac{\mu_t}{\sigma_\varepsilon}\right)\frac{\partial\varepsilon}{\partial x_j}\right] \tag{3-19}$$

湍流粘度的定义如下

$$\mu_t=\frac{C_\mu\rho_m k^2}{\varepsilon} \tag{3-20}$$

其中，模型常数分别为

$$C_{\varepsilon1}=1.44, C_{\varepsilon2}=1.92, \sigma_\varepsilon=1.0, C_\mu=0.09$$

式中　k，ε——分别为湍流动能和湍流耗散率；

P_t——湍动能生成项；

μ_t——湍流粘性系数。

标准$k-\varepsilon$模型在推导过程中假设流动是完全发展的湍流，并且没有考虑分子粘性的作用，因此它仅仅对完全发展的湍流是有效的。模型中的常数主要是根据一些特殊条件下的实验结果而确定的。由于采用Boussinesq粘涡性假设，对于雷诺应力的各个分量，假定湍流粘性系数μ_t是各向同性的标量。然而在弯曲流线的情况下，湍流是各向异性的，μ_t应该是各向异性的张量。所以用标准的$k-\varepsilon$模型计算强旋流、弯曲壁面流动或弯曲流线流动时，会产生一定的失真。

(2) 修正的 $k-\varepsilon$ 模型

考虑到汽液两相混合对湍流粘性系数的影响，对 $k-\varepsilon$ 模型中的湍流粘性项进行了如下的修正。

由于空化区内含有大量的水蒸气，是一种水汽混合介质，考虑汽液两相混合密度的变化对湍流粘性系数的影响，这里对标准 $k-\varepsilon$ 模型进行了修正，应用一个密度函数 $f(\rho)$ 代替式 (3-20) 中的混合密度[2]，湍流粘性系数采用以下两式进行计算

$$\mu_t = f(\rho) C_\mu k^2/\varepsilon \tag{3-21}$$

$$f(\rho) = \rho_v + (\rho_l - \rho_v)(1-\alpha_v)^n \tag{3-22}$$

式中 α_v ——水蒸气体积分数；

ρ_l，ρ_v ——分别为液相和汽相密度。

对于 n 的取值，相关文献目前均取为 10。但均没有给出相关的解释和说明。

(3) 标准 RNG $k-\varepsilon$ 模型

随着对标准 $k-\varepsilon$ 模型优点和缺陷的进一步认识，人们试图做一些工作以改善它的性能。Yakhot 和 Orszag[3] 提出了 RNG $k-\varepsilon$ 模型，它由一种严格的，称之为重整化群(RNG) 理论的统计方法推导而来，通过修正湍流粘度，考虑了平均流动中的旋转及旋流流动情况，能更好地处理高应变率及流线弯曲程度较大的流动。形式上与标准 $k-\varepsilon$ 模型相近

$$\frac{\partial(\rho k)}{\partial t} + \nabla \cdot (\rho U_k) = \nabla \cdot \left[\left(\mu + \frac{\mu_t}{\sigma_{k\mathrm{RNG}}}\right)\nabla k\right] + p_k - \rho\varepsilon \tag{3-23}$$

$$\frac{\partial(\rho\varepsilon)}{\partial t} + \nabla \cdot (\rho U_\varepsilon) = \nabla \cdot \left[\left(\mu + \frac{\mu_t}{\sigma_{\varepsilon\mathrm{RNG}}}\right)\nabla \varepsilon\right] + \frac{\varepsilon}{k}(C_{\varepsilon1\mathrm{RNG}} p_k - C_{\varepsilon2\mathrm{RNG}}\rho\varepsilon) \tag{3-24}$$

其中，湍流粘性

$$\mu_t = C_{\mu\mathrm{RNG}}\rho k^2/\varepsilon \tag{3-25}$$

模型常数 $C_{\mu\mathrm{RNG}}=0.085$，$C_{\varepsilon2\mathrm{RNG}}=1.68$，$\sigma_{k\mathrm{RNG}}=\sigma_{\varepsilon\mathrm{RNG}}=0.7179$，最主要的区别在于 $C_{\varepsilon1\mathrm{RNG}}$ 的更改

$$C_{\varepsilon1\mathrm{RNG}} = 1.42 - f_\eta$$

$$f_\eta = \frac{\eta(1-\eta/4.38)}{(1+\beta_{\mathrm{RNG}}\eta^3)}$$

$$\eta = Sk/\varepsilon$$

$$S = \sqrt{2E_{ij}E_{ij}}$$

(4) 修正的 RNG $k-\varepsilon$ 模型

由于空化区中含有大量的水蒸气，是一种水汽混合介质，考虑汽液两相混合密度的变化对湍流粘度的影响，对标准 RNG $k-\varepsilon$ 模型中的湍流粘度进行修正，应用一个密度函数 $f(\rho)$ 代替式 (3-25) 中的混合密度

$$\mu_t = f(\rho) C_{\mu\mathrm{RNG}} k^2/\varepsilon$$

$$C_{\mu\mathrm{RNG}} = 0.085 \tag{3-26}$$

$$f(\rho) = \rho_v + (\rho_l - \rho_v)(1-\alpha_v)^n \tag{3-27}$$

式中 α_v ——水蒸气体积分数；

ρ_l，ρ_v ——分别为液相和气相密度。

对于式中 n 的取值，相关文献[2]中目前均取为10。

(5) 标准 $k-\omega$ 模型

标准 $k-\omega$ 模型假定湍流粘性和湍动能与湍流频率有关，$k-\omega$ 模型是由 $k-\varepsilon$ 模型演变而来的，其中 $w=\varepsilon/k$ 。控制方程为

$$\frac{\partial(\rho k)}{\partial t}+\nabla\cdot(\rho U_k)=\nabla\cdot\left[\left(\mu+\frac{\mu_t}{\sigma_{k2}}\right)\nabla k\right]+P_k-\beta'\rho k w \tag{3-28}$$

$$\frac{\partial(\rho w)}{\partial t}+\nabla\cdot(\rho U_w)=\nabla\cdot\left[\left(\mu+\frac{\mu_t}{\sigma_{w2}}\right)\nabla w\right]+2\rho\frac{1}{\sigma_{w2}w}\nabla k\nabla w+\alpha_2\frac{w}{k}P_k-\beta_2\rho k w \tag{3-29}$$

其中

$$P_k=\mu_t\left(\frac{\partial U_i}{\partial x_j}+\frac{\partial U_j}{\partial x_i}\right)-\frac{2}{3}\rho k\delta_{ij}\frac{\partial U_i}{\partial x_j}$$

湍流粘性定义为

$$\mu_t=\rho\frac{k}{w} \tag{3-30}$$

w 方程克服了 ε 方程的近壁缺陷，$k-w$ 模型对于预测近壁流动或存有逆压梯度流动的湍流尺度具有较大的优势，适合于近壁低雷诺数区的模拟处理。

(6) 基于 $k-\omega$ 的SST模型

从标准 $k-\omega$ 模型又派生出另一种 $k-\omega$ 模型，称之为SST (Shear-Stress Transport) $k-\omega$ 模型。该模型由Menter[4]在1994年提出，他将标准 $k-\omega$ 模型在近壁区域的稳定性和精确性与 $k-\varepsilon$ 模型在远场自由流的独立性有机地结合起来。这些特性使得SST $k-\omega$ 模型对于解决大多数流动问题，例如，逆压梯度流、空气翼型、跨音速激波等，获得的结果比起标准的 $k-\omega$ 模型更准确和可靠。对于逆压梯度条件下流动分离的开始和强度有很高的精度。增加一个混合函数，以保证模型能较好地应用于近壁区和远场区。修正了湍流粘性的计算公式，考虑了主湍流剪切应力的输运效应。

其关于 k 和 ω 的输运方程如下

$$\frac{\partial}{\partial t}(\rho k)+\frac{\partial}{\partial x_i}(\rho k u_i)=\frac{\partial}{\partial x_j}\left[\left(\mu+\frac{\mu_t}{\sigma_k}\right)\frac{\partial k}{\partial x_j}\right]+P_k-\frac{\rho k^{\frac{3}{2}}}{l_{k-w}} \tag{3-31}$$

$$\frac{\mathrm{d}\rho_m\omega}{\mathrm{d}t}=\alpha_2\frac{\omega}{k}P_\omega-\beta_2\rho_m\omega^2+\frac{\partial}{\partial x_i}\left[(\mu+\frac{\mu_t}{\sigma_{\omega2}})\frac{\partial k}{\partial x_i}\right]+2\rho_m(1-F_1)\sigma_{\omega2}\frac{1}{\omega}\frac{\partial k}{\partial x_i}\frac{\partial\omega}{\partial x_i} \tag{3-32}$$

湍流粘性

$$\mu_t=\frac{\rho a_1 k}{\max(a_1\omega,SF_2)} \tag{3-33}$$

式中 a_1——经验常数；

F_1，F_2——均是混合函数；

P_k ，P_ω ——湍流生成项；

S ——剪应力张量的常数项。

模型中经验系数分别取值为

$$\sigma_k = 2, \alpha_2 = 0.44, \beta_2 = 0.0828, \sigma_{\omega 2} = 0.856$$

3.3.2 大涡模拟（LES）

大涡模拟方法把流体的流动分解为大尺度和小尺度的运动，大尺度的涡直接用瞬时的 Navier - Stokes 方程求解，而小尺度涡对大尺度的影响通过近似的模型模化。因此，LES 模型是一种介于 DNS 和 RANS 之间的一种数值模拟方法。

亚格子应力模型是预测大涡模拟数值成功与否的关键，最简单的亚格子应力模型由 Smagorinsky[5] 提出，其 SGS Reynolds 应力的求解是建立涡粘模式

$$\tau_{ij} = 2\nu_{SGS}\overline{S}_{ij} \tag{3-34}$$

式中 $\overline{S}_{ij}$ ——可解的应变率张量。

$\overline{S}_{ij}$ 定义如下

$$\overline{S}_{ij} = \frac{1}{2}\left(\frac{\partial \overline{u}_i}{\partial x_j} + \frac{\partial \overline{u}_j}{\partial x_i}\right) \tag{3-35}$$

ν_{SGS} 为亚格子尺度的湍动粘度，表示为

$$\nu_{SGS} = (C_s\Delta)^2\sqrt{2\overline{S}_{ij}\overline{S}_{ij}} \tag{3-36}$$

式中 C_s ——Smagorinsky 常数，其值在 0.1 ~ 0.27 之间。

理论上，C_s 通过 Kolmogorov 常数 C_K 来计算，即

$$C_s = \frac{1}{\pi}\left(\frac{3}{2}C_K\right)^{\frac{3}{4}} \tag{3-37}$$

当 $C_K = 1.5$ 时，$C_s = 0.17$，但实际应用表明，C_s 应取一个更小的值，以减小 SGS 应力的扩散影响，尤其在近壁面，该影响更加明显。Deardorff 取 $C_s = 0.1$ 获得了比较好的结果。

亚格子尺度 Δ 应该和滤波宽度具有相同的梯度，为

$$\Delta = (\Delta_x \Delta_y \Delta_z)^{\frac{1}{3}}$$

式中 Δ_i ——i 方向的网格尺寸。

3.3.3 混合模型（Hybrid model）

（1）分离涡模型（DES）

在 SST$k-\omega$ 湍流模型 k 方程的耗散项中，湍流尺度参数 $l_{k-\omega}$ 的表达式为

$$l_{k-\omega} = k^{1/2}/\beta_k\omega \tag{3-38}$$

在湍流尺度 $l_{k-\omega}$ 大于网格尺度 $C_{DES}\Delta$ 时将 SST 湍流模型转换为大涡模拟模型，在这种情况下，湍动能 k 方程的耗散项的表达式中，尺度参数会发生变化[6]

$$\varepsilon = \beta_k k\omega = \begin{cases} k^{\frac{3}{2}}/(C_{\mathrm{DES}}\Delta);C_{\mathrm{DES}}\Delta < l_{k-\omega} \\ k^{\frac{3}{2}}/l_{k-\omega};C_{\mathrm{DES}}\Delta \geqslant l_{k-\omega} \end{cases} \tag{3-39}$$

Δ 是网格尺度，对于非均匀网格

$$\Delta = \max(\Delta x,\Delta y,\Delta z)$$

常数 $C_{\mathrm{DES}}=0.65$，在靠近壁面的边界层中，$l_{k-\omega} \leqslant C_{\mathrm{DES}}\Delta$，该模型转换为 $k-\omega$ SST 湍流模型；当远离壁面时，$l_{k-\omega}$ 增大到大于 $C_{\mathrm{DES}}\Delta$ 时，该模型充当大涡模拟中的亚网格雷诺应力模型。

（2）基于标准 $k-\varepsilon$ 的滤波器模型（FBM）

由 Johansen 等提出的滤波器湍流模型中，k 方程和 ε 方程与标准 $k-\varepsilon$ 模型相同，而湍流粘性系数为

$$\mu_t = \frac{C_\mu \rho_m k^2}{\varepsilon} F \tag{3-40}$$

式中　F——滤波函数。

F 由滤波器尺寸（λ）和湍流长度比尺的比值大小决定，定义为

$$F = \min\left[1,C_3\frac{\lambda\varepsilon}{k^{3/2}}\right],C_3 = 1.0 \tag{3-41}$$

在标准 $k-\varepsilon$ 湍流模型中加入滤波函数后，对尺度小于滤波器尺寸的湍流，采用 $k-\varepsilon$ 模型模拟，对于尺度大于滤波器尺寸的湍流结构，则采用直接计算方法求解，当湍流尺度较大时，湍流粘性系数表达为

$$\mu_t = \rho_m C_\mu C_3 \lambda \sqrt{k} \tag{3-42}$$

值得注意的是，为了保证滤波过程的实现，所选取的滤波器尺寸应不小于滤波计算区域的网格大小，即 $\lambda > \Delta_{\mathrm{grid}}$，这里网格大小取为 $\Delta_{\mathrm{grid}} = (\Delta x \cdot \Delta y \cdot \Delta z)^{1/3}$，$\Delta x$、$\Delta y$、$\Delta z$ 分别为网格在3个坐标方向上的长度[7]。

（3）局部时均化模型（PANS）

PANS（Partially-Averaged Navier-Stokes）模型通过局部平均的思想对湍流流动进行求解，本书中，基于标准 $k-\varepsilon$ 模型，通过引入未分解湍动能 k_n 与总湍动能 k 的比率 f_k 和未分解耗散 ε_n 与总耗散 ε_k 的比率 f_ε，进行输运方程的修正，便形成 PANS 模型，在该模型中，这两个控制参数分别定义为

$$f_k = \frac{k_n}{k},f_\varepsilon = \frac{\varepsilon_n}{\varepsilon} \tag{3-43}$$

式中　下标 n——PANS 模型的物理量。

PANS 模型的湍动能 k_n 和耗散率 ε_n 的输运方程分别为

$$\frac{\partial k_n}{\partial t} + \frac{\partial(k_n \overline{u}_j)}{\partial x_j} = \frac{\partial}{\partial x_j}\left[\left(\nu + \frac{\nu_n}{\sigma_{kn}}\right)\frac{\partial k_n}{\partial x_j}\right] + P_n - \varepsilon_n \tag{3-44}$$

$$\frac{\partial \varepsilon_n}{\partial t} + \frac{\partial(\varepsilon_n \overline{u}_j)}{\partial x_j} = \frac{\partial}{\partial x_j}\left[\left(\nu + \frac{\nu_n}{\sigma_{\varepsilon n}}\right)\frac{\partial \varepsilon_n}{\partial x_j}\right] + C_{\varepsilon 1} P_n \frac{\varepsilon_n}{k_n} - C_{\varepsilon 2}^* \frac{\varepsilon_n^2}{k_n} \tag{3-45}$$

湍动粘度

$$\nu_n = C_\mu \frac{k_n^2}{\varepsilon_n} \tag{3-46}$$

与标准 RANS $k-\varepsilon$ 两方程比较，在 PANS 模型中，主要对耗散系数 $C_{\varepsilon2}^*$ 做出了如下的修正[8]

$$C_{\varepsilon2}^* = C_{\varepsilon1} + \frac{f_k}{f_\varepsilon}(C_{\varepsilon2} - C_{\varepsilon1}) \tag{3-47}$$

Prantdl 数按照下面关系式取值

$$\sigma_{kn} = \sigma_k \frac{f_k^2}{f_\varepsilon}, \quad \sigma_{\varepsilon n} = \sigma_\varepsilon \frac{f_k^2}{f_\varepsilon} \tag{3-48}$$

其他常数 σ_k 、σ_ε 、$C_{\varepsilon1}$ 、$C_{\varepsilon2}$ 及 C_μ 和标准 $k-\varepsilon$ 方程中的含义相同，取值分别为

$$\sigma_k = 1.0, \sigma_\varepsilon = 1.3, \sigma_{\varepsilon1} = 1.44, \sigma_{\varepsilon2} = 1.92, C_\mu = 0.09$$

在高雷诺数的流动中，f_ε 值通常取 1，当 $f_k = 1$ 时，说明湍流控制方程复原到 RANS 模型；当 $f_k = 0$ 时，表示数值计算过程直接对 Navier - Stokes 方程求解，没有湍流模型的引入，为直接求解的方式。

（4）基于混合密度分域的湍流模型

针对 FBM 模型和 DCM（DCM，Density corrected model）模型在空化流动模拟应用中的特点，对空化流场基于混合密度的分布进行分域，在不同区域采用不同的湍流粘性修正方式，形成一种基于混合密度分域的湍流模式（FBDCM，Filter - Based Density Correction model），充分发挥 FBM 模型和 DCM 模型的优势，以捕捉湍流和空化之间的交互作用和动态行为[9]：在含汽量较大的区域，应用 DCM 模型，以体现附着型空泡的可压缩特性。在含汽量较大的雾状空泡团区域，应用 FBM 模型，以捕捉大尺度的空泡涡团结构。为了保证湍流粘性系数的光滑过渡，两种湍流粘性系数通过下面的混合函数进行桥接。表达形式为

$$\mu_{T\_hybrid} = \frac{C_\mu \rho_m k^2}{\varepsilon} f_{hybrid}, \quad C_\mu = 0.09$$

$$f_{hybrid} = \chi(\rho_m/\rho_l) f_{FBM} + [1 - \chi(\rho_m/\rho_l)] f_{DCM} \tag{3-49}$$

$$\chi(\rho_m/\rho_l) = 0.5 + \frac{\tanh\left[\dfrac{4*(0.6\rho_m/\rho_l - C_2)}{0.2(1-2C_2)+C_2}\right]}{2\tanh(4)} \tag{3-50}$$

式中 C_2 取为 0.2。

3.4 空化模型

基于不同密度场 ρ_m 的确定方法，空化模型根据不同的理论和假设，主要分为两类：正压流体状态方程模型（BEM，Barotropic equation model）和质量传输方程模型（TEM，

Transport equation based model）。下面简单介绍几种常用的空化模型。

3.4.1　基于状态方程的空化模型

在基于状态方程的空化计算方法中，混合物的密度由状态方程确定，即密度是压力与温度的函数。该模型采用均相流体模式计算两相空化流动，并假设与流动的特征时间尺度相比，蒸发和凝聚过程可以看成是瞬间完成的。流体密度是压力的单值函数[10]，因此，可将流体密度与压力之间的关系表示为 $\rho_m = \rho_m(p)$，该函数可用分段函数表示[11]，定义变量 Δp_v

$$\Delta p_v = \pi c_{\min}^2 \frac{\rho_l - \rho_v}{2} \tag{3-51}$$

式中　ρ_l、ρ_v ——分别为液相和汽相的密度；

　　$c_{\min}$ ——流场中的最小声速。

根据下面的物理假设关系，图 3-1 给出了流体密度与当地压力之间的关系曲线[12]。

1）当压力 $p \geqslant p_v + 0.5\Delta p_v$ 时，可认为当地压力远大于汽体的饱和蒸汽压，此时，当地流场由液体组成，流体密度和压力满足 Tait 方程[12-13]

$$\rho_m = \rho_{\text{ref}} \left(\frac{p + p_0}{p_{\text{ref}}^T + p_0} \right)^{1/n} \tag{3-52}$$

其中

$$p_0 = 3 \times 10^8\ \text{Pa} \qquad 常数\ n = 7$$

式中　p_{ref}^T ——计算域的出口压力；

　　ρ_{ref} ——计算域的出口流质（水）的密度。

2）当压力 $p \leqslant p_v - 0.5\Delta p_v$ 时，可认为当地压力远小于汽体的饱和蒸汽压，当地流场由纯汽体组成，流体密度和压力满足理想汽体的状态方程

$$\rho_m = \frac{p}{RT} \tag{3-53}$$

其中，汽体常数

$$R = 462\ \text{J/(K} \cdot \text{kg)}$$

式中　T——温度。

3）当压力 $p_v - 0.5\Delta p_v \leqslant p \leqslant p_v + 0.5\Delta p_v$ 时，可认为流场由汽、液混相介质组成，混相介质区域内，流体密度和压力之间的关系按正弦曲线给定

$$\rho_m = \frac{\rho_l + \rho_v}{2} + \frac{\rho_l - \rho_v}{2} \sin\left(\pi \cdot \frac{p - p_v}{\Delta p_v}\right) \tag{3-54}$$

由上式计算得到的流体密度和当地压力之间的关系曲线如图 3-1 所示。

Katz 等[14-15]的实验结果表明：在非定常空化流动中，涡的产生和旋涡运动是空化流动的重要特性，特别是在空泡尾部的空泡闭合区域内。对于多相流体，涡量的输运方程为[16]

$$\frac{\partial \boldsymbol{\omega}}{\partial t} + \nabla \times (\boldsymbol{\omega} \times \boldsymbol{u}) = \nabla \rho_m \times \nabla p / \rho_m^2 + (\upsilon_l + \upsilon_t) \nabla^2 \boldsymbol{\omega} \tag{3-55}$$

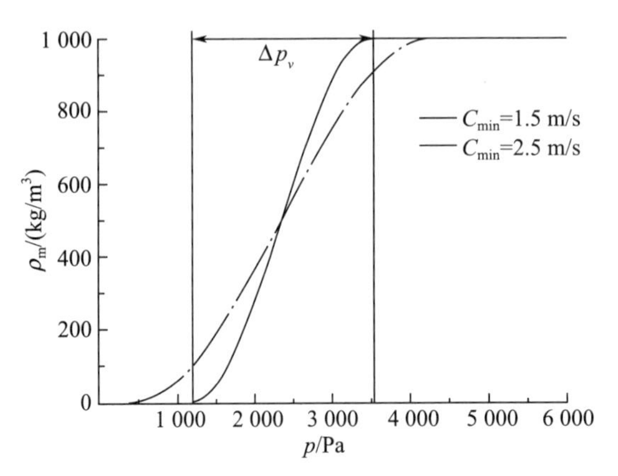

图 3-1 流体密度与当地压力之间的关系曲线

式中 $\boldsymbol{\omega}$，$\boldsymbol{u}$ ——分别是流场中的涡量和速度矢量；

$\partial\omega/\partial t$ ——涡量的当地变化率，其物理意义为固定点上的涡量随时间的变化率；

$\nabla\times(\boldsymbol{\omega}\times\boldsymbol{u})$ ——旋涡的对流/变形项；

$\nabla\rho_m\times\nabla p/\rho_m^2$ ——由于不平行的压力和密度的梯度导致的斜压矩生成项；

$(\upsilon_l+\upsilon_t)\nabla^2\boldsymbol{\omega}$ ——涡量的耗散项。

很明显，若采用正压流体法则，其密度仅是压力 p 的函数 $\rho_m=f(p)$，则密度和压力项具有相同的变化梯度，斜压矩 $\nabla\rho_m\times\nabla p=0$。这就是说，使用正压流体方程无法捕捉到空化流动中斜压矩的产生。实际上，流场中的压力和密度的梯度并不总是平行的，尤其是在空泡界面及闭合区域内。从理论上讲，基于正压关系的计算方法对预测空化的对流和输运现象存在明显的缺陷。

3.4.2 基于相间质量传输方程的空化模型

基于汽液相间传输的空化模型（TEM，Transport equation-based model）通过添加合适的源项，对质量或体积分数采用传输方程来控制汽液两相之间的质量传输过程。该模型的一个显著优点就是方程的对流特性，可以用来模拟惯性力对空泡的伸长、附着和漂移的影响。目前常用的基于质量传输的空化模型中，忽略热传输和非平衡相变效应，采用组分传输方法来描述液相体积含量的输运方程为

$$\dot{m}=\frac{\partial\rho_l\alpha_l}{\partial t}+\frac{\partial(\rho_l\alpha_l u_j)}{\partial x_j}=\dot{m}^{+}+\dot{m}^{-} \tag{3-56}$$

在空化现象的数值模拟中，当流场中某处的压力低于饱和蒸汽压 p_v 时，存在使液体蒸发的势，其大小可以通过源项 $\dot{m}^-$ 来表示，代表了该点处在单位时间内从单位体积中蒸发的液体质量。当流场中某处的压力高于饱和蒸汽压 p_v 时，$\dot{m}^+$ 代表了该点处在单位时间内从单位体积中凝结的汽体质量。基于不同模型的构建方法，此类方法衍生出多种不同的传输模型。在接下来的分析中，将重点研究常用且理论推导比较完善的 TEM 空化模型中蒸发与凝结源项的不同表征对空泡发展及空泡脱落过程的模拟的影响。

3.4.2.1 基于R-P方程的质量传输模型

基于空泡动力学方程的空化模型根据 Rayleigh-Plesset 方程来计算单一空泡体积的扩散速度。根据单个球形空泡的R-P方程，引起空化相变的势主要由泡内压力（p_v）与泡外液体压力（p_∞）之差控制

$$R_B \frac{\mathrm{d}^2 R_B}{\mathrm{d}t^2}+\frac{3}{2}\left(\frac{\mathrm{d}R_B}{\mathrm{d}t}\right)^2+\frac{2S}{R_B}=\frac{p_v-p}{\rho_l} \tag{3-57}$$

式中 R_B ——空泡直径；

p_v ——泡内压强（假定为液体温度下的蒸汽压）；

p ——液体压强；

S ——表面张力系数。

假设空泡是均匀地径向发展且不会相互作用，忽略二次项和表面张力项，则简化为

$$\frac{\mathrm{d}R_B}{\mathrm{d}t}=\pm\left(\frac{2}{3}\frac{|P_v-P|}{\rho_l}\right)^{0.5} \tag{3-58}$$

正负号可由空泡内外压力差来判断，若是压力小于蒸汽压，表示正在进行汽化蒸发过程，将取正号，反之亦然。汽相体积百分比 α_v 可由空泡体积和空化数密度 N_B 来判断

$$\alpha_v=V_B N_B=\frac{4}{3}\pi R_B^3 N_B \tag{3-59}$$

假设空化数密度在流场中为固定值，则每单位总的相间质量传输率为

$$m_{fg}=\frac{2\alpha_v}{R_B}\frac{\mathrm{d}R_B}{\mathrm{d}t} \tag{3-60}$$

上式即为空泡动力学模型基本推导过程。在基于R-P方程的质量传输空化模型中，往往需要再给定空泡的初始体积分数和空化数密度才能进行运算，不同数值的选取亦有可能影响模拟结果的准确度。下面，简要给出了基于上述方法推导而来的两种常用的空化模型。

（1）Kubota空化模型

Kubota空化模型结合泡间两相流动理论，认为空泡内外为连续体，空泡为一密度剧烈变化的可压缩性粘性流体，重点考虑了空化生长和溃灭时空泡体积变化的影响，适于模拟空化的非定常过程[17]。在该模型中，单位体积内的相间传输速率为

$$\dot{m}^-=-C_{k\_dest}\frac{3\alpha_{nuc}(1-\alpha_v)\rho_v}{R_B}\left(\frac{2}{3}\frac{p_v-p}{\rho_l}\right)^{\frac{1}{2}},p<p_v \tag{3-61}$$

$$\dot{m}^+=-C_{k\_prod}\frac{3\alpha_v\rho_v}{R_B}\left(\frac{2}{3}\frac{p-p_v}{\rho_l}\right)^{1/2},p>p_v \tag{3-62}$$

式中 α_{nuc} ——气核体积分数；

R_B ——气泡半径；

p_v ——汽化压力；

C_{k_dest}，C_{k_prod} ——分别是蒸发和凝结经验系数。

由式（3-61）和式（3-62）可知，汽液相间的质量传输速率与泡内压力（p_v）和泡

外压力（p）之差的平方根成正比。计算中，相关的经验系数设定为

$$\alpha_{nuc}=5\times 10^{-4},R_B=1\times 10^{-6}m,C_{k\_dest}=50,C_{k\_prod}=0.01$$

（2）Singhal 空化模型

Singhal 模型[18]也是基于 Rayleigh - Plesset 方程推导而来，其通过假设来流中存在单位体积密度为 n 的气核，推导出了密度随时间的变化率与蒸汽分数 α_v、气泡半径变化率 dR/dt、平均气泡大小等物理量之间的关系。Singhal 空化模型充分考虑了以下因素：1）汽液相间的交互作用；2）速度的湍流脉动

$$\dot{m}^-=C_{s\_dest}\frac{\sqrt{k}}{\gamma}\rho_l\rho_v\left[\frac{2}{3}\frac{p_v-p}{\rho_1}\right]^{\frac{1}{2}}\left(1-\frac{\alpha_v\rho_v}{\rho_m}\right),p<p_v \tag{3-63}$$

$$\dot{m}^+=C_{s\_prod}\frac{\sqrt{k}}{\gamma}\rho_l\rho_v\left[\frac{2}{3}\frac{p_v-p}{\rho_1}\right]^{\frac{1}{2}}\frac{\alpha_v\rho_v}{\rho_m},p>p_v \tag{3-64}$$

式中 f_v ——汽相的质量分数；

$\sqrt{k}$ ——反映了汽液两相之间的相对速度；

γ ——气泡的表面张力系数，$\gamma=0.0717$ N/m 。

在 Singhal 模型中，当地湍动能对蒸发与凝结源项的大小有直接影响。蒸发与凝结项的经验系数为

$$C_{s\_dest}=0.02\ \text{m/s},C_{s\_prod}=0.01\ \text{m/s}$$

3.4.2.2 基于界面动力学的质量传输模型

近年来，研究者广泛采用基于 R - P 方程的空化模型对空化流场进行研究，这种形式的空化模型均涉及到蒸发与凝结源项的经验常数，并且模型的经验系数取值并不相同[19]。换言之，上述模型的经验系数对模型的通用性有一定的限制。Senocak 和 Shyy [20-21]不再从传统上的 R - P 方程着手来推导汽液相间的蒸发与凝结源项，而是从空泡界面动力学的运动机理着手来推导汽液相间的质量传输速率，由此形成了基于界面动力学的质量传输模型（IDM，Interfacial Dynamic model）。

如图 3 - 2（a）所示，假设在汽相与液相之间，存在空泡界面，在该界面上质量连续方程和动量平衡方程，N - S 方程可以写为

$$\rho_l(V_{l,n}-V_{I,n})=\rho_v(V_{v,n}-V_{I,n}) \tag{3-65}$$

$$p_v-p_l=\gamma\left(\frac{1}{R_1}+\frac{1}{R_2}\right)+2\mu_v\frac{\partial V_{v,n}}{\partial n}-2\mu_l\frac{\partial V_{l,n}}{\partial n}+\rho_l(V_{l,n}-V_{I,n})^2-\rho_v(V_{v,n}-V_{I,n})^2 \tag{3-66}$$

式中 $V_{I,n}$ ——空泡的界面运动速度；

$V_{l,n}$ ——液相在空泡界面的法向运动速度；

$V_{v,n}$ ——汽相在空泡界面的法向运动速度；

R_1,R_2 ——界面的曲率半径；

γ ——界面上的表面张力系数。

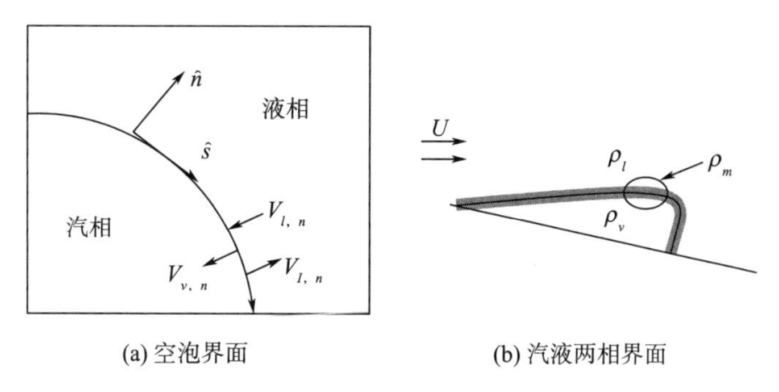

(a) 空泡界面　　(b) 汽液两相界面

图3-2　均相流中的空泡界面及汽、液两相界面示意图

图3-2（b）给出了基于均匀流理论的汽液界面示意图，其中，混合密度可以定义为

$$\rho_m=\rho_l\alpha_l+p_v(1-\alpha_l) \tag{3-67}$$

如果忽略表面张力与粘性的影响，上述方程可以简化为

$$\rho_v(V_{v,n}-V_{I,n})=\rho_m(V_{m,n}-V_{I,n}) \tag{3-68}$$

$$p_v-p_l=\rho_m(V_{m,n}-V_{I,n})^2-\rho_v(V_{v,n}-V_{I,n})^2 \tag{3-69}$$

由式（3-68）可以得到

$$(V_{m,n}-V_{I,n})=\frac{\rho_v(V_{v,n}-V_{I,n})}{\rho_m} \tag{3-70}$$

而式（3-69）可写为

$$p_v-p_l=\rho_v(V_{v,n}-V_{I,n})^2\cdot\left(\frac{\rho_v}{\rho_m}-1\right) \tag{3-71}$$

基于混合相密度，结合式（3-68）和式（3-71）

$$p_v-p_l=\rho_v(V_{v,n}-V_{I,n})^2\cdot\left[\frac{\rho_v}{\rho_l\alpha_l+\rho_v(1-\alpha_l)}-1\right] \tag{3-72}$$

$$(\rho_v-\rho_l)\alpha_l=\frac{(p_v-p_l)\rho_l\alpha_l+(p_v-p_l)\rho_v(1-\alpha_l)}{\rho_v(V_{v,n}-V_{I,n})^2} \tag{3-73}$$

基于上述分析，相间质量传输方程可以写为

$$\frac{\partial\alpha}{\partial t}+\nabla\cdot(\alpha_l\boldsymbol{u})=\underbrace{\frac{\rho_l(p_l-p_v)\alpha_l}{p_v(V_{v,n}-V_{I,n})^2(\rho_l-\rho_v)t_\infty}}_{\text{I}}+\underbrace{\frac{(p_l-p_v)(1-\alpha_l)}{(V_{v,n}-V_{I,n})^2(\rho_l-\rho_v)t_\infty}}_{\text{II}} \tag{3-74}$$

当环境压力降低到当地饱和蒸汽压时，会发生空化现象，由式（3-74）可以看出，在液相中（$\alpha_l=1$），式（3-74）的第Ⅱ项为0，所以应该在第Ⅰ项的压力项中引入MIN函数，在凝结源项第Ⅱ项中引入MAX函数，空化模型表达式为

$$\frac{\partial\alpha}{\partial t}+\nabla\cdot(\alpha_l\boldsymbol{u})=\frac{\rho_l\text{MIN}(p_l-p_v,0)\alpha_l}{p_v(V_{v,n}-V_{I,n})^2(\rho_l-\rho_v)t_\infty}+\frac{\text{MAX}(p_l-p_v,0)(1-\alpha_l)}{(V_{v,n}-V_{I,n})^2(\rho_l-\rho_v)t_\infty} \tag{3-75}$$

汽相沿界面的法向速度由汽相含量的梯度导出

$$\boldsymbol{n} = \frac{\nabla \alpha_l}{|\nabla \alpha_l|}, V_{v,n} = \boldsymbol{u} \cdot \boldsymbol{n} \tag{3-76}$$

计算中，假设交界面法向速度 $V_{l,n}$ 与 $V_{v,n}$ 成比例关系。IDM 空化模型与现有空化模型都是基于相间传输方程的，其主要区别在于：IDM 空化模型基于空泡界面动力学理论，对于空化现象，假设其有一个清楚的交界面，也就是存在较强的相变化趋势，并假设相变化发生于混合相和汽态相。在相间质量传输速率的推导过程中，主要考虑了基于时间变化的空泡界面速率与汽液相在空泡界面的法向运动速度之间的关系，其中，空泡界面由不同位置处的体积分数来确定，理论上，在空化模型中消除了经验系数对空化模型的影响，IDM 空化模型具有更普遍的适用性，并且将 IDM 模型用于附着型定常片状空化流动已取得良好的应用效果[20]。

3.4.2.3　基于量纲分析的质量传输模型

（1）Merkle 模型

$$m^- = \frac{C_{\text{dest}} \rho_l \text{MIN}(p - p_v, 0) \alpha_l}{(0.5 \rho_l U_\infty^2) \rho_v t_\infty} \tag{3-77}$$

$$m^+ = \frac{C_{\text{prod}} \text{MAX}(p - p_v, 0)(1 - \alpha_l)}{(0.5 \rho_l U_\infty^2) t_\infty} \tag{3-78}$$

式中　t_∞ ——特征时间；

ρ_v，ρ_l ——分别为汽相和液相密度，均为温度的函数；

α_l ——液相体积分数[22]。

（2）Kunz 模型

$$m^- = \frac{C_{\text{dest}} \rho_v \text{MIN}(p - p_v, 0) \alpha_l}{(0.5 \rho_l U_\infty^2) t_\infty} \tag{3-79}$$

$$m^+ = \frac{C_{\text{prod}} \rho_v \alpha_l^2 (1 - \alpha_l)}{t_\infty} \tag{3-80}$$

在 Kunz 模型中，汽化相变率是压力的函数，而液化相变率是液相体积分数的函数[23]。从上式可以看出，该模型认为，在汽相向液相的质量传输过程中起主导因素的是液相的体积分数，而液相向汽相的质量传输过程中起主导作用的是压力差。

3.4.2.4　基于混合密度分域的质量传输空化模型

Kubota 和 IDM 空化模型[9]对于非定常空化流场的不同区域（如附着空泡区，空泡分离区，以及空泡的闭合端）的预测有着明显的差异。IDM 空化模型基于交界面质量和动量守恒所推导，对低汽相体积分数的混相区域逐渐过渡到高汽相体积分数的纯汽相区域的动态交界面有很好的描述，可清晰地模拟出附着空泡中，不同含汽量区域的空泡界面。而 Kubota 空化模型基于空泡动力学理论，对空泡的断裂及大尺度空化泡旋涡脱落等非定常特征有较好的描述，基于上述两点，发展了一种基于混合密度分域的空化模型（DMBM Density modify based cavitation model）。在含汽量比较大的翼型前缘附着纯汽相及过渡区域内，采用 IDM 空化模型，以模拟空泡内部、清晰的水汽界面及其反向推进的过程；而在含汽量比较小的空化混相脉动区域内，采用 Kubota 空化模型，以捕捉空泡团的旋涡脱

落现象。其具体的表达式为

$$\dot{m}^- = \chi(\rho_m/\rho_l)\dot{m}_k^- + [1-\chi(\rho_m/\rho_l)]\dot{m}_s^-$$
$$\dot{m}^+ = \chi(\rho_m/\rho_l)\dot{m}_k^+ + [1-\chi(\rho_m/\rho_l)]\dot{m}_s^+ \quad (3-81)$$

$$\chi(\rho_m/\rho_l) = 0.5 + \tanh\left[\frac{C_1(C_3\rho_m/\rho_l - C_2)}{C_4(1-2C_2)+C_2}\right]/[2\tanh(C_1)] \quad (3-82)$$

式中 $\dot{m}_k^+$，$\dot{m}_k^-$——Kubota空化模型中的蒸发与凝结源项；

$\dot{m}_s^+$、$\dot{m}_s^-$ ——表征IDM空化模型中的蒸发与凝结源项。

3.5 界面描述模型及数值计算方法

3.5.1 界面捕捉方法及其应用

气液两相流的流动结构和宏观特性都与气液相界面的分布有关，也可以讲，掌握气液相界面的分布特性是研究气液两相流的关键。在确定了相界面的位置和形状之后，对气液两相流的数值模拟就可以借鉴单相流体的处理方法进行。因此，气液两相流的数值模拟很大程度上就是气液相界面分布及其运动特性的模拟，首先需要了解气液相界面的描述方法。目前，气液两相流的数值模拟方法主要包括Level-Set方法和VOF方法两类。

3.5.1.1 Level-Set模型及其应用

(1) Level-Set方法概述及基本方程

进行气（汽）液两相流数值模拟的最大障碍就是气（汽）液界面的存在、变形、相界面位置的不确定性、相界面周围流体物性的急剧变化；这也是过去几十年中数学家和两相流研究工作者所面临的最大困难之一。针对这一问题，目前已提出的数值研究方法可分为两大体系，即界面捕捉类方法（Front-Capturing Methods）和界面跟踪类方法（Front-Tracking Methods）。Level Set方法是界面捕捉类方法中的一种[24]。

Level-Set方法的核心思想在于，从几何角度看，气（汽）液界面对应于一高阶曲面与低阶曲面的相交线（面），比如说，三维曲面和平面相交，可得到平面上的曲线；从数学角度看，气（汽）液界面则对应于一高阶方程的零等值面。这种方法先在整个计算区域上定义一个光滑函数 Φ，两种流体的界面可用函数 Φ 的零值点表示；通过在所研究的计算区域上求解一个一阶的偏微分方程来更新相界面边界[25]。

定义Level Set函数 $\Phi(x, t)$，使得在任意时刻气液相界面 $\Gamma(t)$ 恰是 $\Phi(x, t)$ 的零等值面，即要求

$$\Gamma(t) = \{x \in \Omega : \Phi(x,t) = 0\} \quad (3-83)$$

同时，函数 $\Phi(x, t)$ 应在 $\Gamma(t)$ 附近为法向单调，在 $\Gamma(t)$ 上为零。

通常在整个计算区域中将Level Set函数 $\Phi(x, t)$ 定义为一个带符号的距离函数[24,26-27]。一般可取 $\Phi(x, 0)$ 为 x 点到界面的符号距离，即

$$\Phi(x,t) = \begin{cases} d[x,\Gamma(0)] & x \in \Omega^1 \\ 0 & x \in \Gamma(0) \\ -d[x,\Gamma(0)] & x \in \Omega^2 \end{cases} \quad (3-84)$$

$d[x, \Gamma(0)]$ 表示 x 到 $\Gamma(0)$ 的距离。在任意时刻，只要求出 Φ 的值，就可以确定活动界面的位置。这样就避免了显式追踪活动界面（即物质界面），提高了追踪复杂界面的能力。

为了保证在任意时刻函数 Φ 的零等值面就是活动界面，Φ 要满足一定的控制方程。在任意时刻 t，对于活动界面 $\Gamma(t)$ 上的任意点 x，$\Phi(x, t)=0$，从而有[25]

$$\frac{\mathrm{d}\Phi}{\mathrm{d}t}=\frac{\partial\Phi}{\partial t}+V\cdot\nabla\Phi=0 \quad V=\frac{\mathrm{d}x}{\mathrm{d}t} \tag{3-85}$$

对于不同的具体问题，式（3－85）有不同的具体形式。在自由面追踪或两相流问题中，物理量控制方程一般是 N－S 方程，则式（3－85）的具体形式就是

$$\Phi_t=u\cdot\Phi_x+v\cdot\Phi_y=0 \tag{3-86}$$

式中　u——流体速度。

由于物质界面随时间运动，用 $\Omega^1(t)$，$\Omega^2(t)$ 分别表示两种介质在时刻 t 的分布区域。设定 $\Phi(x, t)$ 的初值，$\Phi(x, t)$ 初值满足式（3－87），还要求在任意时刻 $\Phi(x, t)$ 也满足式（3－87）

$$\Phi(x,t)=\begin{cases} d[x,\Gamma(t)] & x\in\Omega^1 \\ 0 & x\in\Gamma(t) \\ -d[x,\Gamma(t)] & x\in\Omega^2 \end{cases} \tag{3-87}$$

一般来讲，由于数值方法的内在效应，即使只是进行了几个时间步长的求解，$\Phi(x, t)$ 也将不再是满足式（3－87）的符号距离函数。在实际应用中，需要对函数 $\Phi(x, t)$ 作特殊处理。

（2）Level－Set 方法中不同介质区域的识别和物性参数的表示方法

正如前面已经提到的，由于在相界面附近流体物性发生陡峭变化，因此在界面附近求解 Navier－Stokes 方程时必须特别小心。如何在整个计算区域中区分和识别气相介质与液相介质，如何在气液两相区内分别赋予不同的流体介质自身的物性参数，这是在气液两相流的数值模拟中需要首先明确的两个问题。

利用 Level－Set 函数，可以方便地达到这些目的。注意式（3－87），就可以发现，Level－Set 函数的分布始终是一个通过 0 点的单调函数。0 点对应于相界面，在界面的一侧，Level－Set 函数为正，而在另一侧为负。显然，通过 Level－Set 函数值的符号就可以确定某一空间点的介质种类[25,28-29]。从这个意义上，我们也可以理解为 Level－Set 函数始终保持符号距离函数的重要性。

为了使物性在界面上连续光滑变化，从而减小数值的不稳定性，在这里流体的物性可借助于 Level－Set 函数 Φ 和 Heaviside 函数 H，用下述方程表示，即

$$\rho_\varepsilon(x)=\rho_1+(\rho_2-\rho_1)H_\varepsilon[\Phi(x)] \tag{3-88}$$

$$\mu_\varepsilon(x)=\mu_1+(\mu_2-\mu_1)H_\varepsilon[\Phi(x)] \tag{3-89}$$

其中，Heaviside 函数 H 被定义为

$$H_\varepsilon(d)=\begin{cases} 0 & \text{如果 } d<-\varepsilon \\ (d+\varepsilon)/(2\varepsilon)+\sin(\pi d/\varepsilon)/(2\pi) & \text{如果 } |d|\leqslant\varepsilon \\ 1 & \text{如果 } d>\varepsilon \end{cases} \tag{3-90}$$

式中　ε——一个小量规整参数，总为正。

仔细看 Heaviside 函数的分布，可以看到，除了界面附近的一个很小区域宽度（2ε）之外，Heaviside 函数在界面的一侧恒为 1，而在界面的另一侧恒为 0；在界面附近的很小区域宽度（2ε）之内，函数 H 由 0 值逐渐过渡到 1。如果用一个合适的公式来定义无量纲密度，则 Heaviside 函数 H 实际上就代表着无量纲的密度分布。从这个意义上，Heaviside 函数也可以作为区分计算区域介质种类的方法和指标。这种指标正是后边要介绍的 VOF 方法的特点。

(3) 相界面几何特性参数的表示方法

气液两相流与单相流及气固两相流的一个很重要的差别就在于流场内存在气液相界面；而且，气液相界面具有与流体一样的流动性，可变形、破碎、融合。影响相界面的变形、破碎、融合等过程的一个主要物性参数就是表面张力[28,30]。

表面张力是集中在相界面上的一种能量，在特殊的条件下，可能具有支配性作用，如微重力环境中的气液两相流，喷雾，界面波动，毛细管内的流动等。在相界面这样一个很薄的区域内如何表示表面张力这一特殊的力呢？由表面张力的计算式可以看到，关键是要确定界面的曲率半径（其决定着表面张力的大小）和法向矢量（决定着表面张力的方向）。

借助于 Level-Set 函数，相界面的内在几何参数可被确定如下：

法向矢量

$$\boldsymbol{n}=\frac{\nabla \Phi}{|\nabla \Phi|} \tag{3-91}$$

界面曲率

$$\kappa=\nabla \cdot \frac{\nabla \Phi}{|\nabla \Phi|} \tag{3-92}$$

上述公式有烦琐的数学推导，可以参考相关的文献资料[31-32]。有了式（3-92）和式（3-92），则相界面上的表面张力项可被表示为下述的光滑函数的形式，即

$$\sigma\kappa\delta(d)\boldsymbol{n}=\sigma\delta(\Phi)\nabla \Phi \nabla \cdot \left(\frac{\nabla \Phi}{|\nabla \Phi|}\right) \tag{3-93}$$

ε 代表规整后的 Delta 函数，在这里被定义为

$$\delta_{\varepsilon}(d)=\begin{cases}[1+\cos(\pi d/\varepsilon)]/2\varepsilon & \text{如果}\ |d|<\varepsilon \\ 0 & \text{如果}\ |d|\geqslant\varepsilon\end{cases} \tag{3-94}$$

可以看到，定义在固定 Eulerian 网格上的 Level-Set 表达式保留了界面跟踪方法的优点，在数值求解过程中，可容易地处理复杂界面的变形，如界面的破碎、融合、尖角等。另外，这种表示方法对二维和三维情况也是通用的[32]。

(4) 气液两相流的流场控制方程

在固定的欧拉坐标系中，含有相界面的两相介质的流动可用下述的 Navier-Stokes 方程描述

$$u_t+(u\cdot\nabla)u=F+\frac{1}{\rho}[-\nabla p+\nabla(\mu\boldsymbol{D})+\sigma\kappa\delta(d)\boldsymbol{n}] \tag{3-95}$$

$$\nabla \cdot u = 0 \tag{3-96}$$

式中 u ——流体速度；

ρ ——流体密度；

μ ——介质粘度；

$\boldsymbol{D}$ ——粘性应力张量；

F ——体积力；

σ ——表面张力系数；

κ ——相界面的曲率；

d ——计算区域中各点到相界面的垂直距离；

$\boldsymbol{n}$ ——相界面上法向朝外的单位矢量。

式（3－95）中的最后一项代表集中在相界面上的表面张力，可用式（3－96）表示。

值得注意的是，在目前的这种表示方法中只用一套 Navier－Stokes 方程来描述两相介质的运动。从形式上看，式（3－96）与一般的单相流体运动所遵循的 Navier－Stokes 控制方程没有太大的差别；因此，关于求解单相流体的 Navier－Stokes 方程的各种数值方法原则上都可以用来求解式（3－95）和式（3－96）。

3.5.1.2 VOF 模型及其应用

（1）VOF 方法的基本思想和相函数

1981 年，Hirt C. W. 和 Nichols B. D. 在《计算物理学》（The International Journal of Computational Physics）杂志上首先正式发表了著名的 VOF 论文，开创性地提出了用 VOF 方法进行运动相界面追踪的思想，并首先用方法 VOF 对溃坝和浪涌（Broken Dam，Breaking bore）及 Reyleigh Taylor 不稳定性现象进行了成功的数值模拟[33-34]。

VOF 方法用相函数（Phase Function）F 取代了 MAC 方法中的虚拟质量彩色粒子，从这个意义上说，VOF 方法可以看作是 MAC 方法的改进。在一种流体相（比如说，液体）中，相函数 F 取值为 1，而在另一种流体（比如，气体或另一种液体）中取值为 0；在相函数取 0 到 1 之间数值的地方即为相界面位置。相界面的取向可由界面附近各点上的 F 值来确定。

相函数是 VOF 方法中的一个关键参数。相函数的概念类似于气液两相流中的界面含气率（或容积含气率）的概念，表示某一相介质占据网格面积（二维）或体积（三维）的分数。

相函数有如下几个特点：1）相函数是以一个网格为单元来定义的，与含气率的概念不同；2）相函数就是一个介质指针，指示着占据某一网格的介质种类，但这种指示不仅是定性的，而且是定量的；3）对应于同一个相函数值，气液相界面在网格内的形状和方位是多值的；4）F 必须而且只能在 0 和 1 之间取值。

（2）VOF 方法中气液两相流的动量控制方程

与其他计算流体力学方法一样，VOF 方法的控制方程组中包括下述几个方程。考虑由两种互不相容的不可压缩流体构成的流动体系，动量控制方程可被写为式（3－97）和

式（3-98）

$$\frac{\partial \rho U}{\partial t}+\nabla \cdot \rho U \times U=-\nabla P+\nabla \times(\mu \nabla \times U)+\rho g+F_{SV} \tag{3-97}$$

质量守恒方程为

$$\nabla \cdot U=0 \tag{3-98}$$

式中　$U=(u, v, w)$ ——在坐标系 $X=(x, y, z)$ 中的流体速度；

ρ，μ ——分别为流体的密度和动力粘性系数；

g ——重力加速度；

F_{SV} ——表面张力的等价体积力形式。

从形式上看，上述方程组与其他的计算流体力学问题的控制方程组差别不大；主要的差别就体现在动量方程中的表面张力项上。在单相流体的计算中，没有表面张力项；在气液两相流的数值模拟中，表面张力的影响作为动量方程的源项加以考虑。

准确地求解 F_{SV} 是求解方程（3-97）的关键，也是求解气液两相流问题的关键。为了求解表面张力，需要知道关于气液相界面的几何特性，如界面法向，界面曲率等。假如知道了相函数的分布，则借助于相函数 F，相界面上的单位法向矢量可表示为

$$\boldsymbol{n}=\frac{\nabla F}{|\nabla F|} \tag{3-99}$$

式中表面张力项可表示为

$$F_{SV}(x, t)=\sigma(x, t) \frac{\nabla F}{[F]} \tag{3-100}$$

式中　$[F]$ ——相函数 F 在界面上的阶跃值，在大多数情况下为1。

界面曲率为

$$k(x, t)=-(\nabla \cdot \boldsymbol{n}) \tag{3-101}$$

这样，由相函数 F 加权的 Navier-Stokes 方程即可在整个计算区域上描述气液两相流动。

界面曲率等几何参数的确定要求有一套可靠的表示气液相界面的方法，即如何描述气液相界面的位置及其运动。

（3）VOF 方法中气液相界面的控制方程及其求解方法

一般而言，任何表示两相流中不连续物性分布的方程都可以用来表示相界面的传输。但若两相介质的物性相差太大（如水-空气系统中，密度比接近1 000，粘性系数比约为100），很容易引起过分的数值扩散而使数值计算变得不稳定。VOF 方法的特别之处就在于引入相函数 F 解决了相界面的描述问题。

相函数 F 可被定义为液体相在所研究的局部控制容积中所占的容积份额，其运输方程为[34,36-37]

$$\frac{\partial F}{\partial t}+(U \cdot \nabla) F=0 \tag{3-102}$$

根据连续性方程，上式可进一步表示为

$$\frac{\partial F}{\partial t}+\nabla\cdot(UF)=0 \tag{3-103}$$

将方程（3-103）展开即可得

$$\frac{\partial F}{\partial t}+\frac{\partial(uF)}{\partial x}+\frac{\partial(uF)}{\partial y}=0 \tag{3-104}$$

从形式上看，式（3-102）或式（3-103）是二维问题中最简单的方程了，一旦得到主场速度，式（3-102）或式（3-103）就变成线性的常系数二维方程，应该很容易求解。事实上，这只是一种表面现象。由于数值模拟本身的特点，数值耗散引起的模糊或振荡是无法避免的，从而使界面位置和形状达不到足够精细的程度。由于这个原因，数学家[36,39-40]和物理计算工作者在不断地开发各种各样的 VOF 技术实施方案。

值得一提的是，式（3-102）或式（3-103）与 Level Set 方法中关于 Level Set 函数的控制方程在形式上完全相似。可以预见，Level Set 函数的求解方法与相函数 F 的求解方法有相通之处。

与 Level Set 方法不同的是，在 Level Set 方法中，求得了 Level Set 函数，由 Level Set 函数的 0 等值面即可立即得到相界面的位置和形状；而在 VOF 方法中，得到了相函数 F 的分布之后，VOF 方法中还有一个必须解决的关键问题：即如何根据相函数 F 的分布准确地得到相界面在每一个时间层上的空间位置，也即如何实现所谓的“相界面重新构造”。

另外，在 Level Set 方法中，相界面的确定是通过直接求解 Level Set 函数的控制方程得到 Level Set 函数分布，然后由 Level Set 函数的 0 等值面来实现的。但是，VOF 方法中的相函数 F 类似于步进函数，用通常的差分格式进行离散求解会抹平 F 的间断性，从而失去函数的原有定义，所以必须采用特殊的方法进行计算。在 VOF 方法中，相函数 F 的求解是与相界面的重构过程同时、耦合进行的。

（4）VOF 方法中气液两相流场中的物性表示方法

由于相函数 F 是用来跟踪相界面的，因而不需要对 F 本身进行光滑处理。根据 F 的定义，计算区域中的密度和粘性系数可用下述方程统一表示[34]

$$\Phi(x,t)=F(x,t)\Phi_f+[1-F(x,t)]\Phi_g \tag{3-105}$$

$\Phi(x,t)$ 代表 $\rho(x,t)$、$\mu(x,t)$ 或其他物性参数。

显然，方程（3-105）与 Level Set 方法中关于两相流动区域内介质的密度、粘性等物性参数的表示方法有相同的表达形式。

（5）VOF 方法的优缺点

VOF 方法属于容积跟踪法的范畴。VOF 方法追踪的是流体区域而不是自由界面本身，因而避免了与界面的和重迭有关的逻辑判断问题；用相函数 F 来定义相界面的位置和方向，可在计算中应用各种各样的相界面边界条件，为在二维或三维网格上追踪相界面提供了极大便利。VOF 方法可简单、容易地考虑多个界面之间的相互作用。因此，与 MAC 方法相比，VOF 方法节省了大量的计算机存储空间；应用于三维问题时，这一优势会更为突出。VOF 方法在描述复杂相界面和处理三维相界面的融合与破碎问题上远比其他界面追踪法优越。VOF 方法的一个突出的贡献在于，提出了界面重构的思想，成为运动相界面数值模拟方法的一个全新开端。

VOF 方法也有其局限性。与界面捕捉法相比，因为相界面与流场具有相同的维数，VOF 方法仍需要较多的计算时间和存储空间；再者，虽然 VOF 方法在二维问题的计算中取得了成功，但在应用于三维问题时仍会遇到不少困难；第三，难于准确计算曲率及与曲率有关的物理量；第四，相函数 F 在相交界处的不连续性会导致解的振荡或参数的陡峭变化被抹平。

3.5.2　动网格技术及其应用

动网格计算中网格的动态变化过程可以用三种模型进行计算，即弹簧近似光滑模型（spring－based smoothing）、动态层模型（dynamic layering）和局部重划模型（local remeshing）。

3.5.2.1　弹簧近似光滑模型

在弹簧近似光滑模型中，网格的边被理想化，为节点间相互连接的弹簧。移动前的网格间距相当于边界移动前由弹簧组成的系统处于平衡状态。在网格边界节点发生位移后，会产生与位移成比例的力，力量的大小根据胡克定律计算。边界节点位移形成的力虽然破坏了弹簧系统原有的平衡，但是在外力作用下，弹簧系统经过调整将达到新的平衡，也就是说由弹簧连接在一起的节点，将在新的位置上重新获得力的平衡。从网格划分的角度说，从边界节点的位移出发，采用胡克定律，经过迭代计算，最终可以得到使各节点上的合力等于零的、新的网格节点位置，这就是弹簧光滑法的核心思想。如图 3－3（a）中所示的二维网格，中间方形边界旋转后，采用弹簧近似光滑模型即可得到图 3－3（b）中的结果。

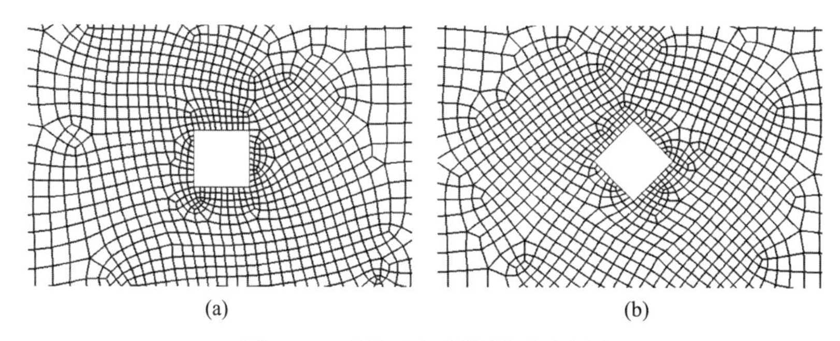

图 3－3　弹簧近似光滑模型示意图

原则上弹簧光滑模型可以用于任何一种网格体系，但是在非四面体网格区域（二维非三角形），最好在满足下列条件时使用弹簧光滑方法：

1）移动为单方向；

2）移动方向垂直于边界。

如果两个条件不满足，可能使网格畸变率增大。

3.5.2.2　动态层模型

对于棱柱型网格区域（六面体或者楔形），可以应用动态层模型。动态层模型的中心思想是根据紧邻运动边界网格层高度的变化，添加或者减少动态层，即在边界发生运动时，如果紧邻边界的网格层高度增大到一定程度，就将其划分为两个网格层；如果网格层高度降低到一定程度，就将紧邻边界的两个网格层合并为一个层，如图 3-4 所示。

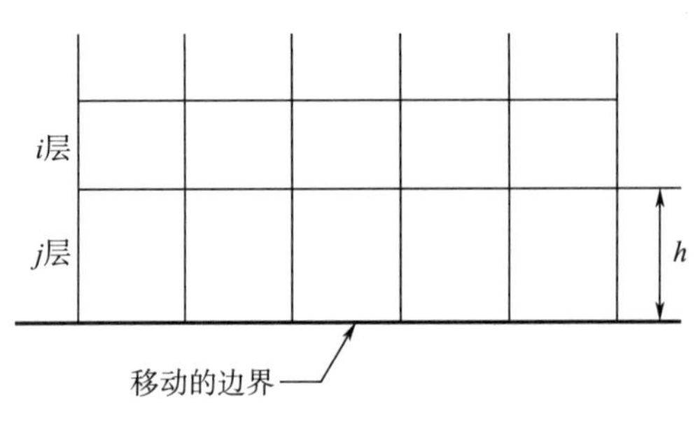

图 3-4　动态层模型示意图

如果网格层 j 扩大，单元高度的变化有一临界值

$$h_{\max} = (1 + \alpha_s) h_{\text{ideal}} \tag{3-106}$$

式中　$h_{\max}$——单元的最大高度；

h_{ideal}——理想单元高度；

α_s——层的分割因子。

在满足上述条件的情况下，就可以对网格单元进行分割，分割网格层可以用常值高度法或常值比例法。在使用常值高度法时，单元分割的结果是产生相同高度的网格。在采用常值比例法时，网格单元分割的结果是产生是比例为 α_s 的网格。

若对第 j 层进行压缩，压缩极限为

$$h_{\min} = \alpha_c h_{\text{ideal}} \tag{3-107}$$

式中　α_c——合并因子。

在紧邻动边界的网格层高度满足这个条件时，则将这一层网格与外面一层网格相合并。

3.5.2.3　局部重划模型

在使用非结构网格的区域上一般采用弹簧光滑模型进行动网格划分，但是如果运动边界的位移远远大于网格尺寸，则采用弹簧光滑模型可能导致网格质量下降，甚至出现体积为负值的网格，或因网格畸变过大导致计算不收敛。为了解决这个问题，需要在计算过程中将畸变率过大，或尺寸变化过于剧烈的网格集中在一起进行局部网格的重新划分，如果重新划分后的网格可以满足畸变率要求和尺寸要求，则用新的网格代替原来的网格，如果新的网格仍然无法满足要求，则放弃重新划分的结果。

在重新划分局部网格之前，首先要将需要重新划分的网格识别出来。识别网格的判据有两个，一个是网格畸变率，一个是网格尺寸，其中网格尺寸又分最大尺寸和最小尺寸。

在计算过程中，如果一个网格的尺寸大于最大尺寸，或者小于最小尺寸，或者网格畸变率大于系统畸变率标准，则这个网格就被标志为需要重新划分的网格。在遍历所有动网格之后，再开始重新划分的过程。局部重划模型不仅可以调整体网格，也可以调整动边界上的表面网格。图 3-5 为网格重构示例。

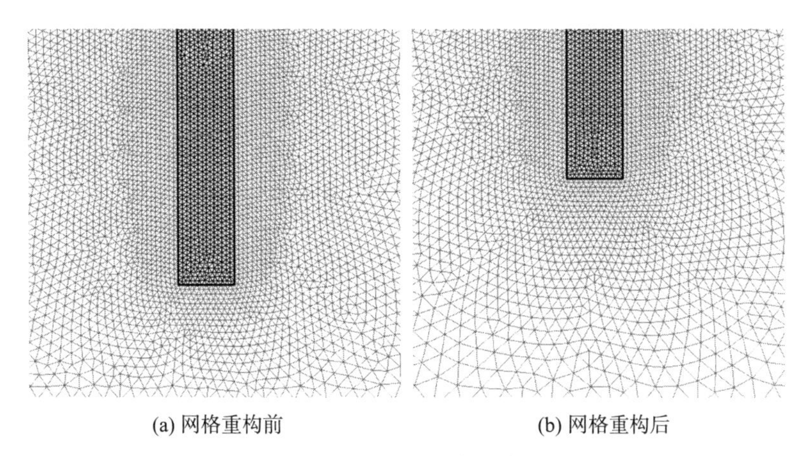

(a) 网格重构前　(b) 网格重构后

图 3-5　网格重构示例

需要注意的是，局部重划模型仅能用于四面体网格和三角形网格。在定义了动边界面以后，如果在动边界面附近同时定义了局部重划模型，则动边界上的表面网格必须满足下列条件：

1）需要进行局部调整的表面网格是三角形（三维）或直线（二维）。

2）将被重新划分的面网格单元必须紧邻动网格节点。

3）表面网格单元必须处于同一个面上并构成一个循环。

4）被调整单元不能是对称面（线）或正则周期性边界的一部分。

使用弹簧近似光滑法网格拓扑始终不变，无须插值，保证了计算精度。但弹簧近似光滑法不适用于大变形情况，当计算区域变形较大时，变形后的网格会产生较大的倾斜变形，从而使网格质量变差，严重影响计算精度。动态分层法在生成网格方面具有快速的优势，同时它的应用也受到了一些限制。它要求运动边界附近的网格为六面体或楔形，这对于复杂外形的流场区域是不适合的。使用局部网格重划法要求网格为三角形（二维）或四面体（三维），这对于适应复杂外形是有好处的，局部网格重划法只会对运动边界附近区域的网格起作用。

3.6　数值模拟典型算例

航行体水下垂直发射过程运动特征以垂直运动为主，历经出筒过程、水中自由航行过程和出水过程。为计算这一连续的运动过程，计算域的选取是面临的首要问题。由于航行体在水平面内的运动范围较小，水平面计算域大小的选取以计算域边界的定义为主，对于压力出口边界来说，以航行体初始时刻为中心，水平计算域选择 $20D\times 20D$（D 为航行体直径）范围即可。而垂直方向上，随航行体运动而实时生成的垂向计算域，如图 3-6 所示，垂直方向的下边界始终为发射筒底，而上边界则始终与航行体实际顶点保持一定的距离，该距离大小的选取保证上边界为压力出口时不影响流场的压力计算。

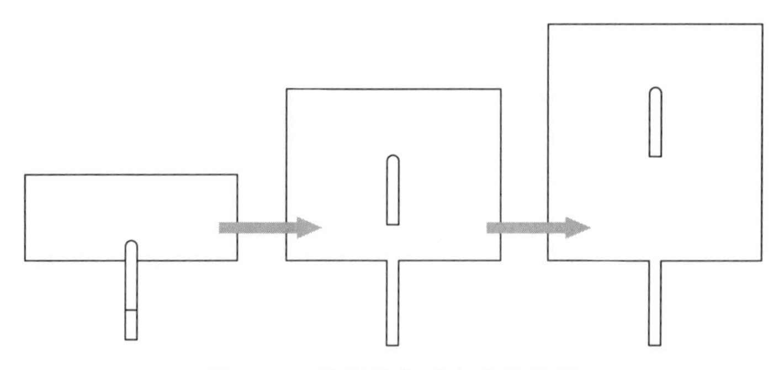

图 3-6　计算域实时生成示意图

关于航行体出筒后的转动模拟，一种常见的方式是对航行体进行圆柱域包裹，在该区域内进行较为细致的网格划分，并且该区域网格节点均为刚性节点，即网格跟随航行体运动而不发生变形，以保证航行体附近流场计算的精度。在包裹域外进行非结构网格划分，并利用弹簧平滑法＋网格局部重构法进行动网格更新。

应用三维动网格方法，采用合适的多相流模型、湍流模型及空化模型，对水下垂直发射过程进行了考虑平台运动速度的三维流体动力与弹道耦合仿真计算。针对流场宏观演化过程，图 3-7 显示了仿真获得的典型时刻空泡界面形状及航行体表面和对称面上的压力分布。

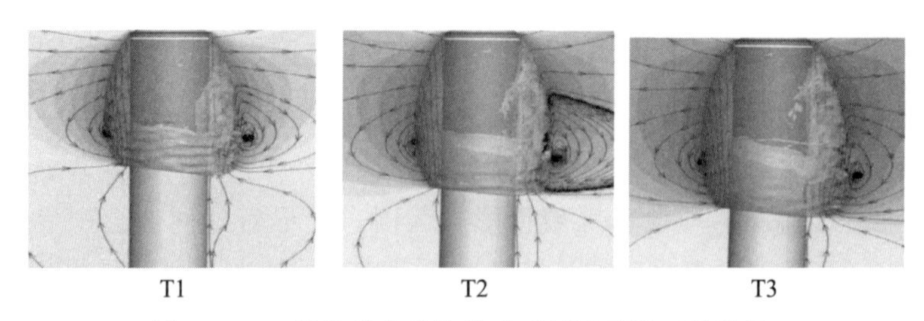

图 3-7　三维仿真获得的典型时刻流场图（见彩插）

3.7　小结

本章给出了水下垂直发射航行体空泡多相流动数值求解的控制方程和数学模型，从全流场的 RANS 入手，求解气相、蒸汽相质量守恒方程，并耦合描述蒸汽相、液相之间质量传递的自然空化模型，模拟包含气、蒸汽、水多相的定常、非定常通气空泡流，基于界面捕捉方法和动网格技术实现航行体水下垂直发射全过程的数值模拟。

参 考 文 献

[1] COUTIER - DELGOSHA O. Numerical Prediction of Cavitation Flow on a Two - dimensional Symmetrical Hydrofoil and Comparison to Experiments. Journal of Fluids Engineering，2007，129（3）：279 - 291.

[2] MENTER F R. Zonal Two Equation k - w Turbulence Models for Aerodynamic Flow. AIAA - 93 - 2906.

[3] GIRIMAJI S，ABDOL - HAMID K S. Partially averaged Navier Stokes model for turbulence：implementation and validation//The 44th AIAA Aerospace Sciences Meeting and Exhibit. Reno，Nevada，2006：AIAA - 2006 - 119.

[4] 黄彪．非定常空化流动机理及数值计算模型研究．北京：北京理工大学，2012.

[5] 谭磊，曹树良．基于滤波器湍流模型的水翼空化数值模拟．江苏大学学报（自然科学版），2010，31（6）：683 - 686.

[6] KIM S，BREWTON S. A multiphase approach to turbulent cavitating flows. Proceedings of 27th Symposium on Naval Hydrodynamics，Seoul，Korea，2008.

[7] UTTURKAT Y. WU J. WANG G. et al. Recent Progress in Modeling of Cryogenic Cavitation for Liquid Rocket Propulsion . Progress in Aerospace Science，2005，41（7）：558 - 608.

[8] MERKLE C L，FENG J，BUELOW P E O. Computational Modeling of Dynamics of Sheet Cavitation. In：Proceedings of the 3rd International Symposium on Cavitation，Grenoble，France，1998.

[9] 李会雄，邓晟，赵建福，陈听宽，王飞．LEVEL SET 输运方程的求解方法及其对气-液两相流运动界面数值模拟的影响．核动力工程，2005，26（3）：242 - 248.

[10] GOMEZ P，HERNANDEZ J，LOPEZ J. On the Reinitialization Procedure in a Narrow - Band Locally Refined Level Set Method for Interfacial Flows. International Journal for Numerical Methods in Engineering，2005，63（10）：1478 - 1512.

[11] SOU A，HAYASHI K，NAKAJIMA T. Evaluation of Volume Tracking Algorithms for Gas - Liguid Two - Phase Flows. Proceedings of the 4th ASME/JSME Joint Fluids Engineering Conference，2003，1，Part A：483 - 488.

[12] HARVIE C J E，FLETCHER D F. A New Volume of Fluid Advection Algorithm：the stream scheme. Computational Physics，2000，162：1 - 32.

[13] YANG A S，YANG Y C，HONG M C. Droplet Ejection Study of a Picojet Print - head. Journal of Micromechanics and Microengineering，2006，16（1）：180 - 188.

[14] MEIER M，YADIGAROGLU G，SMITH B L. A Novel Technique for Including Surface tensionin-PLIC - VOF Methods. European Journal of Mechanics，B/Fluids，2002，21（1）：61 - 73.

[15] 权晓波，魏海鹏，孔德才，李岩．潜射导弹大攻角空化流动特性计算研究．宇航学报，2008，29（6）：1701 - 1705.

[16] 尤天庆，王占莹，程少华，等．水下航行体流体阻尼力系数的 CFD 计算研究．导弹与航天运载技

术，2016，1：66-69.

[17] 尤天庆，王占莹，权晓波，等．尾空泡对水下航行体流体阻尼力影响数值研究．国防科技大学学报，2016，4：64-69.

[18] 魏海鹏，付松．不同多相流模型在航行体出水流场数值模拟研究中的应用．振动与冲击，2015，34(4)：48-52.

第4章　水下航行体空泡流试验方法

水下垂直发射航行体在发射、水中及出水过程中涉及自由液面、空泡等非定常复杂流动过程，理论研究和仿真计算难度较大，因此实验手段成为水下垂直发射航行体流场研究和工程设计的重要依据。1895年巴纳比（Barnaby）、柏森斯（Parsons）建立了第一个水洞来研究空化问题，在此之后关于空化多相流试验研究在世界范围内得到了大规模发展。随着航行体水下垂直发射技术的不断发展，空泡流试验技术得到了广泛的应用，建设了空泡水洞、旋臂水池、缩比模型弹射试验水池和全尺寸模型水下弹射试验平台等试验设施；可以开展机理研究试验、水洞试验、水下发射试验等一系列空泡流试验，综合利用测压、测力、测速、流场显示等试验方法完成了大量试验研究，为理论研究和数值仿真等手段的完善和校核提供了基础数据，促进了垂直发射航行体水下发射技术的发展。

本章对水下航行体空泡流相关的实验理论、设施和方法进行介绍。

4.1　空泡流相似理论

在研究水下航行体性能和空泡流现象时，最可靠的方法是对实物进行试验。但是，在大多数情况下用实物进行试验成本高昂，并且实施难度大。例如大型船舶、发射平台、水下航行体等虽然可以用实物进行实验，但是实物实验工程耗资巨大且只能在工程研制后期进行，无法满足工程型号方案设计需求。由此，工程研制初期，一般通过开展试验设备相对简易、经济安全性好的缩比模型试验对大型航行体水下流场特性开展研究和设计。

为有效实现水下发射过程流动现象的模拟，同时确保模型试验结果可应用于实物设计，模型试验须符合相似理论的要求。下面对缩比模型试验相似基本理论及水下空泡流相似准则进行介绍。

4.1.1　相似与相似定理

4.1.1.1　相似的基本概念

两个同一类物理现象，如果在对应点上对应瞬间所有表征现象的相应物理量保持各自固定的比例关系，则两个物理现象相似。若两个空泡流场相似，则两个流场对应点上对应瞬间所有表征流动状态的相应物理量都保持各自固定的比例关系[1]。

研究两个流场相似是涉及各种参数的综合问题，包括几何参数、运动参数、动力学参数和热力学参数等。

（1）几何相似

两个物体，其中一个通过均匀变形后能够与另一个物体完全重合，则这两个物体几何

相似。令两个物体的对应长度为 l 和 l'，则有

$$\frac{l}{l'}=C_l$$

式中　C_l ——常数。

（2）运动相似

两个流场对应点的速度具有相同的方向，它们的大小保持固定的比例关系。令两个流场对应点的速度为 v 和 v'，则有

$$\frac{v}{v'}=C_v$$

式中　C_v ——常数。

速度相似决定了两个几何相似的流场对应点的加速度相似。运动相似即速度矢量和加速度矢量场几何相似。

（3）动力相似

两个流场对应点上作用的各种力所组成的力多边形是几何相似的。令两个流场对应点的作用力为 F 和 F'，则有

$$\frac{F}{F'}=C_F$$

式中　C_F ——常数。

动力相似的两个流场作用力矢量场几何相似。

（4）热力学相似

两个流场对应点温度 T 和 T' 保持规定的比例关系，即

$$\frac{T}{T'}=C_T$$

式中　C_T ——常数。

（5）质量相似

两个流场对应点密度 ρ 和 ρ' 保持固定的比例关系，即

$$\frac{\rho}{\rho'}=C_\rho$$

式中　C_ρ ——常数。

4.1.1.2　相似准则

能够表征或判定两个现象是否相似的无量纲的量组合称为相似准则。相似准则又称相似准数、相似参数等，由一个或几个量组成，是现象相似的特征和标志，有些还是衡量现象相似与否的判据。在所研究的两个现象中对应的相似准则可能有一个或几个，对于一些复杂的问题可能有多个。

相似理论是以相似三定理为基础的。

1）相似第一定理：彼此相似的系统，应具有相同的相似准则。

2）相似第二定理：描述一个现象各物理量之间的关系式，可以转换成由相似准则组

成的方程式。(也称为 π 定理)。

3）相似第三定理：现象相似的必要和充分条件是两者单值性条件相似，且由单值性条件的物理量组成的相似准则相等。

由上述相似定理可知，要判断两个流动现象相似的关键就是确定相似准则。相似准则一般可由方程分析或量纲分析得到。

流体相似准则分析时，一般可从不可压缩粘性流场的控制方程和 N－S 方程出发，获得两个流场中存在的相似律

$$\frac{\partial u}{\partial x}+\frac{\partial v}{\partial y}+\frac{\partial w}{\partial z}=0 \tag{4-1}$$

$$\begin{aligned}
\frac{\partial u}{\partial t}+u\frac{\partial u}{\partial x}+v\frac{\partial u}{\partial y}+w\frac{\partial u}{\partial z}&=f_x-\frac{1}{\rho}\frac{\partial p}{\partial x}+\frac{\mu}{\rho}\left(\frac{\partial^2 u}{\partial x^2}+\frac{\partial^2 u}{\partial y^2}+\frac{\partial^2 u}{\partial z^2}\right)\\
\frac{\partial v}{\partial t}+u\frac{\partial v}{\partial x}+v\frac{\partial v}{\partial y}+w\frac{\partial v}{\partial z}&=f_y-\frac{1}{\rho}\frac{\partial p}{\partial y}+\frac{\mu}{\rho}\left(\frac{\partial^2 v}{\partial x^2}+\frac{\partial^2 v}{\partial y^2}+\frac{\partial^2 v}{\partial z^2}\right)\\
\frac{\partial w}{\partial t}+u\frac{\partial w}{\partial x}+v\frac{\partial w}{\partial y}+w\frac{\partial w}{\partial z}&=f_z-\frac{1}{\rho}\frac{\partial p}{\partial z}+\frac{\mu}{\rho}\left(\frac{\partial^2 w}{\partial x^2}+\frac{\partial^2 w}{\partial y^2}+\frac{\partial^2 w}{\partial z^2}\right)
\end{aligned} \tag{4-2}$$

选取流场中的特征量，将控制方程无量纲化。选取时间特征量 T 、长度特征量 L 、速度特征量 v_∞ 、质量力特征量 g 、压强特征量 p_∞ ，利用特征量获得无量纲化参数

$$\begin{gathered}
t^*=\frac{t}{T},\ u^*=\frac{u}{v_\infty},\ v^*=\frac{v}{v_\infty},\ w^*=\frac{w}{v_\infty},\\
p^*=\frac{p}{p_\infty},\ f_x^*=\frac{f_x}{g},\ x^*=\frac{x}{L},\ y^*=\frac{y}{L}
\end{gathered} \tag{4-3}$$

获得的无量纲方程为

$$\frac{\partial u^*}{\partial x^*}+\frac{\partial v^*}{\partial y^*}+\frac{\partial w^*}{\partial z^*}=0 \tag{4-4}$$

$$\begin{aligned}
\frac{\partial u^*}{\partial t^*}+u^*\frac{\partial u^*}{\partial x^*}+v^*\frac{\partial u^*}{\partial y^*}+w^*\frac{\partial u^*}{\partial z^*}&=\frac{1}{(Fr)^2}f_x^*-Eu\frac{\partial p^*}{\partial x^*}+\frac{1}{Re}\left(\frac{\partial^2 u^*}{\partial x^{*2}}+\frac{\partial^2 u^*}{\partial y^{*2}}+\frac{\partial^2 u^*}{\partial z^{*2}}\right)\\
\frac{\partial v^*}{\partial t^*}+u^*\frac{\partial v^*}{\partial x^*}+v^*\frac{\partial v^*}{\partial y^*}+w^*\frac{\partial v^*}{\partial z^*}&=\frac{1}{(Fr)^2}f_y^*-Eu\frac{\partial p^*}{\partial y^*}+\frac{1}{Re}\left(\frac{\partial^2 v^*}{\partial x^{*2}}+\frac{\partial^2 v^*}{\partial y^{*2}}+\frac{\partial^2 v^*}{\partial z^{*2}}\right)\\
\frac{\partial w^*}{\partial t^*}+u^*\frac{\partial w^*}{\partial x^*}+v^*\frac{\partial w^*}{\partial y^*}+w^*\frac{\partial w^*}{\partial z^*}&=\frac{1}{(Fr)^2}f_z^*-Eu\frac{\partial p^*}{\partial z^*}+\frac{1}{Re}\left(\frac{\partial^2 z^*}{\partial x^{*2}}+\frac{\partial^2 z^*}{\partial y^{*2}}+\frac{\partial^2 z^*}{\partial z^{*2}}\right)
\end{aligned} \tag{4-5}$$

其中

$$St=\frac{vt}{L}\qquad Fr=\frac{v}{\sqrt{gL}}\qquad Eu=\frac{p}{\rho v^2}\qquad Re=\frac{\rho vL}{\mu}$$

式中　St ——斯坦顿数；

Fr ——弗劳德数；

Eu ——欧拉数；

Re ——雷诺数。

上述方程组就是不可压缩粘性流体流动所满足的无量纲化后的连续性方程和 N－S 方程。对两个相似的不可压缩粘性流体流动场来说，只要方程中出现的各项系数相同，即斯坦顿数 St 、弗劳德数 Fr 、欧拉数 Eu 、雷诺数 Re 分别相同，那么控制该两个流场的无量纲方程组就完全相同，再在相同的无量纲初边值条件下求解，得到的无量纲化的解也一定完全相同。由此可见，要想让几何相似的模型与实物的不可压缩粘性流动场动力相似，必须要求两个流场有相同的 St 、Fr 、Eu 、Re ，而这些无量纲数变成了流动动力相似的准则数或称为相似律。因此，在流体动力模型试验中，除了要保证模型流场和实物流场间的几何相似外，还要保证两个流场满足动力相似。

4.1.2　空泡流实验中相似准则的取舍

水动力缩比模型试验中无法同时满足所有的相似准数。例如：满足弗劳德数 Fr 要求时，速度 v 的缩比关系为 $\sqrt{c_l}$ ；而若满足雷诺数 Re 要求，则速度 v 的缩比关系为 $\frac{1}{c_l}$ ，雷诺数与弗劳德数无法同时满足。因此，在进行水动力试验时，必须根据试验目的对各个相似准数进行取舍，满足最重要的相似准数要求，同时舍弃与其矛盾的准数要求[2]。模型试验中，不同相似准数作用及一般取舍原则如下：

（1）弗劳德数 Fr

弗劳德数 Fr 表示作用于流体微团的惯性力与重力之比，用于表征重力影响的相似准数；垂直发射航行体出筒、水中及出水过程与重力作用密切相关，重力对航行体受力、航行体表面空泡形态作用明显，模型试验中弗劳德数 Fr 是一个主要相似准数，需重点模拟。

（2）空化数 σ 和欧拉数 Eu

欧拉数 Eu 是表征流场中压强的无量纲量，两个相似的流动系统中对应点的欧拉数相等，欧拉数是水下航行体模型试验的重要相似准数；同时，当航行体表面压力降低至饱和蒸汽压力 p_v 时，航行体表面将出现空化现象，为保证流场空化现象的相似，需保证空化数 σ 相等，即此时空化数 σ 将取代欧拉数 Eu 成为带有空化现象的水下流场的主要相似准数。

带有空化现象的流场中，针对空泡产生机理的不同，空化数还可分为自然空化数和通气空化数。对于单纯由于压力降低产生的自然空化流动，按照自然空化数相等进行实验模拟；采用通气的主动空泡流动，需按照通气空化数相等进行实验模拟。

①自然空化数 σ_v

$$\sigma_v = \frac{p - p_v}{1/2\rho V^2} \tag{4-6}$$

式中　p_v ——水的饱和蒸汽压力。

②通气空化数 σ_c

$$\sigma_c = \frac{p - p_c}{1/2\rho V^2} \tag{4-7}$$

式中　p_c ——通气空泡泡内压力。

（3）斯坦顿数 St

斯坦顿数 St 表示以特征速度通过特征长度所需的时间与周期现象的特征时间之比，是表征非定常流动周期现象的相似准数。对于泵、螺旋桨等典型周期性运动的流场，斯坦顿数 St 是主要的相似准数，在模型试验中需重点模拟。

（4）雷诺数 Re 和韦伯数 We

雷诺数 Re 表示作用于流体微团的惯性力与粘性力之比，是表征粘性影响的相似准数。雷诺数越小，粘性力影响越明显；雷诺数越大，惯性力影响越大。对于运动速度较大的水下航行体流动现象，雷诺数一般较大，航行体受力受雷诺数影响较小；同时雷诺数 Re 相等与 Fr 相等不相容，垂直发射航行体模型试验中对于影响相对较小的雷诺数模拟一般不做严格要求。

韦伯数 We 表示液体惯性力与表面张力之比，是表征液体表面张力影响的相似准数。一般情况下液体的表面张力很小，仅在液体表面曲率半径很小时才对流动有明显影响，例如毛细流动、涟波等；对于尺度较大的空泡流，表面张力的影响较小，模型试验中一般不做严格要求。

为分析雷诺数、韦伯数对航行体空泡现象的影响，从气泡的生长过程入手开展研究。假设液体不可压，不计重力，泡内气体量为常值，不计气体流动或即不计气体惯性，泡内蒸汽是饱和的，不计相变，即 $p_v = P_v(T)$ 、$T = \mathrm{const}$ ，采用 Rayleigh - Plesset 方程作为空泡发展控制方程对空泡发展过程进行分析

$$\frac{p_B(t)-p_\infty(t)}{\rho_L}=R\frac{\mathrm{d}^2R}{\mathrm{d}t^2}+\frac{3}{2}\left(\frac{\mathrm{d}R}{\mathrm{d}t}\right)^2+\frac{4\nu_L}{R}\frac{\mathrm{d}R}{\mathrm{d}t}+\frac{2\zeta}{\rho_L R} \tag{4-8}$$

将控制方程无量纲化可得

$$\frac{p_B(t)-p_\infty(t)}{\rho_L}=R\frac{\mathrm{d}^2R}{\mathrm{d}t^2}+\frac{3}{2}\left(\frac{\mathrm{d}R}{\mathrm{d}t}\right)^2+\frac{1}{Re}\frac{4}{R}\frac{\mathrm{d}R}{\mathrm{d}t}+\frac{1}{We}\frac{2}{\rho_L R} \tag{4-9}$$

泡内压力由蒸汽与不可凝结气体两部分分压组成

$$p_B = p_G + p_V$$

气体压力由 $p_G = p_{G0}\left(\frac{R_0}{R}\right)^{3\gamma}$ 决定。

方程的第三项为粘性影响项，第四项为表面张力影响项。

取泡内初始压力 $p_{G0} = 1.0$，环境压力为 $p_\infty = 0.8$，泡初始半径 $R_0 = 1.0$，流体密度 $\rho_L = 1.0$，假设泡内气体过程为绝热，$\gamma = 1.4$；图4-1和图4-2为计算得到的 Re 与 We 对空泡振荡的影响。

计算结果表明：由于粘性的存在使空泡的能量在振荡过程中不断耗散，因此振幅越来越小，Re 越小，衰减越明显。当 $Re > 1\,000$ 时，粘性的影响已可以忽略不计；We 不仅影响气泡的平衡尺寸，也影响气泡的振荡周期与振幅。We 越小，张力的影响越大，气泡的平衡尺寸越小，气泡的振幅越小。当 $We > 1\,000$ 时，表面张力的影响可以忽略不计。缩比模型试验中 Re 和 We 一般均大于 10^7 量级，此时缩比试验中粘性和表面张力影响微弱，试验中可对上述参数的模拟不做要求。

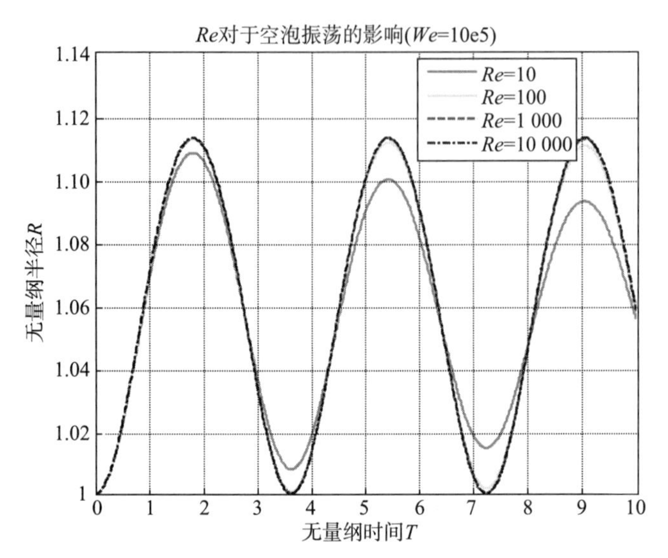

图 4-1　雷诺数 Re 对空泡震荡的影响（见彩插）

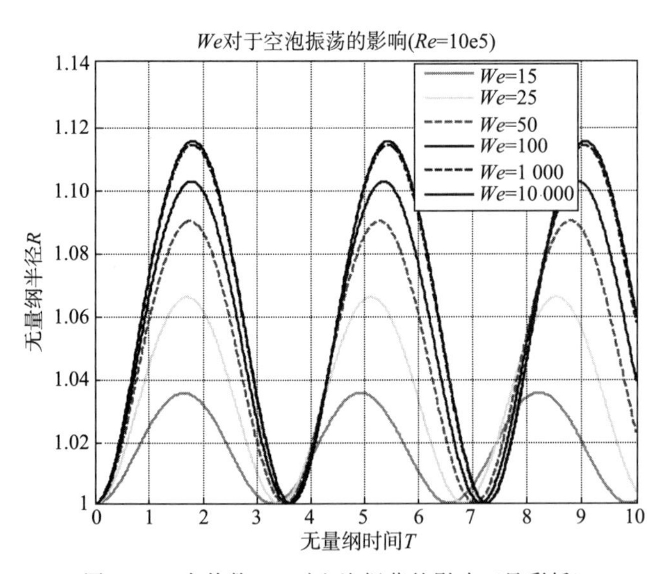

图 4-2　韦伯数 We 对空泡振荡的影响（见彩插）

综合上述相似参数分析情况，对于航行体水下空化流动现象研究的模型试验，在几何相似的基础上一般需保证弗劳德数 Fr 、空化数 σ 、斯坦顿数 St 的模拟，放宽无法同时模拟的雷诺数 Re 、韦伯数 We 的模拟要求。按上述模拟方法进行的模型试验一般是近似相似的 St 和 Fr 不变，保证了试验的非定常性、水中静压分布、水中气团运动、浮力等极重要的流动现象相似，σ 不变也保证了空化现象相似。但 Re 和 We 的不同也有可能对一些特定特性或局部特性产生影响，如模型出水时的航行体附着水情况，航行体模型在出筒过程中速度较低时的绕流状态以及空泡末端的一些局部特性等。在分析缩比模型试验结果时，必须对舍弃的相似准数影响做出估计，以避免设计中盲目使用试验结果。

4.2　空泡流实验的基本设施

水动力试验的设施种类繁多，这些设备多数是为模拟某种流动现象和物理过程所专门设计的。例如，研究航行体自然空化特性时，最常用的实验设施为空化水洞和水槽；研究航行体水下绕质心转动运动过程受力特性时，主要实验设施为旋臂水池；研究航行体水下无约束运动过程的水下多相流流场时，主要实验设施为弹射试验水池；开展大型实物多相流试验时，一般依靠专用水下发射平台进行试验。

本节对水洞、旋臂水池、弹射水池、水下发射平台等主要试验设施的基本原理、基本组成和技术现状进行介绍。

4.2.1　水洞

水洞是一种结构与风洞类似的水动力学实验装置，主要工作介质为水，可用来研究边界层、尾流、湍流、空化、水弹性等现象，以及水流与试验物体之间的作用力[3]。水洞是一个可以分别控制流速和压力的水循环系统。水洞的试验段截面有圆形的、方形的，也有矩形的。一般水洞试验段的四周都设有观察窗。同拖曳水池正好相反，在水洞中移动的不是试验物体，而是可控水流。

水洞的基本部件一般包括：管路系统；一段可以安放各种物体或仪器进行研究的工作段；控制工作段内压力、流速和温度的设备；可将试验物体安装在不同部位的支承系统。水洞的结构示意图如图 4－3 所示。

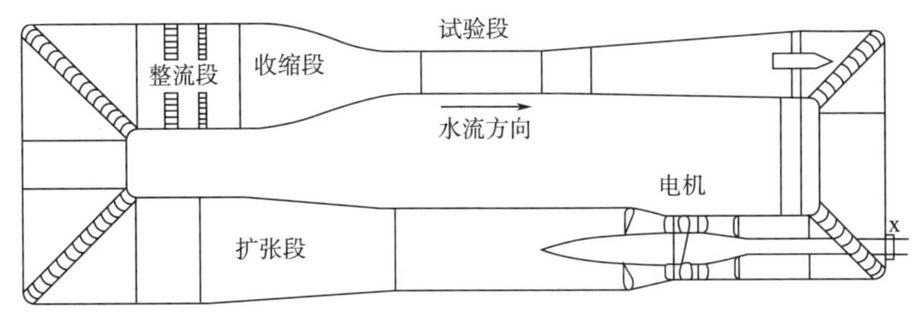

图 4－3　水洞示意图

（1）水洞特点

1）水流自成循环系统，能量可大部分回收，即水流离开实验段后，经过扩散段、回水管后由水泵重新抽到试验段上游，工作段的水流动能并未完全丢失，水泵只供给水流循环时所损耗的能量。因此，在形成试验段同一流速时，其所需功率远比开敞式、非循环的试验设备小，通常称工作段功率与水泵功率之比为能量比或功率因素。这种设备有助于使实验段具有较高的流速。

2）压力和流速变量独立，即水洞循环系统的压力可通过抽气减压或压气加压的方法来控制，流速可通过改变水泵的转速来调节。因而试验段的压力和流速可以独立改变，有利于试验研究水流空化现象的发生和消失。

3）可控制水流空化现象在试验段内发生，亦即当水洞试验段发生水流空化现象时，其他部位并不发生水流空化现象，背景噪声中不包括其他部位的空化噪声，有利于应用声测法判别与量测空化初生及空化发展程度。

（2）水洞分类

从结构形式方面来区分，水洞可分为水平水洞和垂直水洞。目前国内外建成的水洞以水平水洞为主。

①水平水洞

所谓水平水洞是指水洞的工作段内水流方向与水平方向一致的水洞，如图 4－4 所示，水平水洞实验的主要内容包括：空化现象的观察与记录，模型测力实验及模型表面测压实验等。可利用水洞实验设施进行不同攻角、空化数等条件下的测力测压试验，获取定常状态下轴向力、法向力、俯仰力矩等力系数和航行体表面压力分布。

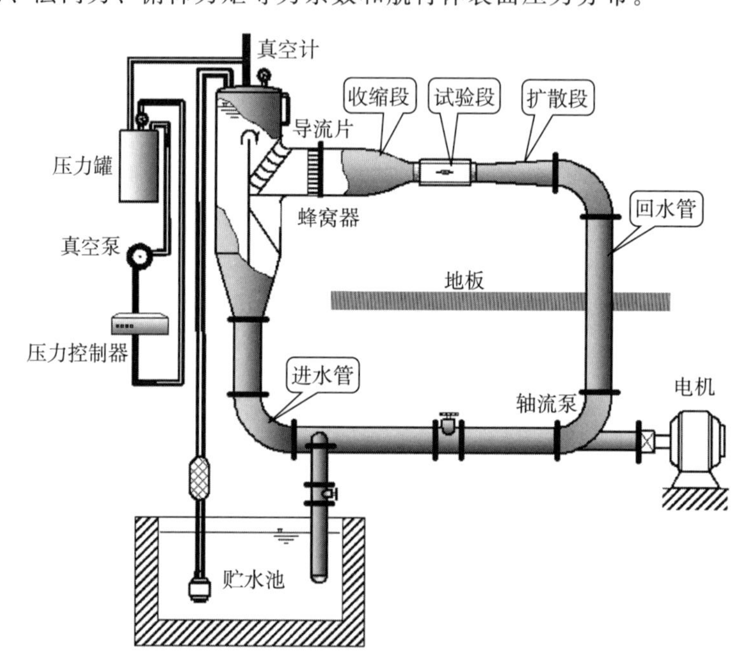

图 4－4　水平水洞示意图

②垂直水洞

垂直水洞是指工作段内水流的方向与重力方向一致的水洞，如图 4－5 所示，垂直水洞的工作段明显高于水洞的动力系统所在的水平地面高度。由于垂直水洞需要将动力系统中的部分能量转化为流体的势能，所以垂直水洞所需的动力系统要求往往高于水平水洞。垂直水洞主要包括：具有调压功能的立式水洞、模型支撑装置、测量设备、流场观测设备及相关配套设施。垂直水洞试验段水流方向为铅垂方向，具备工作压力调节、工作水速调节功能，可以按照试验设计需要实现试验段内空化数、工作压力的调节。模型支撑装置完成模型安装及控制模型相对水流姿态的控制；测量设备可完成试验所需的测压、测力等试验需求；流场观测设备可实现带空化及主动充气状态流场物理景象及流场结构的纪录和分析。

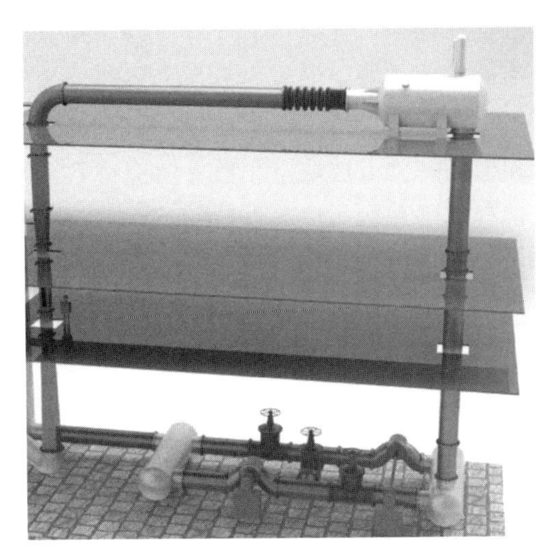

图4-5 垂直水洞示意图

4.2.2 弹射水池

弹射水池是一种用于模拟水下弹射出水运动过程的试验设施，如图4-6所示，按照是否封闭及具备水面压力调节能力，试验水池一般可分为开放水池和减压水池两大类。开放水池其水面上方为开放式结构，不封闭，水面压力不能进行调节，其试验设施复杂程度低，建设难度相对较低；减压水池为封闭式结构，水面压力可进行控制，按照缩比关系模拟需求一般进行减压操作。

图4-6 弹射水池示意图

弹射水池对水下航行体水下及出水的非定常运动过程进行模拟，试验模拟的真实程度强，选取适当的相似准则进行试验可对航行体水下发射过程研究提供重要的支撑。

为有效实现水下发射过程的模拟，弹射水池一般需具备垂直发射航行体水下相对海流运动速度的模拟、水面波浪的模拟功能，同时为满足光测需要一般还应设置水下照明及光测设施。

弹射试验一般在几何相似的基础上选取空化数、弗劳德数为相似准则开展试验。根据以上的相似准则数，可以得到模型参数与原型参数的关系。

（1）直径

$$D_m = D_p / \lambda_l$$

（2）长度

$$L_m = L_p / \lambda_l$$

（3）速度

$$v_m = v_p / \sqrt{\lambda_l}$$

（4）时间

$$t_m = t_p / \sqrt{\lambda_l}$$

（5）质量

$$m = M / \lambda_l^3$$

（6）转动惯量

$$J_{ym} = J_{yp} / \lambda_l^5$$

（7）水面压力

$$p_{0m} = p_{0p} / \lambda_l + (1 - 1/\lambda_l) p_v$$

根据试验结果换算得到原型结果，关系式如下：

压力

$$p_p = \lambda_l p_m + (1 - \lambda_l) p_v$$

时间

$$t_p = \sqrt{\lambda_l} t_m$$

速度

$$v_p = \sqrt{\lambda_l} v_m$$

位移

$$S_p = \lambda_l S_m$$

角速度

$$\omega_p = \omega_m / \sqrt{\lambda_l}$$

4.2.3 水下实物发射平台

工程研制后期，为最终确定全尺寸水下航行体参数性能，一般还需进行全尺寸水下发射试验，全尺寸水下航行体发射试验一般利用水下实物发射平台进行。全尺寸水下实物发射平台一般尺度较大，试验成本高，通常在型号研制具备一定基础后开展。例如，国外研制中均开展了全尺寸水下发射试验，试验设施如图 4-7 所示。

图 4－7　国外水下试验水池照片

4.3　空泡流试验测试技术

4.3.1　测力试验方法

测力试验是流体力学试验中最基本的试验项目。空泡流试验中一般采用天平对模型上的流体动力和力矩进行测量。按照其测量分量的数目划分，天平可以分为单分量天平和多分量天平，根据水下航行体外形特性，水洞试验中一般使用三分量天平或六分量天平。

水动试验用天平一般采用应变片作为敏感元件来测量模型的受力和力矩，主要由弹性元件、电阻应变片、测量电路和信号调理器组成，如图 4－8 所示。

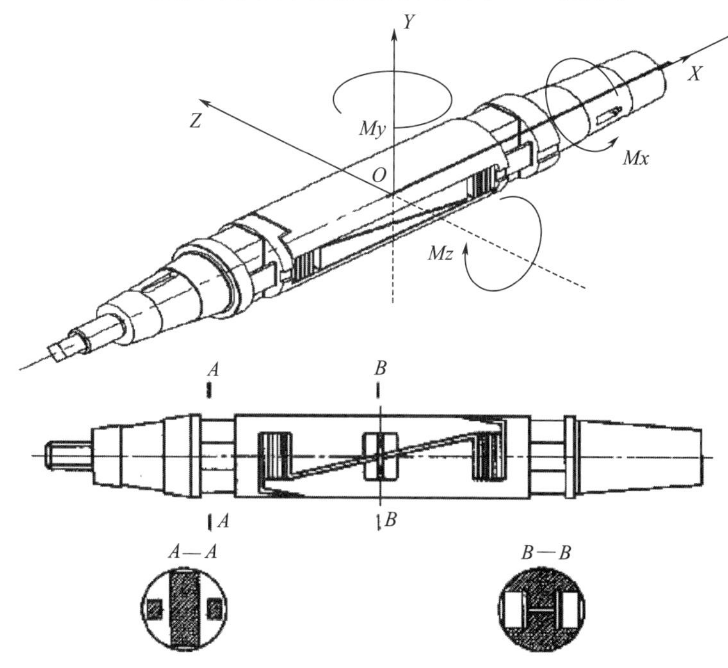

图 4－8　应变式天平示意图

由于水洞的试验介质具有导电性，必须注意洞内试验仪器设备的防水和绝缘。另外由于试验过程中要用真空泵抽取水中的空气，减小流动介质压力，比起在空气中时水洞天平处于负压状态，防水结构可能产生膨胀，进一步增大了防水和绝缘的难度。

4.3.2 测压试验方法

航行体表面压力分布是航行体流体动力研究的重要内容之一，通过表面压力分布的测量可以获取航行体水下受力特征，同时通过压力特征的分析可以获取表面空化现象的特性和参数。

对于水下航行体模型试验，航行体表面曲线对于空化现象的发生具有明显影响，要求压力测量设备不能对表面曲线产生明显影响。模型试验中一般采用小型压阻式传感器对表面压力进行测量，传感器表面不能突出模型表面，且与模型表面光滑过渡，不能产生明显的台阶，避免传感器结构改变模型表面形状导致空化特性产生影响。

此外，水下垂直发射航行体表面一般伴随空泡初生、发展及溃灭现象，表面压力呈现强烈的瞬变特征，试验中需针对压力分析频率范围，选择合适的动态压力传感器进行测量；同时数据采集过程中需设置滤波器对信号进行处理，防止信号采集过程中出现混叠现象。

4.3.3 旋转导数测量方法

水下航行体旋转导数一般利用悬臂水池试验设施测量，按照图 4-9 所示的布局进行试验设计，控制模型做匀速圆周运动。选择适当的回转半径使得模型进入欧拉数自摸区（即欧拉数较大对模型弹受力影响较小），测量模型所受的水动外力 N 和水动外力矩 M。

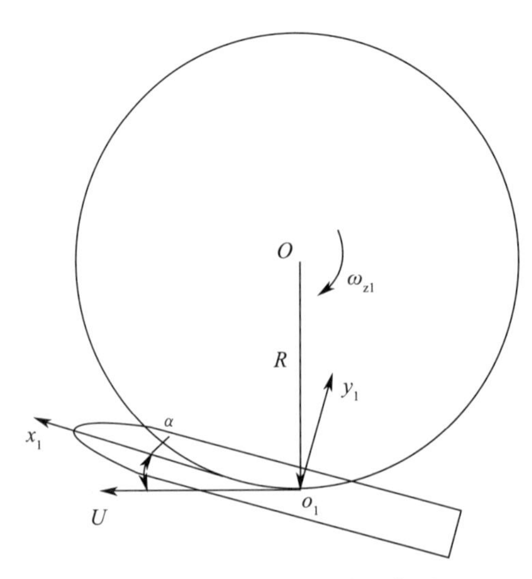

图 4-9　旋臂水池试验示意图

根据模型弹运动方程可得

$$qSC_{y1}(\alpha,\omega_{z1})=N+\lambda_{11}U\omega_{z1}\cos\alpha+mU\omega_{z1}\cos\alpha \tag{4-10}$$

$$qSlm_{z1}(\alpha, \omega_{z1}) = M + \lambda_{26} U \omega_{z1} \cos\alpha + (\lambda_{22} - \lambda_{11}) U^2 \sin\alpha \cos\alpha \tag{4-11}$$

令 C_{y1} 和 m_{z1} 满足式（4－12）、式（4－13），即可由拟合的方法求得 $C_{y1}^{\bar{\omega}_{z1}}$ 和 $m_{z1}^{\bar{\omega}_{z1}}$

$$C_{y1} = C_{y1}^{0} + C_{y1}^{\bar{\omega}_{z1}} \bar{\omega}_{z1} + C_{y1}^{\bar{\omega}_{z1}^3} \bar{\omega}_{z1}^3 \tag{4-12}$$

$$m_{z1} = m_{z1}^{0} + m_{z1}^{\bar{\omega}_{z1}} \bar{\omega}_{z1} + m_{z1}^{\bar{\omega}_{z1}^3} \bar{\omega}_{z1}^3 \tag{4-13}$$

4.3.4　流场显示技术

水下空泡流试验中，空泡的生成、发展、断裂及其形态随环境变化情况，以及流场湍流涡结构等信息一般需要依靠流场显示技术获取。目前流场显示技术一般依靠高速摄像和粒子图像测速（PIV，Particle Image Velocimetry）技术实现。

高速摄像技术通过对流场进行高频率拍摄实现对流场特性的记录，对于流场结构的分析具有重要作用。高速全流场摄像系统一般由高速摄像机、照明设备、云台调整机构三部分组成，如图 4－10 所示，摄像机及镜头等组成高速摄影系统用于拍摄流动现象，云台调整机构用于调整拍摄的位置。

高速摄像机

照明设备

图 4－10　高速全流场流动显示系统示意图

PIV 技术主要通过对流场的某些截面逐个显示和记录[4-5]，实现全场实时、瞬态定量测量，可同时测量流体中很多空间点的速度矢量，非常适用于非定常的复杂流场的测量研究，如湍流、旋涡等现象。高速 PIV 流场测量显示系统由 PIV 系统、移动控制系统、图形工作站组成，如图 4－11 所示，PIV 系统是核心，移动控制系统用于拍摄不同的截面；图形工作站用于数据处理、计算、显示等。

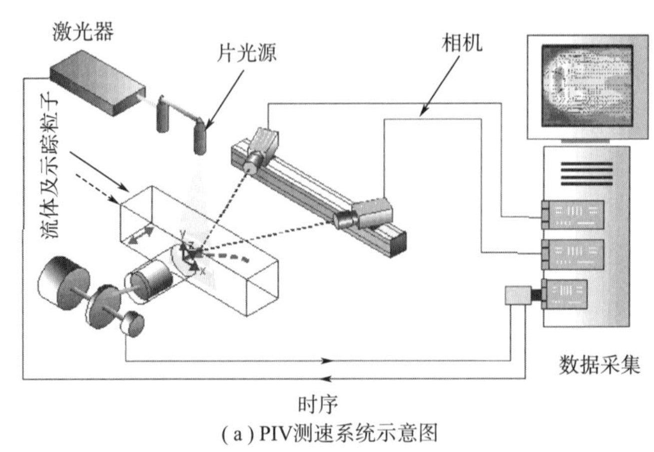

(a) PIV测速系统示意图

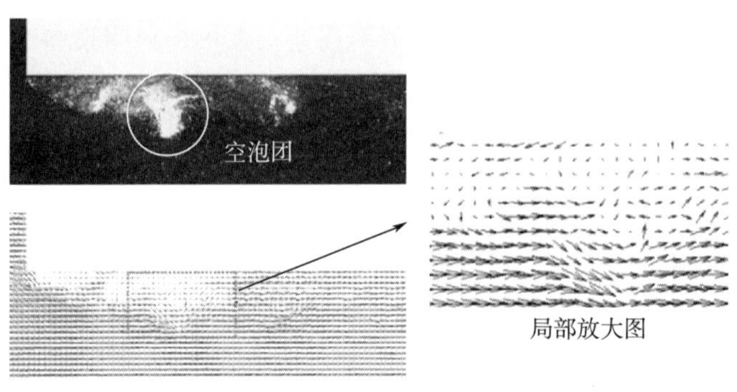

(b) 粒子图像及其速度矢量分布

图 4-11　PIV 粒子成像测速系统及粒子图像结果示意图

4.4　小结

本章主要对各种试验设施的基本原理、主要功能和相关试验方法进行了论述。以 N-S 方程为基础对水下流场相似准则进行了推导，以水动力学试验特点对相似准则取舍进行了分析，确定了试验模拟主要相似准则和相似参数转换关系，介绍了水洞、旋臂水池、弹射水池试验和水下实物弹射平台等试验设施，以及测力、测压等试验方法。

参考文献

[1] 谈庆明．量纲分析．北京：中国科学技术大学出版社，2005.

[2] 黄寿康．流体动力·弹道·载荷·环境．北京：宇航出版社，1991.

[3] 高永卫．实验流体力学技术．西安：西北工业大学出版社，2011.

[4] H·欧尔特．普朗特流体力学基础．北京：科学出版社，2008.

[5] 黄海龙，权晓波，魏海鹏，等．美国潜射战略导弹水下发射技术实验设施分析与启示．导弹与航天运载技术，2014，2：27－31.

[6] 范宝春．瞬态流场参数测量．哈尔滨：哈尔滨工程大学出版社，2007.

[7] 左东启．相似理论20世纪的演进和21世纪的展望．水利水电科技进展，1997 17（2）：10－15.

[8] 申功炘．数字全息粒子图像测速技术（DHPIV）研究进展．力学进展，2007 37（4）：563－574.

[9] 魏润杰．数字全息粒子图像测速技术研究．北京航空航天大学学报，2004 30（5）：456－460.

[10] 权晓波，李岩，等．大攻角下轴对称航行体空化流动特性实验研究．水动力学研究与进展，2008，11 A－23（6）：662－666.

第5章　附体空泡发展演化

本章首先介绍了水下航行体垂直发射附体空泡的基本概念和形成机理，讨论了头型、空化数和攻角对附体空泡形态的影响；然后针对水下附体空泡流动的非定常特性进行分析，给出了附体空泡回射流特征及空泡断裂和脱落的形成机制；最后对带附体空泡航行体表面压力特性和空泡动力特性进行了分析，给出了带附体空泡航行体表面的压力分布，获得了附体空泡的脉动频率特性。

5.1　基本概念和机理

随着水下航行体的航行速度增大，航行体表面及尾流区域的局部压力降低到饱和蒸汽压，水介质发生汽化，发生空化，形成空泡。空泡现象是航行体水下绕流中最重要的流动现象之一。若航行体肩部曲率变化较大，则容易形成附着在航行体表面的空泡区域，引起周围速度场及压力场的变化，由非定常特性引起的附体空泡生长、脱落和溃灭对水下航行体水动力特性有重要影响。

空化现象的研究包括空泡类型界定、生成机理、形态发展，以及空泡诱导的压力脉动、材料剥蚀、载体性能亏损等内容。空化现象可以分为很多类型，如局部片空化、片状超空化、云空化和梢涡空化等。就空泡的形成机理而言，涉及两种经典理论。

（1）核子理论研究

空泡的形成有三个要素：空化核、低压及持续作用时间，没有空化核的液体不可能发生空化，形成空泡，空化核的大小和数量决定了空化的难易程度，其是空化的内因；空化核在低压作用下生长，当长到临界尺寸后，会出现爆发性生长，发生空化并形成空泡；如果低压作用的时间不够充分，气核只能在低压区“滚过”，因膨胀和溶解气体向泡内的扩散而长大，但无法形成可见的空泡，所以低压和低压作用时间是形成空泡的外因。

（2）空化的空泡动力学理论

假如在液体中空泡的密度不太大，泡与泡之间的相互影响可忽略，此时空化的研究可转化为单个泡的研究，由此发展成为一门专门学科——空泡动力学（Bubble Dynamics）。

空泡现象可以分为很多类型，如局部片空泡、片状超空泡、云空泡和梢涡空泡等。不同来流条件下空泡类型不同，空泡的形态和尺度差别很大，长度小于运动物体长度的空泡，称为局部空泡，长度相当或超过物体长度的空泡，称为超空泡。大多数情况下，航行体必然是从全湿流过渡到局部空泡，最后才发展为超空泡。

描述附体空泡的物理量主要包括空泡长度和空泡厚度，如图5-1所示。附体空泡有对称空泡和非对称空泡之分。对称空泡一般发生在航行体垂直水洞零度攻角状态试验中，空泡形态呈现轴对称状态，各方向分布和特性均匀一致；非对称空泡发生在航行体水平运动状态或有攻角垂直运动状态，水平运动时，空泡受到浮力的作用导致轴线向上漂移，产生非对称现象；垂直有攻角运动时，受来流不对称影响导致空泡出现非对称现象，空泡迎、背流面会存在差异，背流面空泡长度往往大于迎流面空泡长度。

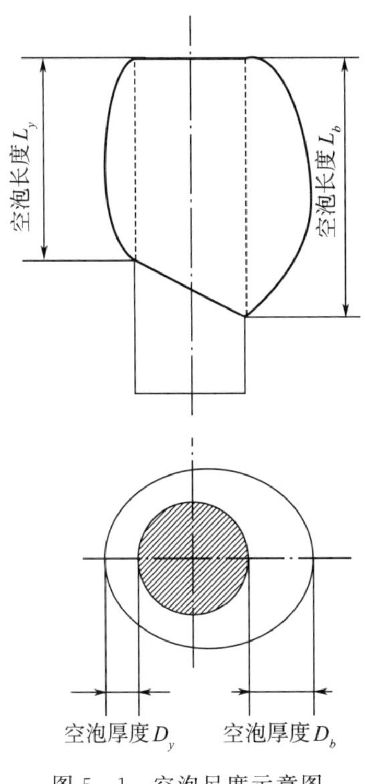

图5-1　空泡尺度示意图

5.2　附体空泡形态特性分析

5.2.1　头型影响

航行体头部形状对空泡形态和空泡流场结构有较大的影响，图5-2分别给出了采用数值计算和实验得到的不同头型的航行体初生空泡形态。从图中可以看出，对于不同头型，所对应的初生空化数各不相同，平头航行体的初生空化数为1.20，锥头航行体的初生空化数为0.95，半球形航行体的初生空化数远小于前面两种头型航行体，在0.65左右。显然，头型对初生空泡流场结构会产生较大的影响：对于平头航行体，如图5-2（a）所示，由于其肩部的曲率突变，高剪切流动区在此处形成明显的涡旋结构，当涡心处压力降低到液体的汽化压力时就会产生空化并形成空泡，故绕平头航行体的初生空化属于旋涡空化。图5-3给出了当空化数为1.20时，绕平头航行体初生空泡形态的非定常演变过程，此时，空泡区域尾部产生了连续的涡结构，空泡汇聚在一起运动，当旋涡强度增大时，就会发生空泡团的脱落现象，脱落形态呈现波状或螺旋状，有时会有向外部扩散的现象，但均未发展到空泡区域尾部就被主流带走，总体而言，空泡区域内的旋涡结构不规则，具有随机性和瞬态非定常性。对于锥头航行体，其肩部的曲率亦有明显突变，初生空泡也属于脱体涡空泡。相比上述两种头型的航行体，很大程度上，半球形的空泡脱体属于自然分离，当空化数为 0.65 左右时，在半球形航行体前端会形成薄薄的初生片空泡，附着空泡呈现明显的“指状”分布，由图 5-2（c）的流线图可以看出，此时空泡流场结构比较稳定，在航行体肩部无明显的旋涡结构。

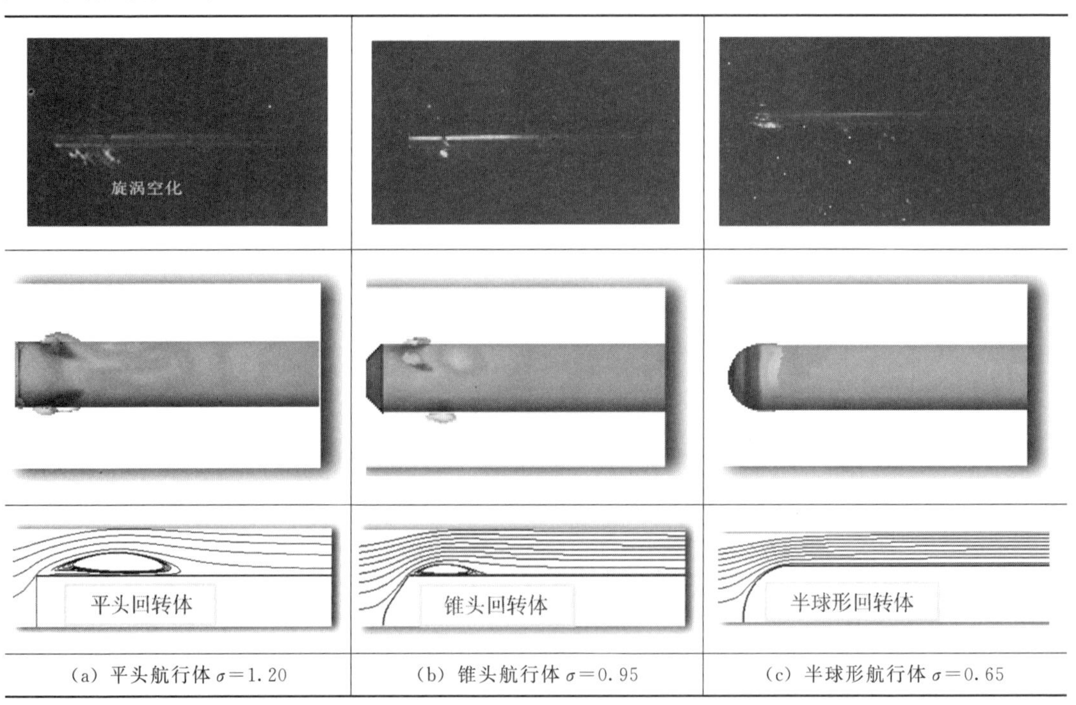

(a) 平头航行体 $\sigma=1.20$ (b) 锥头航行体 $\sigma=0.95$ (c) 半球形航行体 $\sigma=0.65$

图 5-2　绕不同头型航行体的空泡形态及流场结构（见彩插）

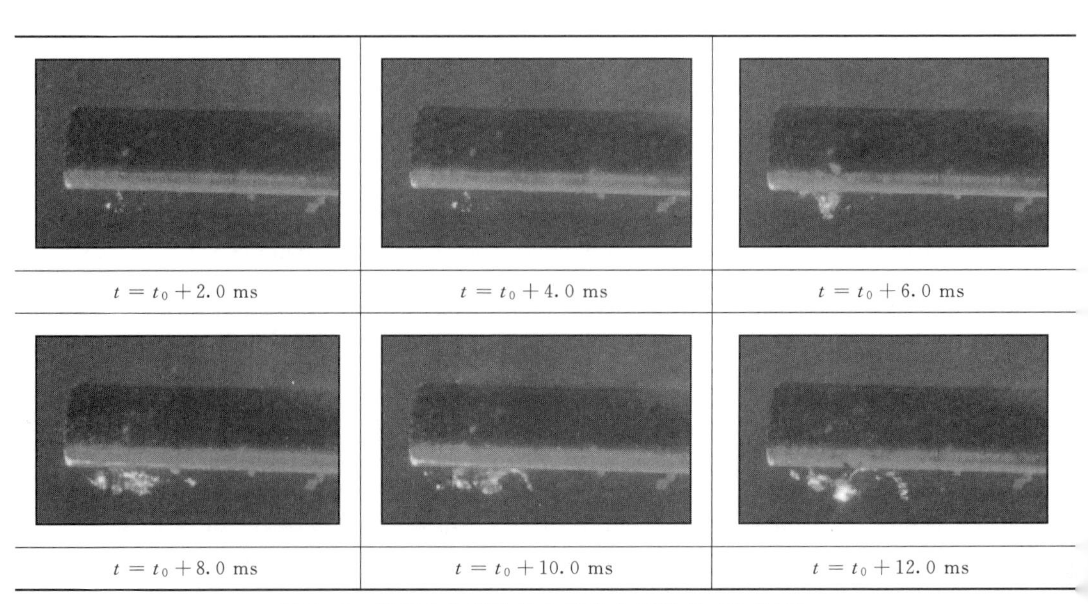

$t=t_0+2.0$ ms　$t=t_0+4.0$ ms　$t=t_0+6.0$ ms

$t=t_0+8.0$ ms　$t=t_0+10.0$ ms　$t=t_0+12.0$ ms

图 5-3　绕平头航行体的非定常空泡形态（见彩插）

如图 5-4 所示，随着空化数的降低，绕航行体的空泡流动呈现不同的阶段性特征，对于半球形航行体，其初生空化数为 0.65 左右，在航行体前端会形成薄薄的初生片空泡，当空化数降低到 0.50 左右时，片空泡逐渐拉长，在空泡继续发展过程中，空泡表面变得光滑，并沿周向覆盖航行体表面，此时，附着在航行体头部的空泡明显分为两个区域，一部分为透明状的高含汽区域，另一部分为不稳定的雾状水汽混合脉动区域，空泡界面有明显的不规则扰动现象，由于雾状空泡团的频繁扰动，在空泡的末端可以发现由扰动导致的随机高频脱落现象。

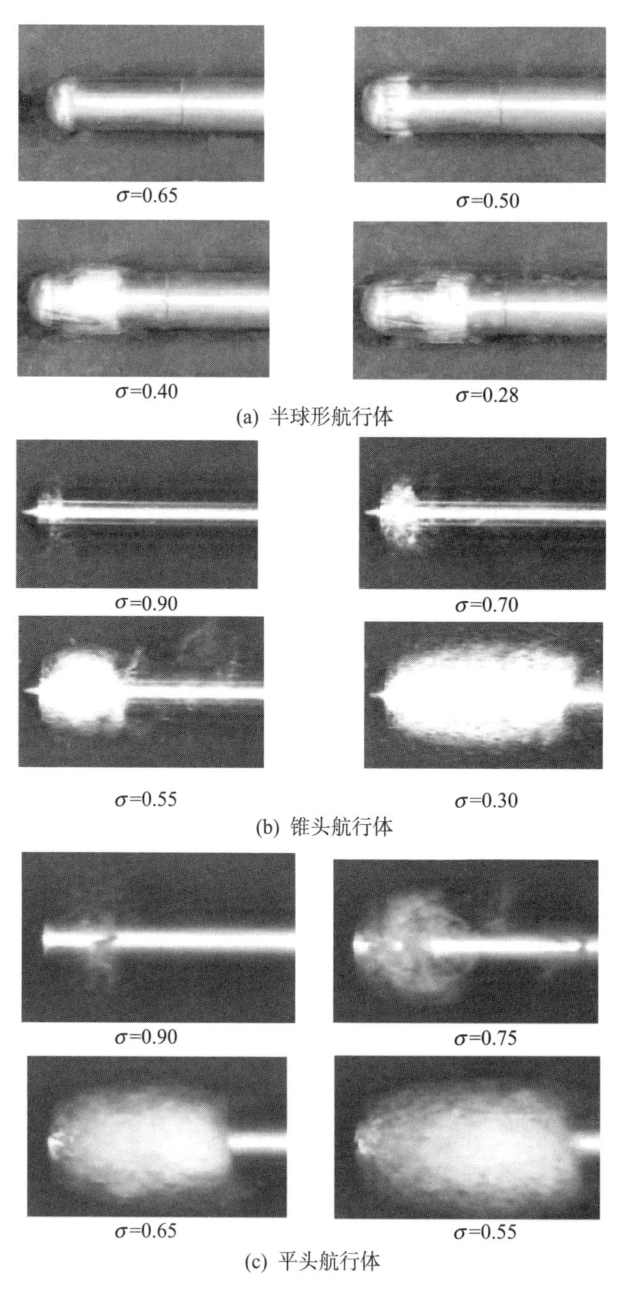

(a) 半球形航行体

(b) 锥头航行体

(c) 平头航行体

图 5-4　不同空化数下绕不同头型航行体的空泡形态

对于锥头航行体，由于相较半球形，其肩部的曲率变化较大。随着空化数的下降，空泡面积逐渐增大，空泡脱体点的位置有向头部前移的趋势。当空化数为 0.50 时，绕航行体空泡流场处于明显的云状空化阶段，在航行体肩部，产生一个椭球形的空化区域，内部为雾状的水汽混合相，尾部环状气泡在旋涡的作用下抖动，存在小范围的空泡脱落现象，随着空化数进一步降至 0.30，此时椭球形空化区域进一步增大，一直延伸到航行体后部，空泡的长度和形状比较稳定，几乎观察不到空泡的断裂脱落现象。随着空化数的变化，空泡经历了一个稳定—波动—稳定的过程。

由于平头与半球形航行体的边界层流动特征有很大的差异，空泡形态也必然有很大的区别。对于平头航行体，由于肩部的曲率突变，致使流动在此强烈分离而形成空泡脱体，属于强分离，空泡流动具有明显的涡流特性。当空化数为 0.90 时，在平头航行体肩部的分离区域内，会首先产生连续的空化涡团结构，空化涡的形成和溃灭逐渐随时间呈现出一定的规律性，但整个空化区域的边界较为模糊。随着空化数的降低，空泡区域逐渐变大，形成椭球状的水汽混合空泡团。

不同头型航行体上附着空泡的时均长度随空化数的变化趋势如图 5－5 所示，由于空泡在发展过程中，存在空泡的不对称情况，因此，如图 5－5 所示的特征尺度表征空泡长度，参考尺度取为航行体的直径。总体而言，相较半球形航行体，绕锥头及平头航行体的自然空泡更容易形成，所形成的空化区域与空泡长度均明显大于半球形航行体。

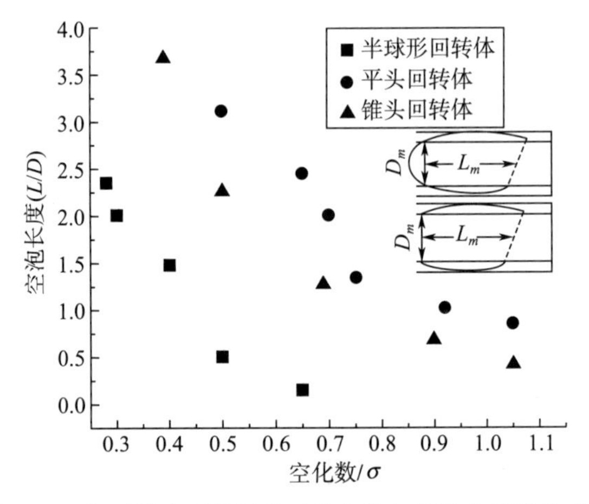

图 5－5　绕不同头型航行体时均空泡长度随空化数的变化

5.2.2　空化数影响

空化数对肩部泡形态及其发展过程有着显著的影响，对于常见的航行速度和发射水深，空化数一般在 0.2～0.7 之间。以锥头型为例来研究空化数的影响。图 5－6 给出了锥头型航行体在空化数 σ＝0.90，0.58，0.21 下得到的附体空泡形态。当空化数为 0.90 时航行体肩部的空化流场处于初生空化状态，试验观察到航行体肩部产生了小的脉动空泡航行体肩部的空化流场以游离状的小尺度空泡为主，在靠后的区域还可以观察到尺度较大的带状空泡，此时空泡流场处于极不稳定的状态，空泡带以细长螺旋状的形式不断向下游运动，并迅速溃灭。随着空化数的不断降低，空泡区域面积和附体空泡长度不断增加。当空化数为 0.58 时，航行体肩部空泡流场处于典型的云状空泡阶段，在其周围产生了一个开式椭球形空泡区域，内部为雾状的水汽混合相，空泡末端环状气泡在旋涡的作用下不断抖动，此时空泡团的变化已较为连续，在空泡区域尾部产生了连续的反向射流涡，涡的形成和溃灭呈现比较明显的规律性。试验与数值计算的结果均表明空泡团生成后逐渐向尾部运动。当旋涡的强度增大到一定程度后，会发生大尺度空泡团脱落现象。随着空化数的进一步降低，附体空泡由云状空泡向超空泡转变。航行体周围的空泡流场处于半透明水汽混合状，在靠近肩部的区域为气体含量较高的气相区，在附体空泡的中后部为水汽混合区，在附体空泡内部，纯汽相区与两相区的界面进行着周期性的，沿主流流动方向的振荡变化，表明在空化区域内部存在剧烈的水汽质量交换，表现出明显的非定常特性。当空化数为 0.21 时，附体空泡过渡到超空泡状态，汽相基本充满整个空泡区域，只是在后部仍有部分水汽混合相呈狭窄的连续带状分布，此时的附体空泡已处于相对稳定状态。

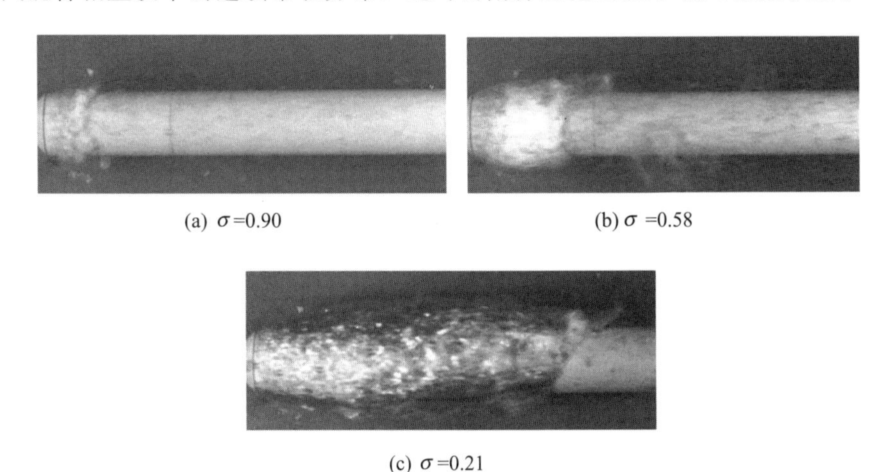

(a) $\sigma=0.90$　　(b) $\sigma=0.58$

(c) $\sigma=0.21$

图 5－6　锥头型航行体不同空化数下附体空泡发展过程试验结果（见彩插）

5.2.3　攻角影响

航行体在水下运动过程中，当攻角不为零时，绕航行体的空化流动往往呈现不对称的状态，形成明显的迎流面和背流面。空泡形态及流场结构的不对称性会对航行体在水下运动的稳定性带来很大影响，因此，分析带攻角航行体的空化流动有比较重要的工程意义。以锥头航行体为例，介绍在不同攻角条件下的空化流动的实验与数值计算结果。

图 5－7 给出了当空化数为 0.30 时，不同攻角下，实验得到的非定常空泡形态的演变过程，航行体与来流之间的攻角分别为 0°、4°和 8°。从图中可以看出，在零度攻角下，附体空泡呈现粗糙、模糊状不透明的形态，空泡比较稳定。随着攻角的增大，迎、背流面空泡的不对称性逐渐体现出来，表现为背流面的空泡长度明显大于迎流面，并且空化的流场结构也有明显的改变。

流场数值仿真可以获得带攻角状态下空泡内部流场结构和流动参数。锥头型航行体附

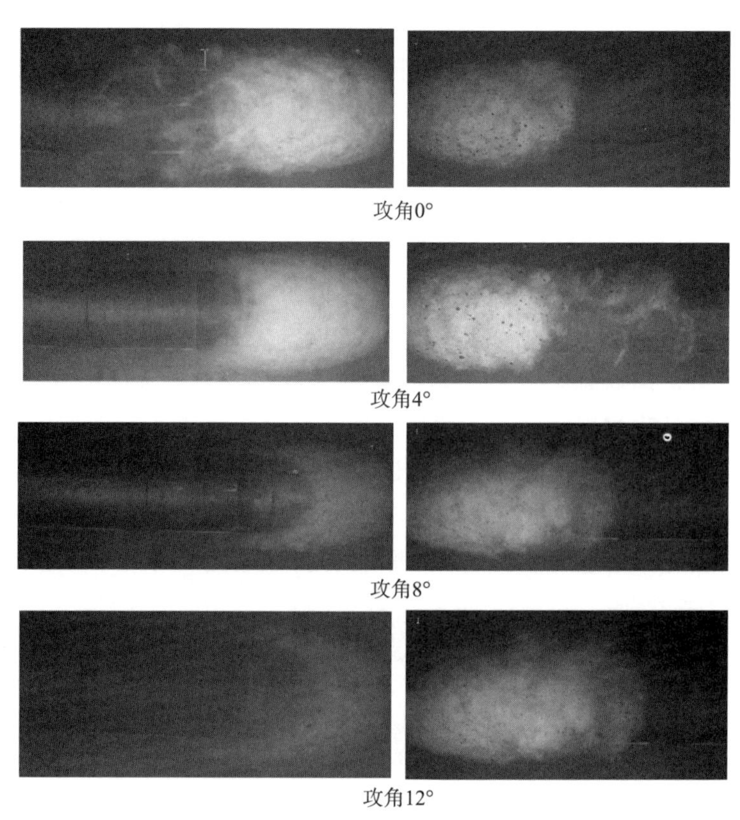

图 5-7　锥头型航行体不同攻角下的空泡形态（$\sigma=0.30$）

体空泡内的水汽分布如图 5-8 所示，随着攻角的增大，迎、背流面的空化结构差异逐渐明显。不同攻角下，航行体迎、背流面的密度分布如图 5-9 所示。从图中可以看出，当航行体存在攻角时，空泡区迎、背流面的密度分布不尽相同，水汽含量分布存在差异，迎流面的密度要小于背流面。

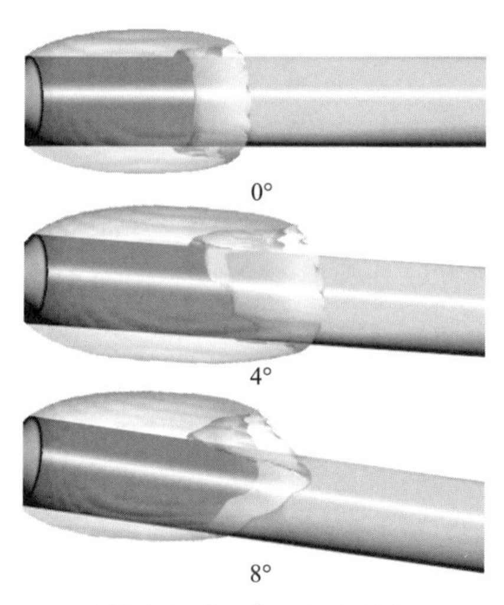

图 5-8　不同攻角下，典型空泡形态（$\sigma=0.30$）

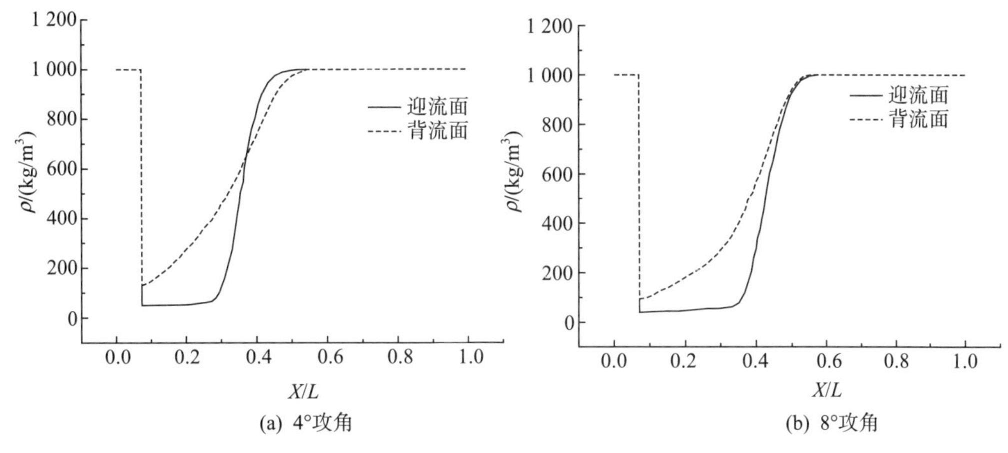

图5-9　不同攻角下，迎、背流面的密度分布（σ=0.30）

为了更为详细地了解攻角对绕航行体空泡现象的影响，重点对空泡流场结构进行分析。图5-10（a）给出了在不同攻角下，迎、背流面的速度流线图，由图可以看出，迎、背流面的流场结构随着攻角的变化，差异明显：在不同攻角下，背流面的空化区域均存在明显的旋涡结构，并且随着攻角的增大，背流面的旋涡区范围不断扩大，这与迎流面的流动结构存在明显的不同，当航行体有攻角时，迎流面的旋涡结构几乎消失，流场结构具有较强的稳定性。湍动能是表征流场中的脉动特性的重要物理参量，图5-10（b）相应给出了在不同攻角下，航行体周围的湍动能分布情况，在湍动能较大的区域，说明该区域内的速度及动量交换比较频繁，湍流脉动比较剧烈。由图可以看出，在航行体壁面附近的剪切层中，湍动能比较大。并且，随着攻角的增加，迎、背流面湍动能分布的不对称性逐渐增大，背流面的湍动能分布及其影响范围有明显的增大，说明在背流面，体现出更为明显的脉动和旋涡特性。

国外学者Kunz等通过分析边界层和空泡的关系认为，在突体后部会出现边界层分离现象，且发生回流，形成分离涡，突体产生的空泡是边界层分离达到一定程度而产生的，航行体攻角的变化会改变流体分离及再附着位置，从而对绕航行体的空泡流场结构产生了重大影响。图5-11给出了在不同攻角条件下，数值计算得到的迎、背流面分离区域的差异。从图中可以看出：在0°攻角条件下，迎、背流面的流体分离及再附着区域重合，均在距航行体头部0.2L左右位置处，当航行体攻角增大到4°时，迎、背流面上分离点位置存在明显的差异，迎流面上的分离点逐渐向航行体头部前移，分离区域有一定的减小，而背流面的分离及再附着区域则有明显的增大，其位置大约在距航行体0.6L位置处，当攻角增大到8°时，迎流面仅在航行体头部的斜面分离涡区存在较小的逆流区，同时，背流面的逆流区则逐渐扩大。

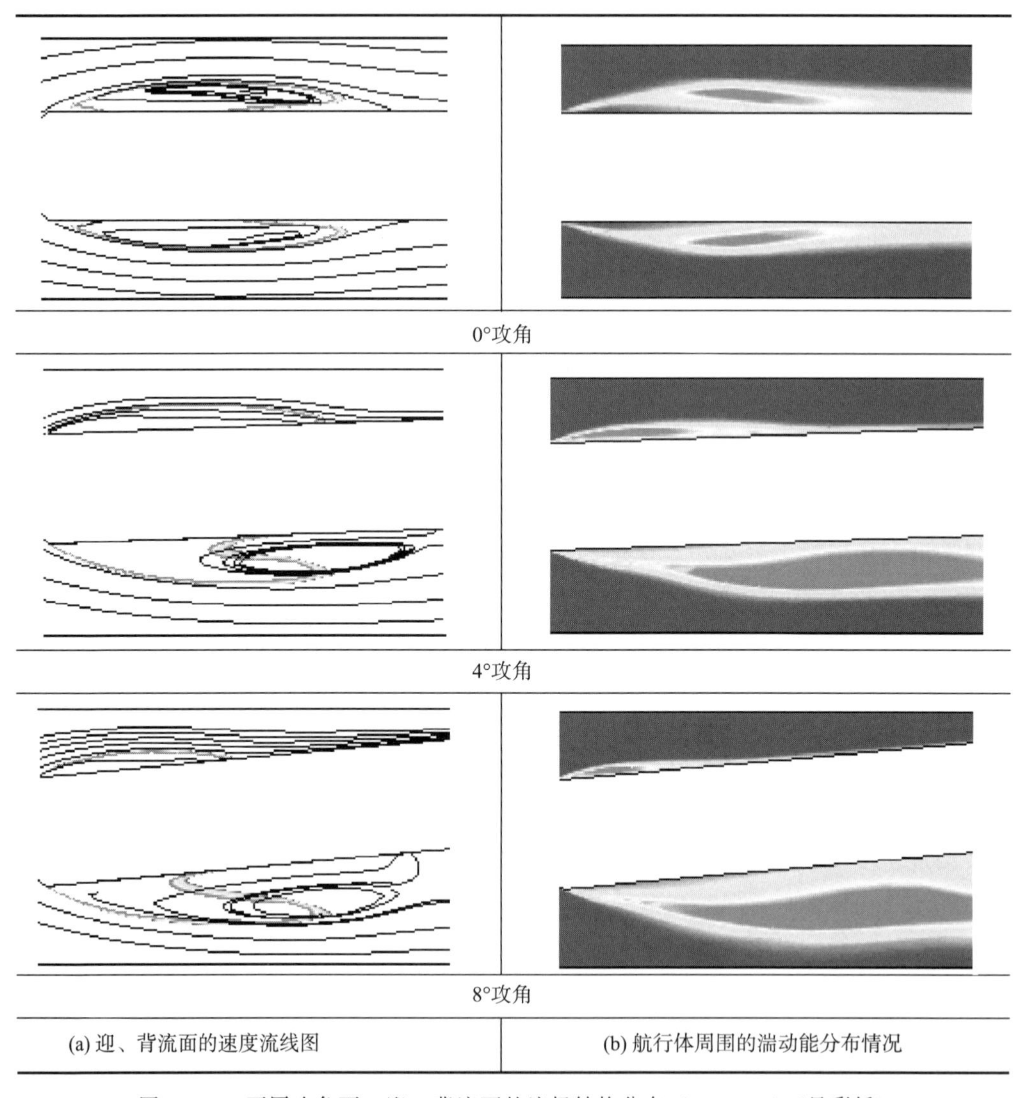

图 5-10　不同攻角下，迎、背流面的流场结构分布（σ=0.30）（见彩插）

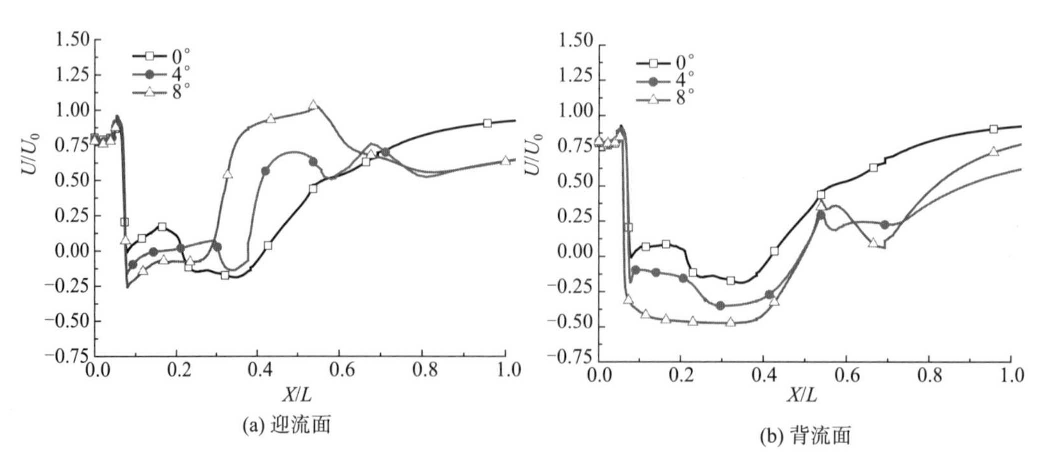

图 5-11　迎、背流面航行体表面附近的速度分布（σ=0.30）

5.3　空泡非定常发展特征分析

5.3.1　回射流特征

空泡流动的非定常过程及空泡脉动脱落特性是空泡流研究中的重点内容。图 5－12 给出了空泡区域内水汽混合相的回射流特征。水汽混合相经历了逐渐向前缩小，然后又反复扩充长大的周期性振荡过程，汽相和水汽混合相之间形成了清晰的分界面，图中所标出的直线段即为汽相区和水汽混合区分界面所在位置。从图中可以看出，空泡尾缘两相区呈较为明显的断面反向推进（汽化区后部的浅白色界面），表现为白色区域的增加，直至航行体头部，然后汽相区开始向后扩张，如此反复，数值计算的结果亦反映了由于空泡尾部的反向流动所造成的空泡界面的不稳定性。两相界面往复周期性运动过程表明，空泡区域内部存在着强烈的水汽质量交换。

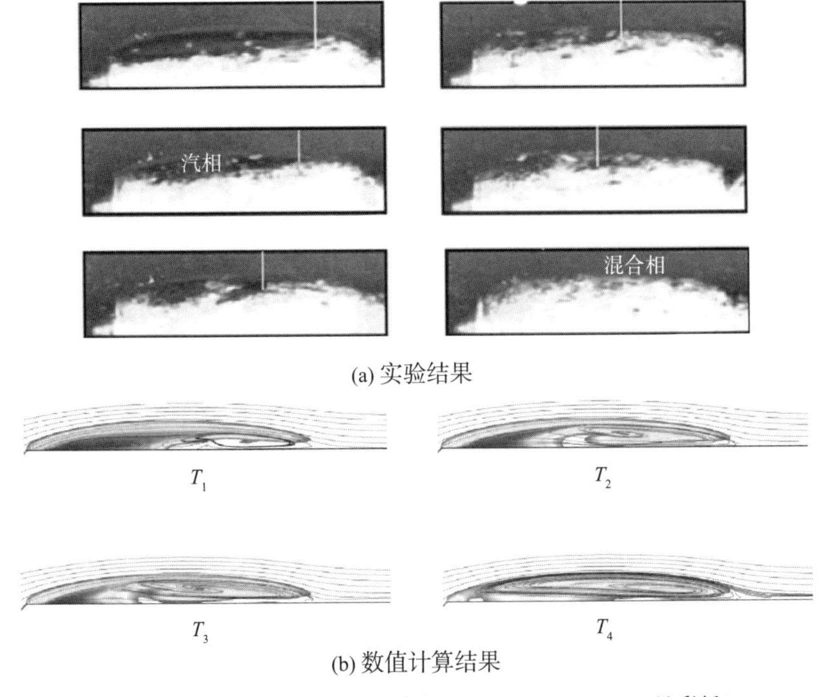

(a) 实验结果

(b) 数值计算结果

图 5－12　空泡内回射流的反向推进过程（σ=0.30）（见彩插）

5.3.2　空泡脱落特征及机理

以绕平头航行体的非定常空泡流动为例，分析空泡断裂与空泡团的脱落特征。

图 5－13 给出了绕平头型航行体在空化数为 0.65 时，空泡的非定常演变过程，在此工况下，空泡区域呈现比较规则的椭球形，空泡区域尾流涡的运动与航行体低压区的空泡汇聚在一起不断运动，空泡区域内充满了雾状空泡。图 5－13 的实验图片描述了在此空化数下，大尺度空泡团的脱落和反向射流涡的发展过程，当 t=0 ms 时，附着在航

行体上的空泡开始形成，空化区域尾端大尺度的空泡团脱落现象伴随着航行体头部附着的空泡的发展过程，图 5－13 中 $A-B-C$ 线段表征了附着空泡的发展趋势，在 $t=17.0$ ms 时，此周期内空泡脱落完成，附着空泡逐渐达到最大，空泡形态逐渐变得比较稳定，呈现比较规则的椭球状，图 5－13 中 $D-E-F$ 线段描述了反向射流涡的发展历程，当反向射流涡发展到航行体头部，在 $t=37.0$ ms 时刻空泡会在头部完全断裂，并形成下一个空泡发展周期。对于绕平头型航行体的空化现象，在空化区域内，存在大尺度的旋涡结构，其流场结构的不稳定性是由于大尺度空泡团断裂、脱落导致的。

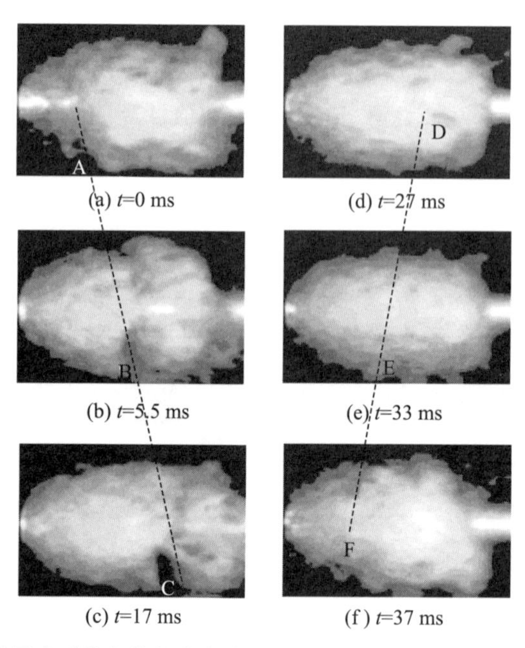

图 5－13　绕平头型航行体的非定常空泡形态及空泡脉动、脱落（$\sigma=0.65$）

回射流是引起空泡不稳定的主要因素，图 5－14 给出了绕平头型航行体的典型空泡形态及方向流动示意图。从图中可以看出，对于平头型航行体，相对于空泡区域，反向流动区域的厚度较小，在反向流动的发展过程中，两者没有显著的交互作用，反向流动可以持续发展到航行体头部，切断空泡，从而形成大尺度空泡团的整体断裂和脱落。

在航行体水下发射过程中，受发射环境和发射条件的影响，其流场结构和水动力特性呈现出比较强的非定常、非线性效应，附着在航行体头部的非定常空泡的断裂及大尺度空泡团的脱落将引起航行体的振动和变形，进而影响航行体航行过程的稳定性。

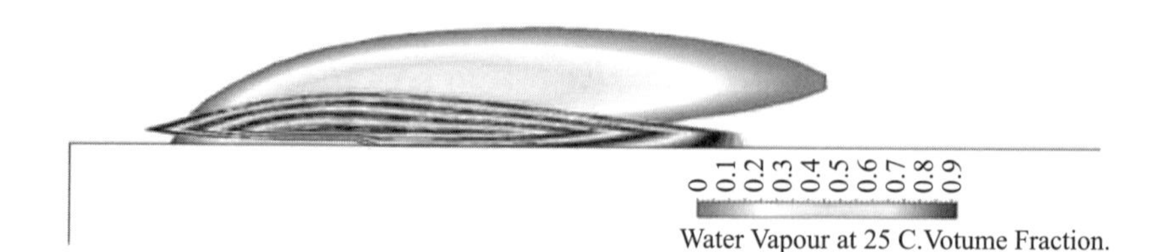

图 5－14　绕平头型航行体的非定常空泡形态及空泡脉动、脱落（$\sigma=0.65$）（见彩插）

为了进一步探究空泡流动结构，解释空泡脱落的原因，图5-15给出了在空泡脱落瞬间，空泡内部流场的速度矢量图。从图中可以看出，附体空泡内部流场流动方向几乎与主流方向相同，但在空泡尾部，则存在一股沿壁面的反向射流，其流动方向与主流方向相反。在附体空泡内部流场流动与反向射流相遇位置处出现一个清晰界面，该界面即为空泡脱落界面。水体沿着该界面流动，从而将附体空泡与尾部空泡分离，导致尾部空泡的脱落。

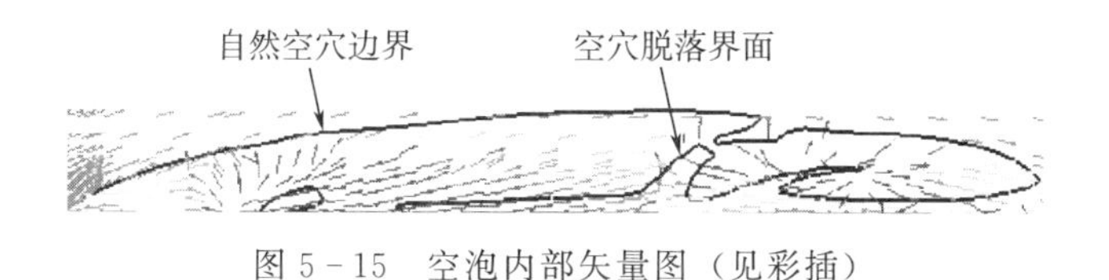

图5-15　空泡内部矢量图（见彩插）

5.4　带附体空泡航行体表面压力特性分析

空泡现象的发生必然会改变航行体的表面压力分布。利用第3章的多相流动数值模拟方法，对航行体的空泡绕流现象进行了研究，图5-16绘制了在空化数分别为0.3和0.5时，绕平头型航行体肩部的汽相体积分数云图和航行体表面的压力分布计算结果与Rouse实验结果的对比。不同头型航行体表面的压力系数呈现出以下分布规律：由驻点最大值急剧下降，当到达斜面分离涡区时，压力系数下降到最小值后逐渐趋于稳定，接着压力系数逐渐上升，而后达到一个稳定区域。

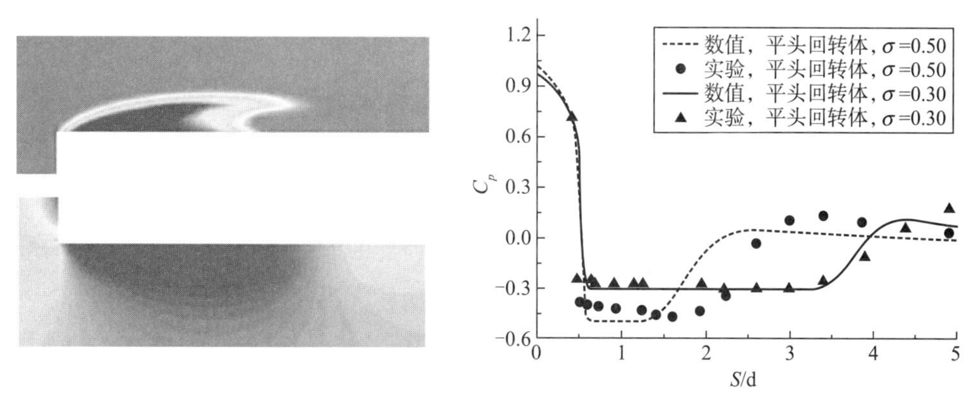

图5-16　绕平头型航行体的空泡形态及航行体表面压力（见彩插）

攻角会对航行体表面压力分布产生显著的影响，在不同攻角下，水下航行体表面的压力分布情况如图5-17所示，从图中可以看出，随着攻角的增加，航行体肩部迎流面低压区域会逐渐减小，而背流面低压区域则变化不大。

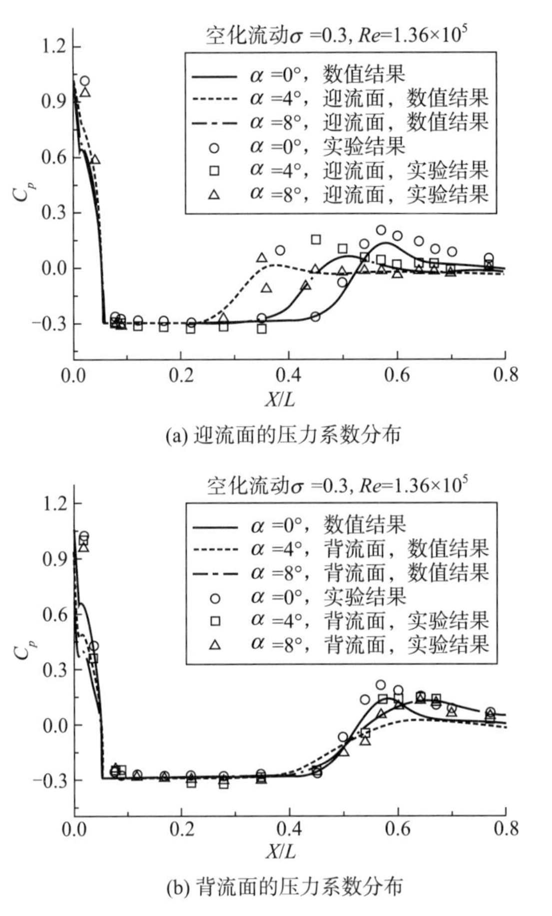

(a) 迎流面的压力系数分布

(b) 背流面的压力系数分布

图 5-17　平头型迎、背流面的压力系数（$\sigma=0.30$）（见彩插）

5.5　空泡动力特性

非定常空泡下的流体动力特性是目前水动力学研究的前沿课题之一，该研究同时具有广泛的理论意义和重要的应用背景，能直接服务于实际工程。

图 5-18 给出了轴对称水下航行体在不同空化数下所受到阻力的时间历程，实验结果表明：当空化数大于初生空化数时，由于流场中没有明显的空化现象产生，此时航行体的阻力近似认为是单相水流体的阻力，阻力曲线呈现无规则的小幅度脉动现象，随着空化数的降低，阻力曲线的波动幅值有明显的增大，曲线波动的周期性逐渐显现，通过对阻力信号进行频谱分析，由图 5-19 可以看出，低频的特征频率也随之出现，由于非定常空泡发展趋势的不同，当空化数为 0.65 左右时，绕平头航行体的空化流场出现了大尺度空泡团的周期性脱落现象，与之对应的是在该时刻航行体阻力的突变状态，并且波动的幅值和低频信号的功率谱密度远大于其他工况。因此，空泡的低频特征频率是空泡流固有的脉动频率，与上述空泡大断裂相对应，如图 5-19 所示。

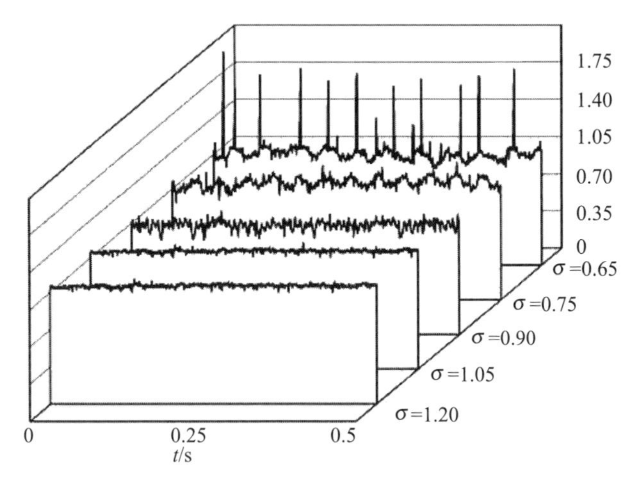

图 5-18　阻力系数随时间的变化

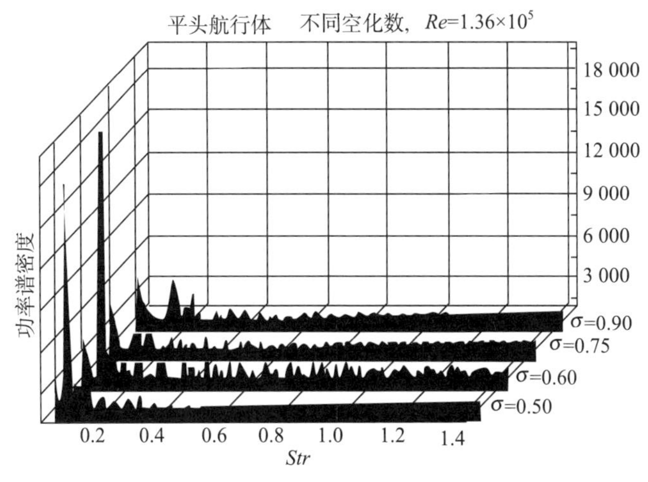

图 5-19　阻力系数的频谱分析

图 5-20 给出了采用三维模型及二维轴对称模型计算得到的动力特征频率与实验结果的对比，脉动频率 f 表示的斯坦顿数 $St=fD/U_\infty$ 与空化数 σ 之间的关系如图 5-20 所示。半球形航行体的动力脉动频率要大于平头航行体，这是由于绕不同头型轴对称航行体空泡形态的非定常特性存在差异，半球形轴对称航行体空泡流动的脉动主要是由空泡尾部的较高频率小脱落引起的，而平头型轴对称航行体的空泡流脉动成分主要是大尺度的旋涡空泡团的周期性脱落。采用三维模型数值计算结果得到的 St 随 σ 的变化趋势与实验结果相似。采用二维轴对称模型计算得到的动力特征频率与实验测量值存在较大的差异，整体而言，其预测结果均明显大于实验值。基于绕航行体三维空泡流场结构的认识：阻力随斯坦顿数的变化主要是由于空泡团的脱落造成的，而形成于空泡闭合区域内的反向流动是造成空泡团脱落的主要因素。采用三维模型计算时，捕捉到的反向流动呈现螺旋状沿航行体周向向头部移动；当采用二维轴对称模型计算时，由于没有考虑空泡发展导致的三维效应，反向

流动应呈直线运动，因此，采用三维模型计算得到的反向流动的发展周期相对较长，从而形成了较小的动力特征频率。

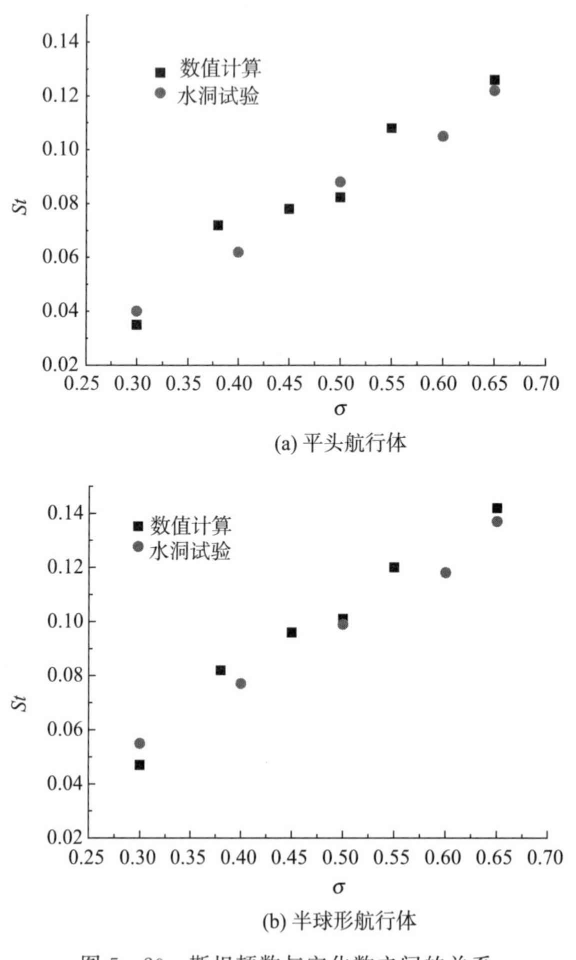

图 5-20　斯坦顿数与空化数之间的关系

5.6　小结

本章首先介绍了水下航行体垂直发射附体空泡的基本概念和形成机理，讨论了头型、空化数和攻角对附体空泡形态的影响，然后针对水下附体空泡流动的非定常特性进行了分析，给出了附体空泡回射流特征及空泡断裂和脱落的形成机制，最后对带附体空泡航行体表面压力特性和空泡动力特性进行了分析，给出了带附体空泡航行体表面的压力分布，获得了附体空泡的脉动频率特性。

参考文献

[1] 魏海鹏，郭凤美，权晓波．潜射导弹表面空化特性研究．宇航学报，2007，28（6）：1506－1509.

[2] 傅慧萍，李福新．航行体局部空泡绕流的非线性分析．力学学报，2002，34（2）：278－285.

[3] 孔德才，权晓波，魏海鹏，等．锥柱航行体肩空泡界面效应对头锥面受力的影响研究．水动力研究与进展，2015，30（2）：201－207.

[4] SINGHAL A K，ATHAVALE M M. Mathematical basis and validation of the full cavitation model. ASME Journal of Fluids Engineering，2002，124：617－624.

[5] 黄彪，王国玉，等．绕航行体初生空化流场特性的实验及数值研究．工程力学，2012，29（6）：320－325.

[6] WEI H P，FU S，WU Q，HUANG B，WANG G Y. Experimental and numerical research on cavitating flows around axisymmetric bodies. Journal of Mechanical Science and Technology，2014，28（11）：4527－4537.

[7] BRENNEN C E. Cavitation and Bubble Dynamics，Oxford Engineering & Sciences Series 44，Oxford University Press，New Yor k，NY，USA，1995.

[8] 王一伟，黄晨光，杜特专，等．航行体有攻角出水全过程数值模拟．水动力学研究与进展，A 辑，2011，26（1）：48－57.

[9] 陈玮琪，王宝寿，颜开，等．空化器出水非定常垂直空泡的研究．力学学报，2013，45（1）：76－82.

[10] ARAKERI V H. ACOSTA A J. Viscous effects in the inception of cavitation on axisymmetric bodies. Journal of Fluids Engineering，1973，95（4）：519－527.

[11] CECCIO S L，BRENNEN C E. Dynamics of attached cavities on bodies of revolution. Journal of Fluid Engineering，1992，114：93－99.

[12] 谢正桐，何友声．小攻角下轴对称细长体的充气肩空泡实验研究．实验力学，1999，（03）：279－287.

[13] 冷海军，鲁传敬．轴对称体的局部空泡流研究．上海交通大学学报，2002，36（3）：395－398.

[14] 王献孚．空化泡和超空化泡流动理论及应用．北京：国防工业出版社，2009.

[15] 权晓波，李岩，魏海鹏．航行体出水空泡溃灭特性研究．船舶力学，2008，12（4）：545－549.

[16] 王献孚．空化泡和超空化泡流动理论及应用．北京：国防工业出版社，2009.

[17] WEI H P，FU S，WU Q，HUANG B，WANG G Y. Experimental and numerical research on cavitating flows around axisymmetric bodies. Journal of Mechanical Science and Technology，2014，28（11）：4527－4537.

[18] 程少华，权晓波，于海涛．小攻角下航行体三维非定常空泡形态理论预示方法．船舶力学，2015，19（8）：889－892.

第 6 章　尾空泡发展演化

尾空泡顾名思义为附着在航行体尾部的空泡，不同航行体尾部空泡形成过程和流场特征是不同的。本书中所指尾空泡主要是指航行体在水下采用冷弹射方式发射时，航行体尾部受到发射筒内高温、高压弹射工质作用而加速运动出筒，在出筒后发射筒内的一部分气体跟随航行体尾部并形成附着尾空泡。航行体尾部流场演化过程涉及气液多相流、热交换等复杂流体问题，理论分析模型的建立异常复杂，因此在理论分析的同时，数值模拟和试验研究成为尾空泡理论研究不可或缺的手段。为了获得航行体在水下运动过程中尾部空泡形态与压力演化过程和机理，本章基于对尾空泡发展演变基本规律的认识，通过建立尾空泡非定常发展理论数学模型，结合数值模拟和试验研究，对尾空泡演化机理、影响因素，以及尾空泡对航行体流体动力影响方面开展了研究。

6.1　尾空泡演化机理

航行体采用冷发射时，受到发射筒内高温、高压弹射工质作用而加速运动出筒，航行体尾部出筒后，由于筒内气体压强高于筒口处环境压力，发射筒内高温、高压气体开始冲出筒口向外膨胀，在发射筒口和航行体之间形成向径向膨胀的气泡。随着航行体的运动航行体尾部和发射筒之间的气泡被拉伸变形，这个过程中，尾部空泡容易被沿气泡径向运动做不规则收缩运动的水流影响而拉断，拉断后航行体尾部的尾空泡与发射筒口的气泡分开，两者独自发展演化。

图 6－1（a）～（h）展示了尾空泡生成、拉断、膨胀和收缩的发展演化过程。航行体尾出筒后，尾部高温、高压燃气与环境水介质相互作用，在数百千帕的压差驱动下，形成高压脉冲向外传播，将造成航行体表面压力（尤其是柱段尾部）的脉冲变化，如图 6－（a）所示，此阶段，尾空泡主要是以发射筒口和航行体尾部之间气泡向外膨胀的形式存在。随后气泡在发射筒口不仅沿径向膨胀，也跟随航行体尾部不断沿轴向拉伸，如图 6－（b）～（d）所示，体积迅速增大带来压力迅速降低，当其压力低于环境压力后，周围的水开始挤压尾空泡［图 6－1（e）］，气泡开始颈缩，直至与筒口连通的气泡被拉断，形成附着在航行体尾部的尾空泡；在拉断处，水流沿径向相互撞击，动能转化为势能，形成局部高压，并在高压的驱动下，形成向上的射流，向尾空泡泡内发展［图 6－1（g）～（h）］。尾空泡与气泡拉断后，尾空泡中一部分气团脱离尾空泡，发生了质量损失和形态变化。

航行体水下发射时尾部压力典型曲线如图 6－2 所示，从中可以看出水下发射过程中尾空泡压力周期性振荡特征。尾空泡与筒口气泡拉断后，继续收缩和膨胀，由于拉断后的尾空泡本身较小，又因周围扰流水介质的不断冲刷而流失气体，同时环境压力也因航行体向上运动而不断降低，尾空泡收缩的压力峰值很小。在航行体尾部出水后，自由表面效应促使周围水介质挤压尾部充气气泡，使充气空泡体积缩小，压力升高，在航行体尾部出水时达到水面大气压。

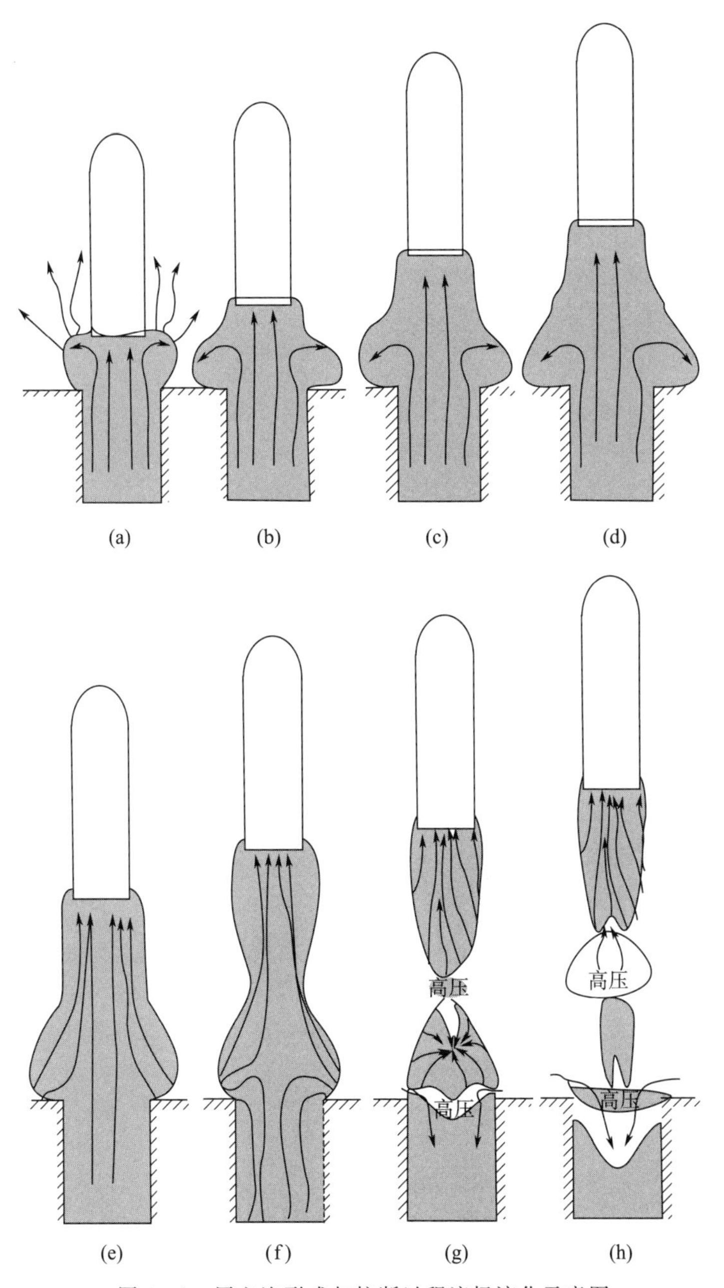

图 6-1　尾空泡形成与拉断过程流场演化示意图

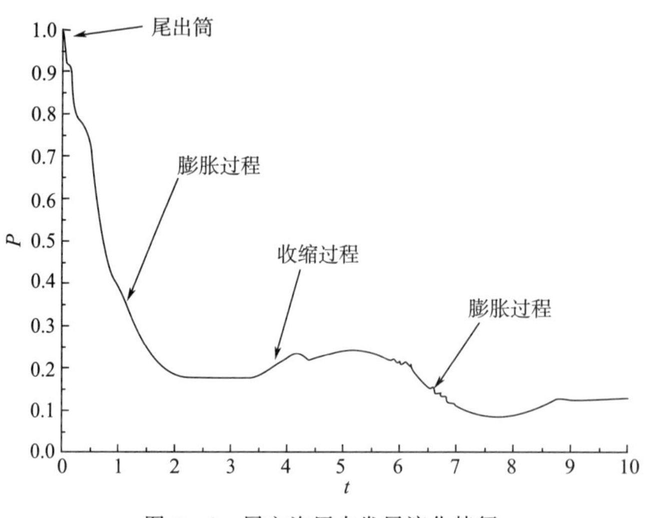

图 6-2　尾空泡压力发展演化特征

6.2　尾空泡发展演化建模分析

通过对尾空泡从生成到发展演化不同特征阶段流动现象的分析，结合气泡动力学、空泡截面独立膨胀原理理论及计算流体力学的分析手段，建立了不同的尾空泡研究数学模型，可以简化为 4 个特征阶段，如图 6-3 所示。

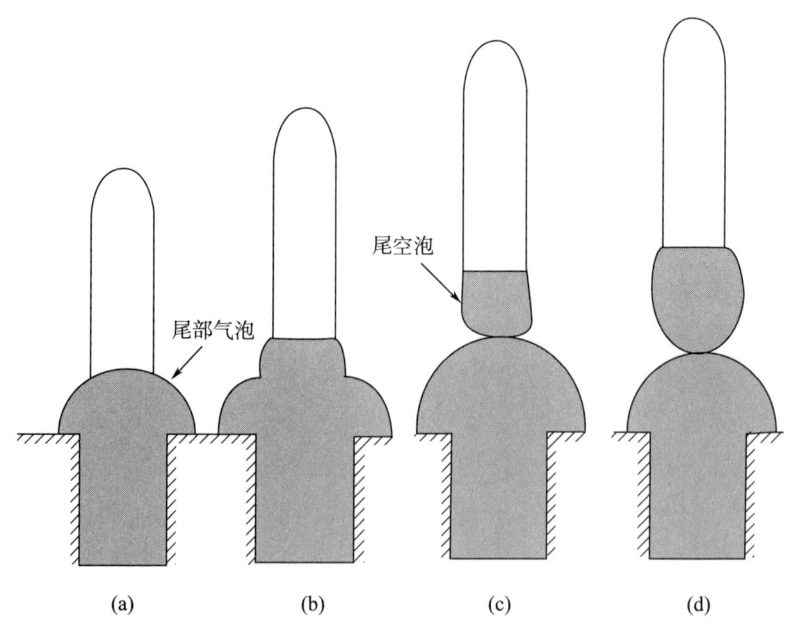

图 6-3　水下航行体尾空泡形态示意图

在第（1）阶段，航行体尾部刚离开发射筒口，筒内气体在航行体尾部与筒口间隙中以近似球形的方式向外扩张并在航行体尾部和发射筒之间形成气泡；在第（2）阶段，气泡中一部分气体附着在航行体尾部跟随航行体运动形成尾空泡，而之前航行体尾部和发射筒之间的气泡被拉伸变形，此时尾空泡与气泡之间是连通的，随着航行体不断向上运动，尾空泡体积不断增大，气泡压力不断降低；在第（3）阶段，随着航行体尾空泡不断扩张，气泡压力不断降低，航行体尾空泡与连通的气泡之间发生拉断现象，两者开始脱离；在第（4）阶段，尾空泡与气泡完全分开，两者分别以各自的规律不断发展演化。

6.2.1 基于 R－P 方程的尾空泡理论模型

6.2.1.1 尾空泡压力振荡数学模型

尾空泡球状空泡近似理论模型忽略了尾空泡形态的复杂变化历程，从尾空泡生成、发展直到完全出水的过程中，假定尾空泡始终保持球形状态膨胀和收缩。通过 Rayleigh－Plesset 球状空泡理论，可以得出尾空泡发展过程的膨胀和收缩规律。

球形尾空泡情况下，泡半径满足下列关系式

$$\frac{p_{\mathrm{T}}^{+}-p_{\infty}}{\rho}=R\ddot{R}+\frac{3}{2}\dot{R}^{2} \tag{6-1}$$

式中　R ——球泡半径；

ρ ——水的密度；

p_{∞} ——球泡环境压力，即航行体尾部的当地静压，与尾部深度相关，需要结合轴向运动参数耦合计算；

p_{T}^{+} ——泡壁外侧的压强。

泡壁外侧压力与泡内压力存在如下关系

$$p_{\mathrm{T}}^{+}=p_{\mathrm{T}}-4\mu\frac{\dot{R}}{R}-\frac{2\sigma}{R} \tag{6-2}$$

式中　p_{T} ——尾空泡泡内压力；

σ ——表面张力系数；

μ ——水的运动粘性系数。

由于尾泡尺寸较大，忽略表面张力效应，将式（6－2）代入式（6－1），有

$$\frac{p_{\mathrm{T}}-p_{\infty}}{\rho}=R\ddot{R}+\frac{3}{2}\dot{R}^{2}+4\frac{\mu}{\rho}\frac{\dot{R}}{R} \tag{6-3}$$

式（6－3）中有 p_{T} 和 R 两个未知量，需要补充气体状态方程求解，由于此阶段经历时间较短，可认为尾空泡满足绝热条件，即有

$$p_{\mathrm{T}}Q_{c}^{\gamma}=p_{0}Q_{c0}^{\gamma} \tag{6-4}$$

式中　Q_{c0} ——包括发射筒部分的初始体积。

尾空泡半径 R 满足 $R(0)=R_{0}$，$\dot{R}(0)$ 由谢恩-韦南方程决定

$$\dot{R}_{c}(0)=\begin{cases}\kappa_{1}P_{c0}\sqrt{\left(\dfrac{P_{\infty0}}{P_{c0}}\right)^{\frac{2}{\gamma}}-\left(\dfrac{P_{\infty0}}{P_{c0}}\right)^{\frac{\gamma+1}{\gamma}}} & \dfrac{P_{\infty0}}{P_{c0}}\geqslant\left(\dfrac{2}{\gamma+1}\right)^{\frac{\gamma}{\gamma-1}}\\ \kappa_{2}P_{c0} & \dfrac{P_{\infty0}}{P_{c0}}<\left(\dfrac{2}{\gamma+1}\right)^{\frac{\gamma}{\gamma-1}}\end{cases} \tag{6-5}$$

式中 P_{c0}，R_0，$P_{\infty 0}$ ——分别为尾空泡的初始泡内压强、初始半径和航行体尾部初始环境压力；

γ ——筒口气团气体绝热指数；

κ_1，κ_2——经验参数，一般取为 0.5 和 0.8。

6.2.1.2 模型计算结果

通过 Rayleigh - Plesset 球状空泡近似理论模型，采用龙格库塔数值方法计算某发射条件下尾空泡压力发展历程，通过试验结果对模型进行修正，某些工况下 Rayleigh - Plesset 球状空泡近似理论模型可以达到良好的尾空泡压力发展历程模拟效果，计算结果如图 6 - 4 所示。

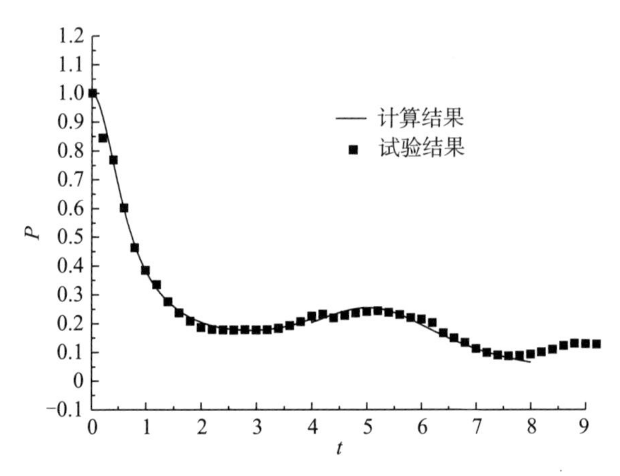

图 6 - 4 球状空泡近似理论模型计算结果

6.2.1.3 模型存在的问题

在流场作用下，航行体尾出筒后运动一定距离时，尾空泡与发射筒口处气泡之间发生拉断，在球形空泡数学模型中需要考虑拉断后空泡质量和形状的变化。在实际的计算过程中，尾空泡拉断时刻及其引起的尾空泡变化，需要通过试验结果分析给出，这也是球形空泡假设数学模型的缺点。同时由于球形空泡的假设，该模型不能够准确地模拟尾空泡发展不同阶段的形态变化和特征，并且过度依赖于试验结果，对于尾空泡压力和形态发展的预示性需要较多工程经验。

6.2.2 基于空泡截面独立膨胀原理的尾空泡数学模型

6.2.2.1 尾空泡形态和压力演化数学模型

根据尾空泡发展演化过程各特征阶段特征的描述和简化，在上述 R - P 方程尾空泡模型的基础上，针对尾空泡发展的不同阶段，通过独立膨胀原理理论和 R - P 方程理论的结合建立尾空泡发展过程不同阶段的数学模型。

在尾空泡发展第（1）阶段，由于尾空泡外形近似呈球形，可采用 Rayleigh - Plesset 方程建立尾空泡半径与压力的关系，见式（6 - 1）～式（6 - 5）。

在第（2）阶段，航行体尾部离开发射筒口后，在航行体尾部形成与筒口气泡连通的尾空泡，需要针对航行体尾空泡和筒口气泡的演变规律分别建模。

针对尾空泡，可采用空泡截面独立膨胀原理计算其形态和压力的变化过程。根据空泡独立膨胀原理，尾空泡处每个截面满足方程

$$\frac{\partial^2 S_c(\tau,t)}{\partial t^2} = -\frac{k[P_\infty(t) - p_T(t)]}{\rho} \quad x(t) - L_c(t) \leqslant \xi \leqslant x(t) \tag{6-6}$$

空泡截面满足初始条件

$$S_c(\tau,\tau) = \pi R_0^2 , \frac{\partial S_c(\tau,\tau)}{\partial t} = \frac{kA}{2} R_0 V_y(\tau) \sqrt{C_d} \tag{6-7}$$

其中

$$k = \frac{4\pi}{A^2}$$

式中　V_y ——空泡初生时刻航行体运动速度；

C_d ——航行体尾部阻力系数；

A——经验常值系数。

对于发射筒口气泡部分，在第（1）阶段计算基础上仍采用 Rayleigh - Plesset 方程继续求解。此时由于尾空泡和发射筒口气泡是连通的，在计算时可认为两者压力相等。

考虑筒口高温、高压燃气与周围水介质之间存在一定的热交换，需要在满足绝热假设的条件基础上采用一定的修正

$$p_T(t) Q_c^\gamma(t) = p_0 Q_{c0}^\gamma \mathrm{e}^{-(t-t_1)/\chi_1} \tag{6-8}$$

式中　Q_c ——包含发射筒、发射筒口气泡和尾空泡的总体积；

t_1——第（1）阶段结束时刻；

χ_1——表征能量衰减常数。

在第（3）阶段和第（4）阶段，尾空泡与发射筒口气泡之间拉断后，可单独针对尾空泡采用空泡截面独立膨胀原理进行计算。在计算过程中当 $S_c(\tau, t) \leqslant 0$ 时认为尾空泡存在脱落现象。

此阶段尾空泡与周围水介质之间存在一定的能量交换，其压力与体积满足关系式

$$p_T(t) Q_c^\gamma(t) = p_{Ti} Q_{ci}^\gamma \mathrm{e}^{-(t-t_i)/\chi_i} \tag{6-9}$$

式中　p_{Ti}，Q_{ci} ——分别表示第 i 次脱落后尾空泡压力和体积；

t_i ——第 i 次脱落时刻；

χ_i ——第 i 次脱落后表征能量衰减常数。

6.2.2.2　模型计算步骤

在尾空泡发展的第（1）阶段，基于式（6 - 3）、式（6 - 4）采用常微分方程予以求解，其中 Q_c 与 R 的关系可由航行体尾部与发射筒尺寸及相对位置关系予以确定，从而可获得每个时间步长下 R 、p_T 的变化。当航行体运动行程满足 $y^2 \geqslant R^2 - R_0^2$ 时转入第（2）阶段计算。

在尾空泡发展的第（2）阶段，采用压力迭代计算的方式分别计算发射筒口气泡和尾空泡形态和压力。令 $p_T(n)=p_T(n-1)$，针对筒口气泡继续采用式（6-3）可获得每个时间步长下发射筒口气泡半径 R_1 和体积 Q_{c1} 的变化，针对尾空泡计算时根据时间步长和每一步航行体运动的行程，将尾空泡沿航行体轴向分为 N 份，每一个截面横截面面积 $S_c(i)$，可根据式（6-7）积分求解得到，进而可计算得到尾空泡体积 Q_{c2}，将 $Q_c=Q_{c1}+Q_{c2}$ 代入到式（6-9）可得到临时空泡压力 $p_{Tt}(n)$，进行迭代直到 $|p_T(n)-p_{Tt}(n)|\leqslant\xi$。随着计算时间不断推进，当满足 $S_c(i)\leqslant 0$ 时认为尾空泡与发射筒口气泡拉断，转入第（3）、（4）阶段仅针对尾空泡开展计算。

在尾空泡发展的第（3）、（4）阶段，采用压力迭代计算方式计算尾空泡形态和压力的变化。令 $p_T(n)=p_T(n-1)$，计算时根据时间步长和每一步航行体运动的行程将尾空泡沿航行体轴向分为 N 份，每一个截面横截面面积 $S_c(i)$ 可根据式（6-7）积分求解得到，进而可计算得到尾空泡体积 Q_c，将 Q_c 代入到式（6-9）可得到临时空泡压力 $p_{Tt}(n)$，进行迭代直到 $|p_T(n)-p_{Tt}(n)|\leqslant\xi$。随着计算时间不断推进，当满足 $S_c(i)\leqslant 0$ 时认为尾空泡气团存在脱落，对脱落时刻的体积重新计算，并记录下脱落的时刻、空泡压力并以此作为初值继续采用空泡截面独立膨胀原理予以计算。

6.2.2.3　模型计算结果

通过空泡截面独立膨胀原理与球状空泡理论相结合的数学模型，计算了尾空泡压力发展历程，并与试验结果比较，如图 6-5 所示，图 6-6 所示为尾空泡形态演化计算结果，较好地模拟了尾空泡形态变化不同阶段特征。

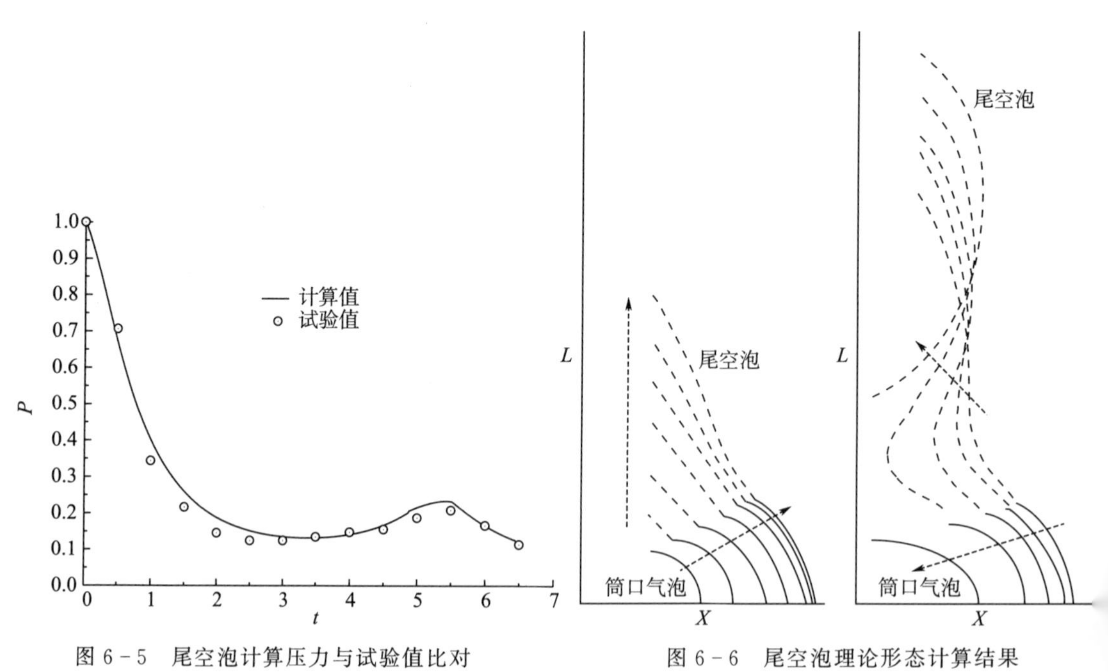

图 6-5　尾空泡计算压力与试验值比对　　图 6-6　尾空泡理论形态计算结果

6.2.3 尾空泡 CFD 数值模拟

尾空泡流动是一个涉及多相流和热交换的复杂流体问题，基于 CFD 的流场数值仿真是目前多相流流体问题分析的一项重要手段。目前在尾空泡流场仿真方面已经形成了一套较成熟的数学仿真计算模型。

航行体水下发射过程中，在涉及尾空泡流场问题的同时，还可能涉及到附体空泡发展过程，因此尾空泡的流场数值模拟涉及气汽液三相流动，模型可采用 Mixture 多相流模型，控制方程包括混合相的连续性方程、动量方程、能量方程及次相体积分数方程、各相状态方程，详见第 3 章。

数值模拟采用三维计算模型，三维模型主要为了分析横向平台运动速度对航行体垂直发射的影响，建模时考虑纵平面内的三自由度运动（横向运动、纵向运动和俯仰运动），而且忽略出筒段航行体的俯仰角和俯仰角速度。这样三维模型中可利用几何对称性，将航行体纵平面作为对称面，取其一半作为计算域，如图 6-7 所示（图中给出的是航行体出筒后的计算模型）。

航行体水下运动过程数值模拟可分为两个阶段，第一个阶段为出筒段，航行体相对发射筒只有轴向相对运动；出筒后进入第二个阶段，计算过程考虑航行体的俯仰运动，两个阶段由于网格类型和动网格策略的差异，可采用两套网格进行计算。

利用尾空泡数值计算模型，进行航行体发射过程流场数值模拟，图 6-8 给出了尾空泡压力发展历程模拟计算结果与试验结果的对比情况，可以看出计算结果与试验结果一致性较好。

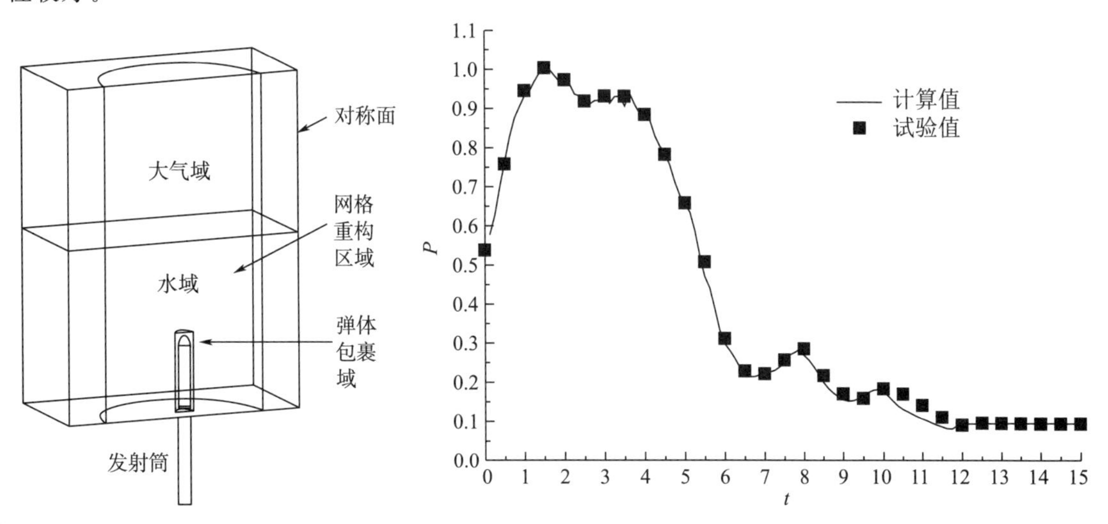

图 6-7 有平台运动速度三自由度运动模型

图 6-8 尾空泡压力计算值与试验值比较

6.3 尾空泡影响因素

尾空泡发展演化是一个复杂的多相流演化物理过程，受到多种环境因素和条件影响。

对影响尾空泡演化历程的因素进行归纳，主要包括尾空泡初始形成时的参数条件、发射条件和航行体尾部结构等几点因素，这些影响因素对尾空泡压力和形态演化特征具有不同程度的影响。通过尾空泡理论分析、数值仿真和试验分析等手段，研究了尾空泡在各因素影响下的变化规律

6.3.1 筒口压差对尾空泡的影响

筒口压差是指航行体尾出筒时刻发射筒内压力与环境水压之差。筒口压差直接影响尾空泡的初始状态，并对后续发展演化过程产生影响。在相同水深下，随着筒口压差的提高，航行体尾出筒时间略有提前，而且出筒后轴向速度最大值增加，并导致航行体出水时间提前。图 6-9 比较了 4 种不同筒口压差条件下尾空泡压力的变化曲线，不同筒口压差下，尾空泡压力大致经历了两次周期性振荡；随着筒口压差的增大，尾空泡压力第一次振荡周期越长，说明尾空泡的演化速度越慢，而且压力振荡幅度越大；整体来说，随着筒口压差的增大，尾空泡压力的平均振荡幅值越大，从理论分析上来看，根据式（6-9）也可以分析出尾空泡压力第一次膨胀过程中降低的幅值将会增大。

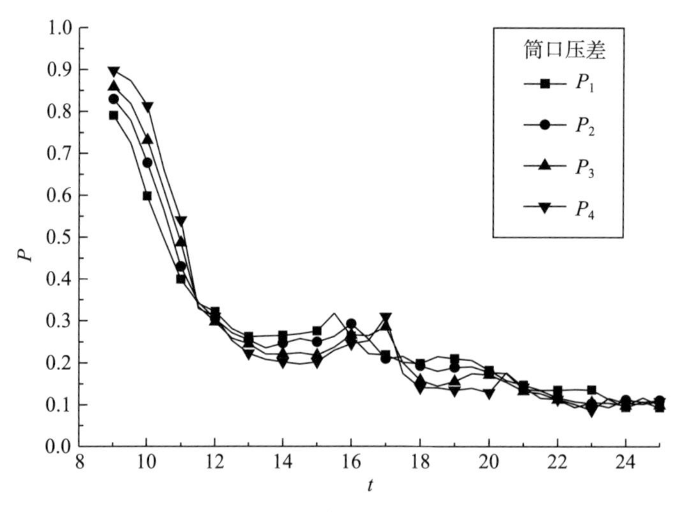

图 6-9　不同筒口压差条件下尾空泡压力时变曲线

图 6-10～图 6-14 所示为不同筒口压差条件下航行体尾部刚出筒时刻的流场示意图，其中筒口压差 $P_1 < P_2 < P_3 < P_4$，从图中可以看出：

1）随着筒口压差的增大，航行体尾出筒后筒中燃气膨胀能力增强，形成的半球形尾空泡体积增大，如图 6-10 所示；

2）尾部出筒一段距离后，此时尾空泡轴向拉长后发射筒口处半球形气泡体积增大，发展到演化历程的第二特征阶段，但此时随着筒口压差增大跟随航行体尾部的尾空泡体积略有减小，如图 6-11 所示；

3）随着筒口压差的增大，附体尾空泡的体积逐渐减小，如图 6-12 所示；

4）从尾空泡拉断示意图可以看出，筒口压差增大导致尾空泡拉断时间略有延迟，P_1

筒口压差下回射流已经发展了一段时间，而 P_4 筒口压差下尾空泡刚好拉断，见图 6-13；

5）从尾空泡拉断后示意图可以看出，筒口压差增大导致附体尾空泡的形态变化历程更加复杂，但经过出水前的膨胀后，尾空泡界面形状较为相似，如图 6-14 所示。

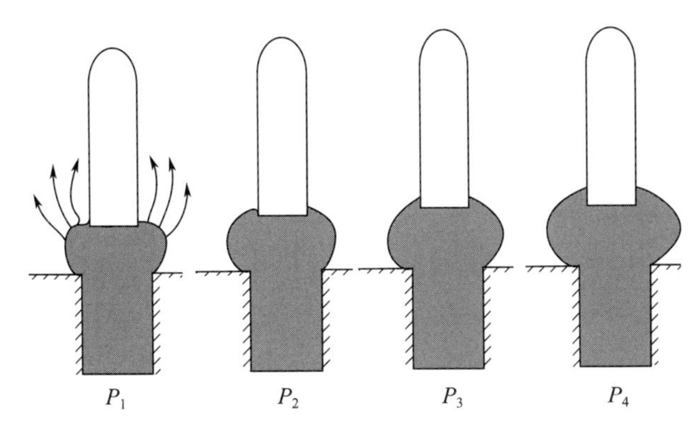

图 6-10 T_0 时刻不同筒口压差条件下尾部刚出筒时刻尾部流场示意图

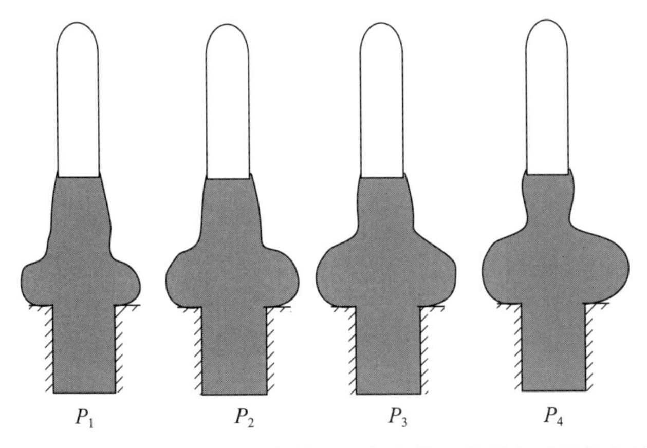

图 6-11 T_1 时刻不同筒口压差条件下尾部出筒一段距离时尾部流场示意图

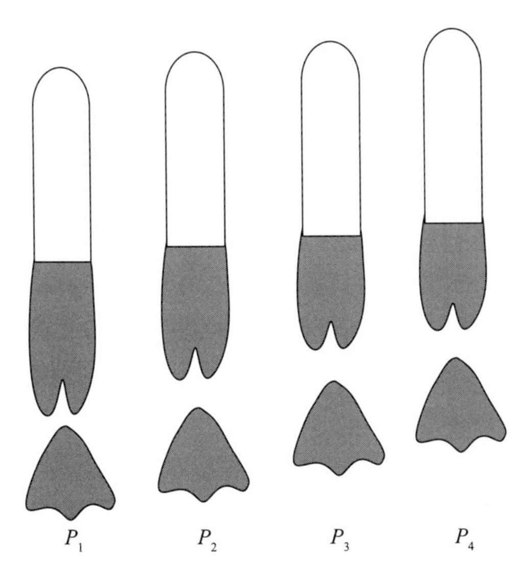

图 6-12 T_2 时刻不同筒口压差条件下尾空泡拉断尾部流场示意图

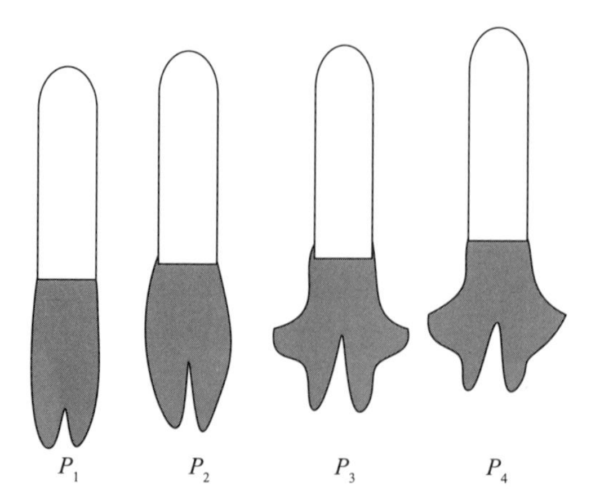

图 6-13　T_3 时刻不同筒口压差条件尾空泡拉断后尾部流场示意图

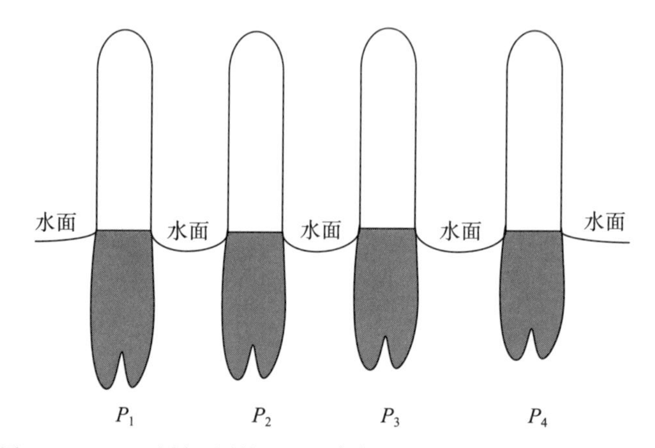

图 6-14　T_4 时刻不同筒口压差条件下出水过程尾部流场示意图

6.3.2　发射条件对尾空泡影响

6.3.2.1　航行体出筒速度对尾空泡影响

不同出筒速度会对航行体轴向运动产生影响，而尾空泡发展变化与航行体轴向运动密切相关，进而影响尾空泡的发展历程。航行体运动速度越高，在相同时间点，尾空泡初生截面距离水面越近，静压越小，由式（6-8）可知，尾空泡截面初始膨胀速度也会越大，从而将导致尾空泡体积越大。因此在初始阶段，航行体速度越高，尾空泡体积越大，尾空泡压力将会越低。从理论计算和试验结果来看不同出筒速度下尾空泡特征值和压力演化历程如图 6-15 所示，说明理论分析与试验结果规律是一致的。

表 6-1　不同出筒速度下尾空泡最大体积理论计算结果

出筒速度	尾空泡最大体积
0.8	0.94
1.0	1.0
1.2	1.07

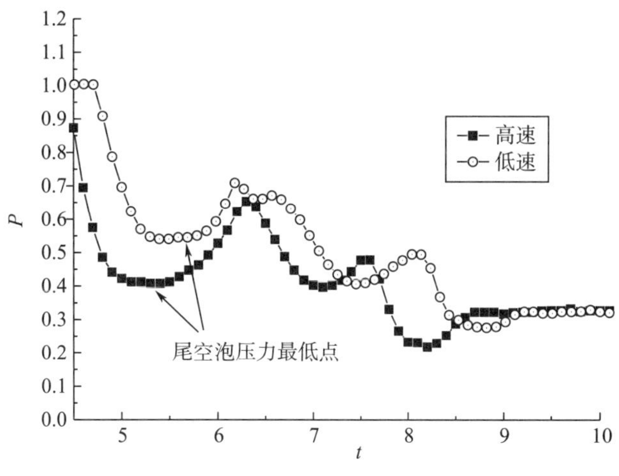

图 6 - 15　不同出筒速度尾空泡压力试验结果

6.3.2.2　发射水深对尾空泡的影响

在相同平台运动速度条件下，通过三维流场数值仿真研究不同发射水深下尾空泡发展的特征和差异，可以发现随着水深的增加，航行体尾部平均压力幅值随之升高，如图 6 - 16 所示，而且水深的增加导致了尾空泡演化速度加快，压力振荡周期缩短，振荡次数增多。较深水深状态下出现了 3 次压力振荡周期，且峰值在不断降低，不同水深下尾空泡压力振荡历程如图 6 - 17 所示。

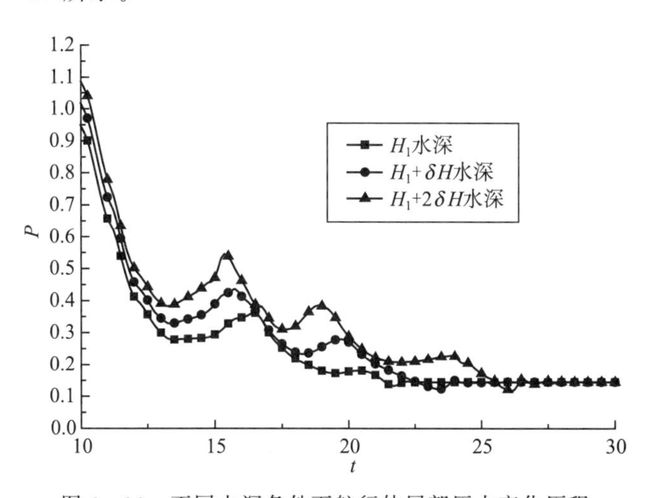

图 6 - 16　不同水深条件下航行体尾部压力变化历程

通过图 6 - 18 比较不同水深条件下尾空泡拉断时刻尾部流场示意图，可以看出，随着水深的增加，当航行体到达水面时，浅水水深下尾空泡还未完全拉断，中等发射水深下尾空泡刚好拉断，深水水深下尾空泡拉断导致周围水介质形成的向尾空泡方向的射流已发展了一段时间，而且尾部环境压力的增加导致了尾空泡的轴向尺寸减小、体积减小。

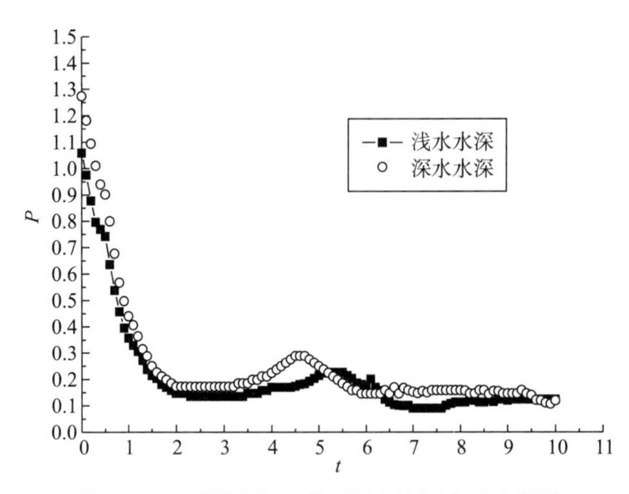

图 6-17　不同水深条件下尾空泡压力试验结果

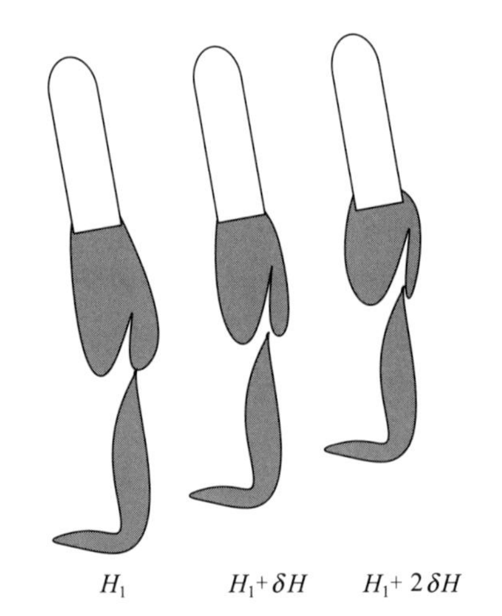

图 6-18　不同水深条件下航行体到达水面时尾空泡示意图

图 6-19 比较了不同水深条件下尾空泡尾部回射流流场示意图。从中可以看出，尾空泡拉断形成的周围水介质冲向尾空泡的射流角度几乎一致，可见水深对回射流上升角度几乎没有影响。

根据上述分析，水深的增加使得航行体进入水中航行后尾部环境压力增加，尾空泡压力幅值上升，且尾空泡演化速度加快，压力振荡周期缩短，振荡次数增多；尾空泡拉断时形成的附体尾空泡轴向尺寸减小、体积减小，但是对周围水介质冲向尾空泡的射流角度几乎没有影响。

6.3.2.3　平台运动速度对尾空泡的影响

航行体实际水下发射过程中，是有平台运动速度的，而平台运动速度是航行体水下发射中的关键发射环境参数。通过三维仿真数值计算模型研究了不同平台运动速度下尾空泡流场数值仿真分析。由于仿真中为了分析平台运动速度的影响，所采用纵向出筒速度相

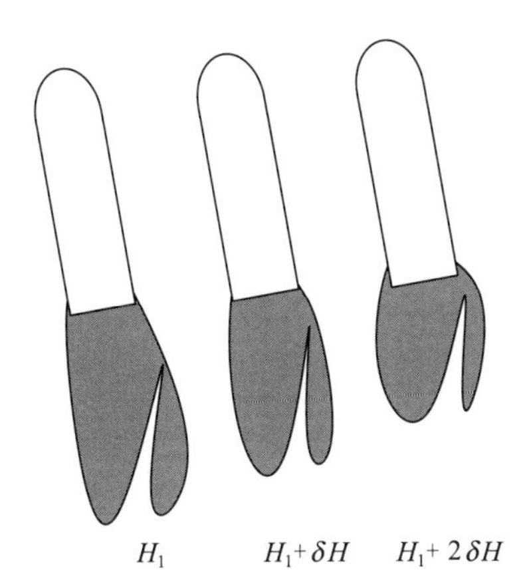

图 6 - 19　不同水深条件下尾空泡尾部回射流流场示意图

同，因此进入水中自由航行后，三种计算工况的航行体底压力差异较小，如图 6 - 20 所示，尾空泡第一次压力振荡周期几乎完全一致，随着平台运动速度的增加，第二次压力振荡周期的压力幅值减小了一些。

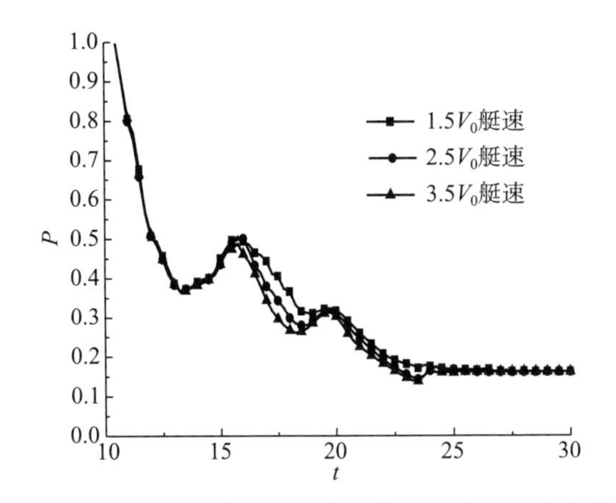

图 6 - 20　不同平台运动速度条件下尾空泡压力曲线

图 6 - 21 分别比较了不同平台运动速度条件下不同时刻航行体尾部流场的示意图。从中可以看出，不同平台运动速度条件下，拉断形成的附体尾空泡体积相当；随着平台运动速度的增大，回射流沿平台运动速度方向斜切尾空泡的角度增大，对航行体底压力的影响减小。同时随着平台运动速度的增大，航行体的俯仰姿态增大，尾空泡跟随航行体偏转的角度增大。

通过上述分析，平台运动速度大小对尾空泡压力影响较小，对尾空泡拉断时周围水介质冲向尾空泡的射流角度影响较大。随着平台运动速度的增大，周围水介质冲向尾空泡的射流角度沿平台运动速度方向斜切尾空泡的角度增大。初步分析，尾空泡拉断时周围水介质冲向尾空泡的射流角度主要与拉断时尾空泡的倾斜角度和航行体相对水流的横向速度有关，而造成以上因素的直接原因就是影响航行体姿态和横向速度的初始发射平台运动速度。

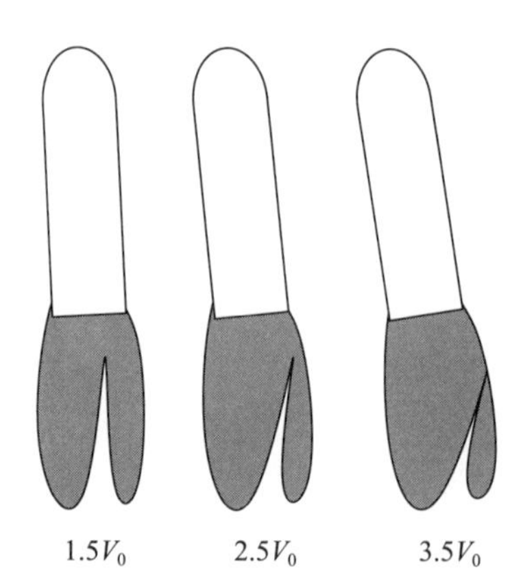

图 6－21　不同平台运动速度条件下尾部射流形成时刻尾部流场示意图

6.3.3　航行体尾部结构对尾空泡的影响

不同的尾部形状下尾空泡的发展演化规律不同，以 A 型、B 型、C 型三种尾部形状为例（如图 6－22 所示），对尾空泡生成演化过程进行了研究。

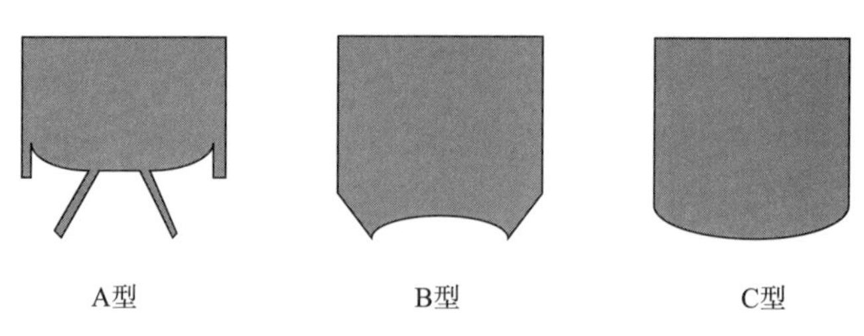

图 6－22　不同尾部形状及网格划分

由 A 型至 C 型，航行体出水时刻越来越晚，这主要是因为尾部形状不同导致尾空泡演化规律不同，航行体底平均压力不同，进而影响了航行体的纵向速度。图 6－23 比较了三种尾部形状的航行体底平均压力。从图中可以看出，A 型尾部航行体底平均压力呈现出二次周期性变化；B 型尾部航行体底平均压力也基本呈现出二次周期性变化，且其第一次周期性变化更加复杂，压力幅值比 A 型小；C 型尾部航行体底平均压力则呈现出更多次数的周期性变化，整体来说平均压力幅值是最小的。这说明从 A 型至 C 型尾部，尾空泡的变化越来越复杂。

航行体尾出筒后，三种尾型的高压发射燃气都立即向筒外膨胀，泡内压力迅速减小，随着航行体运动，不同尾部形状的留气能力不同，如图 6－24 所示。从中可以看出，A 型尾部整体呈内凹型，气体容易驻留在尾部；B 型尾部和 C 型尾部均以光滑的弧线过渡到航行体柱段，航行体尾部留气的能力较弱，而 B 型尾部中心附近内凹，比 C 型尾部中心向外凸出更容易留住一些气体。

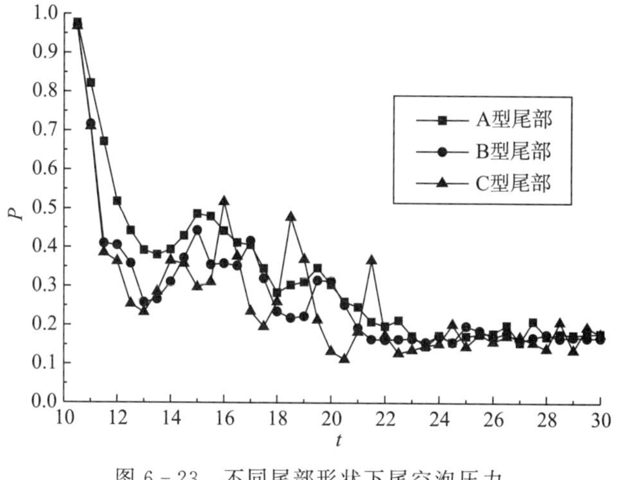

图6-23　不同尾部形状下尾空泡压力

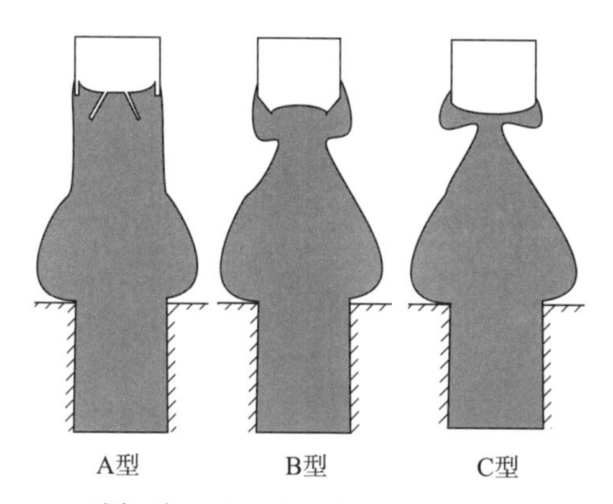

图6-24　不同尾部形状下航行体尾出筒后尾部流场示意图

由于三种尾型留气能力差异较大，导致形成的附体尾空泡形态差异较大。图6-25给出了不同尾部形状尾空泡拉断附近时刻的相场分布。从中可以看出，A型尾部尾空泡拉断时间最晚，附体尾空泡轴向尺寸最长，体积最大；B型尾部尾空泡较A而言，拉断时间早出许多，附体尾空泡轴向尺寸小了很多，体积小了很多；C型尾部尾空泡拉断时间最早，附体尾空泡轴向尺寸最小，体积最小。随着尾空泡进一步演化，从A型至C型尾部，尾空泡附着在航行体尾部表面的能力越来越弱。A型尾部尾空泡完全附着在航行体尾部，B型尾部尾空泡和航行体尾部表面之间进入了较多水体，C型尾部尾空泡和航行体尾部表面完全脱开。

根据上述分析，尾部形状对尾空泡生成演化有着重要的影响。A型尾部形状为内凹型，尾部留气能力最强；B型马鞍形尾部次之；C型椭球形尾部最弱。从而造成了从A型至C型，尾空泡拉断时间越来越早，航行体尾部平均压力振荡次数越来越多，平均幅值越来越小。

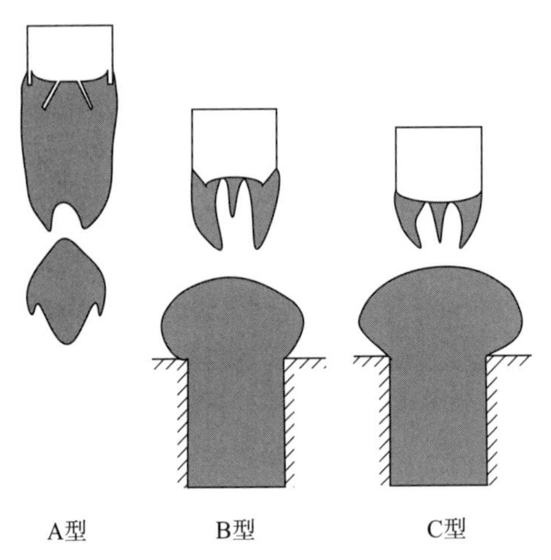

图 6-25　不同尾部条件下尾空泡拉断附近时刻尾空泡流场示意图

6.4　尾空泡对附体空泡的影响

本书主要研究航行体尾空泡对附体空泡的影响。航行体水下垂直发射过程中，随着航行体运动速度和发射深度的变化，肩部低压环境区域不断增大，航行体表面的空泡区域也随之增大，附着在航行体表面的空泡长度不断增加，附体空泡末端与尾空泡的距离越来越近，尾空泡压力振荡过程对附体空泡末端至航行体尾部的沾湿区域产生影响，使附体空泡回射推进过程减速、停滞乃至回缩。尾空泡压力开始上升后，使得附体空泡末端静压升高，空泡发展速度受到抑制，出现附体空泡发展变缓甚至停滞现象；尾空泡压力下降后，空泡发展速度恢复，附体空泡与尾空泡发展演化历程示意图如图 6-26 所示。

航行体水下运动过程中，附体空泡内的压力基本一致，空泡内区域近似为等压区，泡内压力会随着附体空泡发展、尾空泡振荡等影响因素的变化而变化。尾空泡影响前，随着空泡尺度在发射过程中的不断增加，泡内压力逐渐减小；尾空泡压力振荡会对泡压变化产生影响，处于尾空泡压力振荡峰值时，附体空泡与尾空泡距离比较近，泡内压力受尾空泡影响存在上升现象，同时随着尾空泡压力下降泡内压力也会逐渐降低。由于不同发射条件下航行体水下运动行程、附体空泡与尾空泡水下的相对位置关系存在差异，不同发射条件下尾空泡对泡内压力的影响发生时刻也是不同的。

附体空泡长度发展到航行体尾部时，会发生附体空泡与尾空泡连通现象，连通后附体空泡内压力会与尾空泡压力趋于一致。连通时附体空泡末缘的回射旋涡结构将吸引周围环境水介质挤压尾空泡，与尾空泡拉断形成的射流共同作用，形成复杂的尾部流场结构。

若附体空泡与尾空泡连通发生在尾空泡压力振荡的上升阶段，尾空泡压力高于附体空泡泡压，附体空泡内压力会出现上升。航行体水下发射过程中由于平台运动速度的存在，会使附体空泡存在迎流面和背流面，背流面附体空泡回射推进比迎流面快、空泡长度长，因此背流面首先与尾空泡连通，背流面由于连通早，泡内压力首先出现上升，因而产生迎背流面压差，会对航行体运动姿态产生影响，如图 6-27 所示。

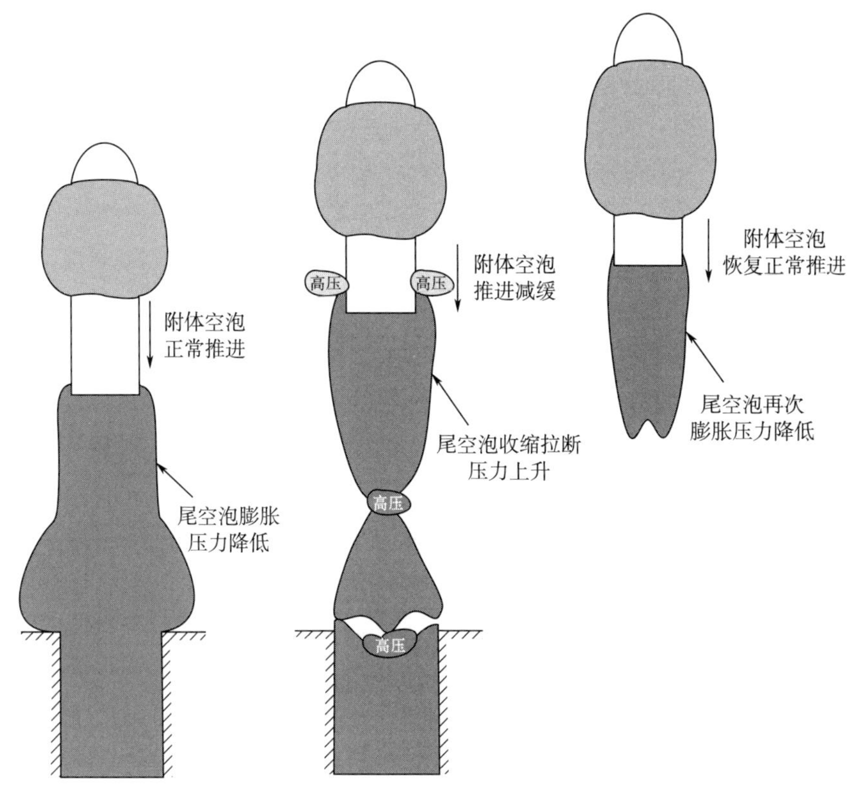

图 6-26　尾空泡对附体空泡推进的影响

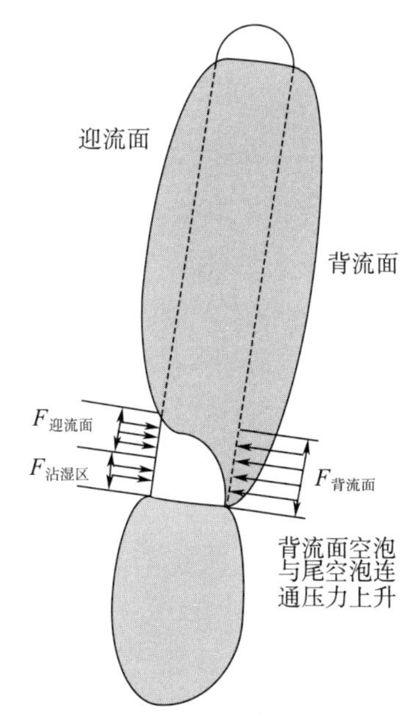

图 6-27　尾空泡连通时航行体受力示意图

不同发射工况下航行体水下运动行程、附体空泡与尾空泡水下的相对位置关系是存在差异的，因此尾空泡对附体空泡推进发展的影响可能发生在航行体运动的水中段或出水段。

6.5 小结

本章首先对尾空泡的生成、发展演化规律及国内外关于尾空泡的研究方法和进展情况进行了简单概述。其次分别通过 R－P 气泡动力学理论、空泡截面独立膨胀原理和 CFD 数值仿真手段建立了三种尾空泡分析数学模型，可以预示尾空泡压力和形态发展规律。通过试验和数值仿真数学模型研究手段对尾空泡演化机理进行了分析，剖析了尾空泡从初始形成、发展到拉断的发展过程和流场特征。

通过将尾空泡数学模型理论分析、数值仿真和试验手段相结合，对影响尾空泡发展的因素进行了分类和影响规律研究，揭示了发射条件和航行体尾部结构等因素对尾空泡发展演化特征的影响规律，最后从尾空泡对附体空泡特征参数的影响和尾空泡与附体空泡连通等方面，分析了尾空泡对附体空泡、航行体受力和姿态产生的影响。

参考文献

[1] CHOU Y S. Axisymmetric Cavity Flows Past Slender Bodies of Revolution. J. HYDRONAUTICS. 1974，8（1）：13－18.

[2] RATTAYYA J V，BROSSEAU J A，CHISHOLM M A. Potential Flow about Bodies of Revolution with Mixed Boundary Conditions——Axial Flow. J. HYDRONAUTICS. 1981，15（1－4）：74－80.

[3] 李杰，鲁传敬．潜射航行体尾部燃气后效建模及数值模拟．弹道学报，2009，21（4）：6－8.

[4] 刘志勇，颜开，王宝寿．潜射航行体尾空泡从生成到拉断过程的数值模拟．船舶力学，2005，9（1）：43－50.

[5] 王亚东，袁绪龙，覃东升．航行体水下发射筒口气泡特性研究．兵工学报，2011，32（8）：991－995.

[6] 燕国军，阎君，权晓波，等．水下航行体垂直发射尾部流场数值计算．航行体与航天运载技术，2012，3：42－46.

[7] DYMENT A，FLODROPS J P，PAQUET J B，et al. Gaseous cavity at the base of an underwater projectile. Aerospace Science and Technology，1998，2（8）：489－504.

[8] 张红军，陆宏志，裴胤，等．潜射航行体出筒过程的三维非定常数值模拟研究．水动力学研究与进展A辑，2010，25（3）：406－415.

[9] 权晓波，燕国军，李岩，等．水下航行体垂直发射尾空泡生成演化过程三维数值研究．船舶力学，2014，18（7）：739－745.

[10] 王占莹，冯健华，程少华，等．航行体出水俯仰双态特征研究．四川兵工学报，2016（3）：163－166.

[11] 王占莹，程少华，于海涛，等．大水深垂直发射航行器水弹道稳定性分析．兵工自动化，2016（6）：1－5.

第 7 章　复杂海洋环境的影响

海洋环境对水下航行体的工作性能有重要影响，先进水下航行体必须具备适应复杂海洋环境的能力。航行体水下发射过程中，不可避免地会受到流场、浪场、风场、温度场、盐度场、密度场等典型海洋环境因素的影响。而在这些影响因素中，波浪、海流两个因素对于水下航行体的设计及其运动规律的影响最为显著。波浪、海流主要影响航行体的出水姿态、力学环境及附体空泡的对称性，进而使得水下航行体偏离预先设计的弹道而无法实现可靠出水的目标。

7.1　波浪特性及其对水下航行体的影响

即使对于轴对称旋成体，波浪的存在也会使得绕航行体的流动呈现出较强的非对称性。不同的浪级、出水相位、波浪传播方向均会对航行体的俯仰、偏航姿态造成不同程度的影响，而且出水过程所经历的时间越长，波浪力对航行体的影响也就越明显。航行体出水问题本身就涉及气、液两相掺混的过程，外部受力特征变化剧烈，较大波浪力的存在会使得航行体表面压力分布更加不均匀，局部载荷增加，增加出水过程的复杂性。因此，波浪力的影响很难准确确定，实际工程应用中需根据多组实验或数值计算结果来最终确定波浪的干扰作用[1]。

若航行体水下发射过程中出现空化现象，空泡在出水瞬间失去了存在条件，在泡内外压差的作用下发生溃灭，使航行体法向加速度和俯仰力矩发生突变，航行体就会受到瞬态冲击载荷。当波浪与航行体表面空泡发生作用时，会进一步加剧空泡几何形态的不对称性，这种不对称分布所产生的非均匀流体动力载荷影响航行体结构安全性。若航行体出水过程不产生空泡，则法向加速度与俯仰力矩变化比较平缓。航行体出水后，附着水脱落，在附着水脱落的瞬间，航行体所受的流体动力载荷也会发生突变。因此，研究水下垂直发射航行体出水过程中波浪对其运动学及动力学参数的影响特征规律就变得尤为重要。

7.1.1　波浪概述

波浪是指海面上或者湖面上水面高度的最大值（波峰）和最小值（波谷）随着时间而在空间交替出现的自然现象[1]，组成波浪的水质点速度或动压做周期性往复振荡变化，且随水深的增加而衰减，并导致流场中出现复杂的剪切运动。一般海浪都是由海面的风引起的，其周期为 0.5～25 s，波长为几十厘米到几百米，波高为几厘米到 20 m，在极端情况下波高可达 30 m 以上。波浪对水下航行体作用的研究方法可以概括为两种：一种是基于势流理论的规则波和随机波理论模型，研究波浪场对航行体的作用；另一种是基于三维 N-S 方程的数值造波方法，对波浪流场中航行体水下发射过程进行数值模拟。其中，前一种方法计算过程相对简单，可以考虑浪级、周期、相位等多种因素的影响，但忽略了航行体对波浪流场的反影响；后一种方法相对更加准确，可直观地再现波浪流场与航行体出水过程的相互作用，但计算工作量大，本节主要对势流波浪理论进行介绍。

7.1.2　波浪分类及典型海域的波浪特征

7.1.2.1　波浪的分类与海况的定义

真实的海洋环境中存在着周期不足 1 s 到大于 1 天的各种波浪，其主要能量集中于周期为 4～12 s 范围内的波浪中，这些波浪属于重力波。其中，最常见的重力波是风浪和涌浪，一般将风浪、涌浪及形成于海岸和浅滩附近的近岸浪，统称为海浪。也可以根据水深，将海浪分为深水波和浅水波两种类型：浅水波波长至少是水深的 20 倍，其运动会受到海底摩擦作用的影响；深水波波长远小于水深，通常在水深大于 1/2 波长的水域中传播，海底的摩擦作用对其运动的影响可以忽略不计。

海况作为气象学与船海工程领域分析海洋环境的重要指标，是指海面受到风力的直接或间接作用而引起波动的外貌特征，能够反映波浪形态、破碎情况及浪花、飞沫数量等特征，对航海、海上施工、水下发射及军事演习等人类活动具有重要意义。海况等级与波浪等级是两个不同概念，二者分别以浪的外貌特征与尺度大小为划分标志，见表 7-1、表 7-2。

表 7-1　海况等级表（苏联海况等级划分标准）

等级	海况名称	海面特征
0	完全平静	海面光滑如镜，或仅有涌存在
1		波纹涟漪，或涌和波纹同时存在
2	平静	波浪很小，波顶开始破裂，浪花不显白色，而呈玻璃色
3		波浪不大，波顶开始翻倒，有些地方形成“白浪”
4	不平静	波形长而明显，波顶急剧翻倒，到处形成“白浪”
5		出现高大波浪，波顶浪花层面积很大，并开始被风削去
6	风暴	波峰呈现风暴波，被风削去的浪花开始一条条地沿波浪斜面伸长
7		被风削去的浪花布满波浪斜面，有些地方融合到波谷，波峰布满浪花层
8		波浪斜面布满稠密的浪花，海面变白，仅波谷内有些地方无浪花
9	异常风暴	整个海面布满稠密的浪花层，空气中充满水滴和飞沫，能见度显著下降

表 7-2 海浪浪级表（我国国家海洋局发布的浪级标准）

等级	有义波高/m	名称	等级	有义波高/m	名称
0	0.0	无浪	5	2.5～4.0	大浪 
1	<0.1	微浪 	6	4.0～6.0	巨浪 
2	0.1～0.5	小浪 	7	6.0～9.0	狂浪 
3	0.5～1.25	轻浪 	8	9.0～14.0	狂涛 
4	1.25～2.5	中浪 	9	≥14.0	怒涛 

7.1.2.2 典型海域的波浪特征

通常广阔海域的波高和周期是通过目测得到的，并把它们和风速联系起来。通过对大量数据资料统计分析，可以得到不同海域风速与波高的关系，以及波高、周期出现的概率，从而能够方便地根据风速估计波高或周期。同时，对于航行在一定区域的航行体可按该区域的波浪参数及其出现概率，在设计初期提出与波浪有关的性能指标。对于航行体的不同设计方案也可在该区域的风浪参数下进行比较权衡。

不同海域的波高和风速关系如图 7-1 所示。其中，北大西洋曲线是罗尔观察的平均波高和风速关系；欧洲沿海曲线是 BTTP 建议的；而北太平洋资料是山内保文等在 1955—1963 年和日本造船研究协会在 1964—1973 年作出的。把它们和皮尔逊一莫斯柯维奇（P-M）、ITTC 建议的充分成长波浪相比可以看出，实际海域在大风速时充分成长的波浪是少见的，因此观察的波高值多较充分成长的波高值更小；在风速小时观察的波高值接近于充分成长波高值，或者观察值还稍大些。

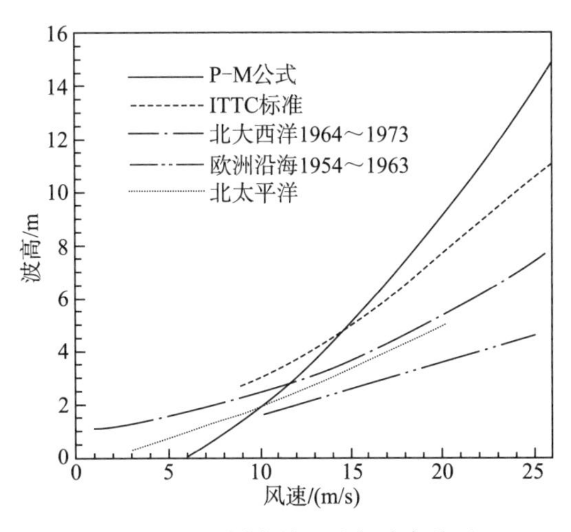

图 7-1　不同海域风速与波高关系

太平洋、大西洋、印度洋平均风速和有效波高随纬度变化的关系如图 7-2 所示。研究结果表明，各大洋海区的风速 U 和波高 H 虽然有区域性特征，但是存在明显的相关性，各大洋风速 U 随纬度的分布较波高 H 随纬度的分布更为集中。相互比较容易发现，大西洋风速 U 随纬度分布局部高于太平洋，但波高 H 随纬度分布则明显低于太平洋；印度洋风速 U 随纬度分布高于大西洋和太平洋，而波高 H 随纬度分布在南半球居大西洋和太平洋之间，但在北半球却明显偏低。

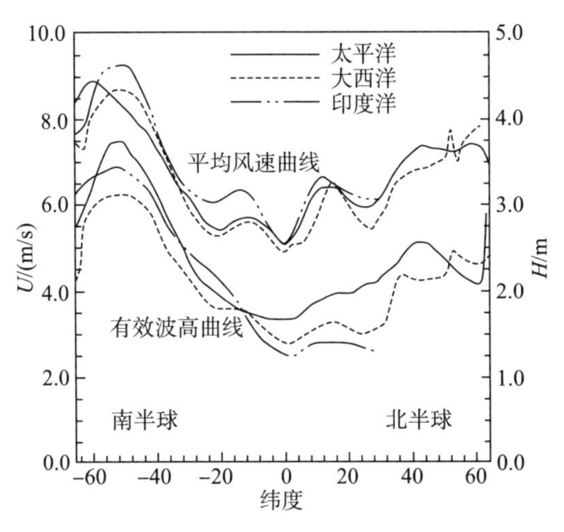

图 7-2　平均风速、有效波高区域特性

在1953—1961年期间，Hogben与Lumb[18]对航行于世界各航线的500多艘船观察得到的100万个以上主波波高和周期的波浪资料，分成50个海区进行统计分析，并详细地给出了各海区主波高和周期的观察值。表7-3、表7-4给出整个世界范围航区的波高出现概率，并把它们与蒲氏风级联系起来。研究结果表明，概率最大的波高为1.25～2.5 m，其次是0.5～1.25 m，即0.5～2.5 m范围的波高是最经常出现的，它们对应于蒲氏风3～6级。因此，实用中通常把3～6蒲氏风级对应的0.5～2.5 m波高称为中等风浪，其波浪周期为4～9 s。一般航行体的波浪特性均以中等风浪提出指标或作为不同设计方案的比较基础，并往往以大风浪级作为指标的上限。对于中小型航行体多以大风浪级，即蒲氏风级为5.5～7.5级而波高为2.5～4.5 m、波浪周期大于9 s的风浪为准提出设计指标。

表7-3 世界范围波高与周期

出现概率 / 波浪周期/s / 波高/m	2.5	6.5	8.5	10.5	12.5	14.5	16.5	18.5	20.5	>21	总计
<0.5	10.07	0.56	0.15	0.07	0.03	0.01	0.01	0.01	0.10	0.24	11.25
0.5～1.25	22.22	6.92	1.42	0.44	0.17	0.05	0.03	0.01	0.04	0.39	31.69
1.25～2.5	8.68	18.16	9.09	2.94	0.89	0.28	0.09	0.02	0.01	0.02	40.19
2.5～4	0.54	3.04	4.49	2.92	1.24	0.40	0.12	0.03	0.01	0.00	12.80
4～6	0.07	0.39	0.84	0.86	0.52	0.22	0.09	0.02	0.00	0.00	3.03
6～9	0.02	0.09	0.22	0.26	0.18	0.09	0.04	0.01	0.00	0.00	0.93
9～14	0.00	0.01	0.02	0.03	0.03	0.02	0.01	0.00	0.00	0.00	0.12
>14	—	0.00	0.00	0.00	0.00	—	—	—	0.00	—	0.00
总计	41.61	29.17	16.24	7.52	3.06	1.08	0.38	0.11	0.16	0.67	100.00

表7-4 蒲氏风级与波高及其出现概率关系

蒲氏风级	实用中风浪划分	观察波高/m	世界范围出现概率/%
0		0	11.248 6
1		0～0.1	
2～3	中等风浪	0.1～0.5	
4		0.5～1.25	31.685 1
5		1.25～2.5	40.194 4
6～7	大风浪	2.5～4.0	12.800
8	巨大风浪	4.0～6.0	3.025 3
9～10		6.0～9.0	0.926 3
10～11		9.0～14.0	0.119 0
12		>14	0.000 9

7.1.3 波浪基础理论

7.1.3.1 波浪的数学模型

对于描述波浪理论的各种数学模型，可以从表征流体运动的基本控制方程出发进行推导。在描述波浪运动的数学模型中，波浪运动的微分方程及其定解条件是两组主要的数学关系式[3]。将所研究的流体假设为不可压缩且流体的粘性系数不随流动参数变化的流体。本章所采用的坐标系均为直角坐标系，即水平指向右的为 x 轴正向，垂直向上为 z 轴正方向，y 轴根据右手法则确定。u 、v 、w 分别是 x、y、z 方向的速度，p 表示流体压力，ρ 表示密度，μ 表示流体的动力粘性系数。

流体力学的控制方程式是从数学角度来描述流动物理参数之间关系的偏微分方程组。研究波浪运动的基本控制方程包括连续性方程、动量方程。由于热量输运过程对波浪运动过程的影响甚微，因此本章不对能量方程进行介绍。

连续性方程：

不可压欧拉型

$$\frac{\partial u}{\partial x}+\frac{\partial v}{\partial y}+\frac{\partial w}{\partial z}=S_m$$

不可压势流型

$$\nabla^2\phi=S_m \tag{7—1}$$

式中　S_m ——源项，不采用源项造波法时，$S_m=0$；

ϕ——速度势函数。

欧拉型动量方程

$$\begin{cases}\dfrac{\partial u}{\partial t}+u\dfrac{\partial u}{\partial x}+v\dfrac{\partial u}{\partial y}+w\dfrac{\partial u}{\partial z}=f_x-\dfrac{1}{\rho}\dfrac{\partial p}{\partial x}+\dfrac{\mu}{\rho}\left(\dfrac{\partial^2 u}{\partial x^2}+\dfrac{\partial^2 u}{\partial y^2}+\dfrac{\partial^2 u}{\partial z^2}\right)\\ \dfrac{\partial v}{\partial t}+u\dfrac{\partial v}{\partial x}+v\dfrac{\partial v}{\partial y}+w\dfrac{\partial v}{\partial z}=f_y-\dfrac{1}{\rho}\dfrac{\partial p}{\partial y}+\dfrac{\mu}{\rho}\left(\dfrac{\partial^2 v}{\partial x^2}+\dfrac{\partial^2 v}{\partial y^2}+\dfrac{\partial^2 v}{\partial z^2}\right)\\ \dfrac{\partial w}{\partial t}+u\dfrac{\partial w}{\partial x}+v\dfrac{\partial w}{\partial y}+w\dfrac{\partial w}{\partial z}=f_z-\dfrac{1}{\rho}\dfrac{\partial p}{\partial z}+\dfrac{\mu}{\rho}\left(\dfrac{\partial^2 w}{\partial x^2}+\dfrac{\partial^2 w}{\partial y^2}+\dfrac{\partial^2 w}{\partial z^2}\right)\end{cases} \tag{7-2}$$

势流型动量方程

$$\frac{\partial\phi}{\partial t}+\frac{1}{2}|\nabla\phi|^2+gz+\frac{p}{\rho}=0 \tag{7-3}$$

式中　f_x，f_y，f_z——分别为单位质量力在 x、y、z 方向的分量；

g ——z 方向的重力加速度。

水波运动规律是在给定边界条件及初始条件下，对控制方程进行求解得到的。为了能够对方程组进行求解，需要给定一些必要的条件，才能使方程组封闭。早期对于波浪流场的研究均是基于势流理论，通常假设流动介质为不可压缩流体，且忽略粘性的影响。这里仅对势流波浪理论的初边值条件作详细介绍，为后续的研究提供参考。对于水波问题，需要给定波浪初始条件、海底边界条件及波浪的自由表面边界条件。

(1) 自由表面条件

假定波浪自由表面方程即波面方程为

$$z=\eta(x,y,t)$$

通过对波面方程求偏微分可以得到波面上水质点的 z 向运动速度

$$\frac{\mathrm{d}z}{\mathrm{d}t}=\frac{\partial\eta}{\partial t}+\frac{\partial\eta}{\partial x}\frac{\partial x}{\partial t}+\frac{\partial\eta}{\partial y}\frac{\partial y}{\partial t} \tag{7-4}$$

式中 x、y、z——表示位于波面上水质点的空间位置。

对 x、y、z 做关于时间的导数得到的即为水质点在 x、y、z 方向上的运动速度 u、v、w，即为

$$\left(\frac{\partial x}{\partial t},\frac{\partial y}{\partial t},\frac{\partial z}{\partial t}\right)=(u,v,w)=\left(\frac{\partial\phi}{\partial x},\frac{\partial\phi}{\partial y},\frac{\partial\phi}{\partial z}\right) \tag{7-5}$$

式中 ϕ——速度势函数。

将式（7－5）代入式（7－4），得到

$$\frac{\partial\phi}{\partial z}=\frac{\partial\eta}{\partial t}+\nabla\phi\cdot\nabla\eta \tag{7-6}$$

式（7－6）即为波浪的自由表面运动学边界条件。此外，由于波面上方即为大气，因此作用在波面上的压力与波面上方的大气压力值相等，即 $p=p_a$，于是又可得到式（7－7），该方程是与力相关的，称为动力学边界条件

$$\frac{\partial\phi}{\partial t}+\frac{1}{2}|\nabla\phi|^2+g\eta=-\frac{p_a}{\rho} \tag{7-7}$$

在式（7－6）和式（7－7）中消去 η，可得到仅由速度势函数 ϕ 表达的综合了运动学条件和动力学条件的自由表面条件

$$\frac{\partial^2\phi}{\partial t^2}+g\frac{\partial\phi}{\partial z}+2\nabla\phi\cdot\nabla\frac{\partial\phi}{\partial t}+\frac{1}{2}\nabla\phi\cdot\nabla(\nabla\phi\cdot\nabla\phi)=0 \tag{7-8}$$

(2) 海底条件

将水底面的方程写成 $F(x,z,t)=z+h(x,y,t)=0$，该曲面的单位法线矢量为

$$\boldsymbol{n}=(n_x,n_y,n_z)=\frac{(F_x,F_y,F_z)}{\sqrt{F_x^2+F_y^2+F_z^2}}=\frac{(h_x,h_y,1)}{\sqrt{h_x^2+h_y^2+1}} \tag{7-9}$$

水底面的法向速度为

$$h_t n_z=\frac{h_t}{\sqrt{F_x^2+F_y^2+F_z^2}} \tag{7-10}$$

另一方面，水底面上流体质点的法向速度为

$$\nabla\phi\cdot\boldsymbol{n}=\frac{(F_x\phi_x+F_y\phi_y+F_z\phi_z)}{\sqrt{F_x^2+F_y^2+F_z^2}}=\frac{(h_x\phi_x+h_y\phi_y+\phi_z)}{\sqrt{h_x^2+h_y^2+1}} \tag{7-11}$$

假定水底面无渗透性，则水底面的法向速度应与其上流体质点的法向速度一致，即式（7－10）和式（7－11）相等，同时考虑水底面不随时间变化，则可得以下公式

$$\frac{\partial h}{\partial x}\frac{\partial\phi}{\partial x}+\frac{\partial h}{\partial y}\frac{\partial\phi}{\partial y}+\frac{\partial\phi}{\partial z}=0 \tag{7-12}$$

(3) 初始条件

在波浪运动的控制方程组中，同时含有对空间及时间的偏导数。求解波浪运动控制方程组的实质就是对该方程组在空间及时间上进行积分，这就需要给出运动方程组在空间及时间上的初始值。以下给出的为波浪运动在空间、时间上的初始值

$$\phi\big|_{t=0}=f_1(x,y),z=\eta(x,y,0) \tag{7-13}$$

$$\frac{\partial\phi}{\partial t}\Big|_{t=0}=f_2(x,y),z=\eta(x,y,0) \tag{7-14}$$

相对于波浪运动的边界条件，初始条件的重要性相对较低。因为在波浪的周期运动过程中，初始条件只能影响计算开始的几个周期，几个周期后初始条件的影响将消失。

以上各式就是研究波浪问题所需的基本方程、边界条件及初始条件。自由表面的运动学边界条件及自由表面的动力学边界条件均为非线性，这就给方程求解带来了困难。这或许也是迄今为止尚不能推导出能描述任意波浪参数、水深及海况的波浪理论的原因。鉴于以上困难，人们不得不对上述非线性方程做了一些假定，以此来简化这些非线性关系式，从而建立适应各种特定海况条件下的波浪理论。以下将对这些波浪理论做一介绍，主要涉及线性波浪、非线性波浪及非规则波浪。

7.1.3.2　波浪理论简介

根据波形随时间和空间是否发生变化，可以把波浪分成规则波和非规则波两种。规则波的波形不随空间和时间变化，具有不变的波幅和波长。它是简单特殊波浪的传播形态，当所考虑的问题为二维，水深为常数，且产生波浪的扰动源随时间是周期性变化(如造波板周期性的摆动、水面上浮体周期性振动等)时，才有可能形成这样的波浪。线性波、Stokes 波、孤立波、椭圆余弦波等是比较常见的规则波。非规则波波动形态是瞬变的，即不存在固定的波形、波幅和波长。非规则波可由随时间非周期性变化的扰动源产生，人们常见到的航行中的船舶、掉入水中的物体以及风吹过水面时产生的波浪都是瞬变波。对于非规则波的研究具有实际意义，如研究海面上风浪的产生和演化时，需要确定波浪由小到大的发展过程。舰船上飞机起降及火炮的发射往往需要预报在某一时刻以后若干秒内船体的运动状态，为此需要确定船体周围波浪瞬间运动及其对应的船体运动响应[4]。下面分别介绍规则波中的线性波、二阶 Stokes 波及非规则波等波浪理论。

7.1.3.3　线性波理论

线性波问题可以看做自由表面条件式 (7-6) 中忽略右边的非线性项后所得的波浪理论模型。线性波模型最初是由 Airy 于 1845 年提出的，因此，线性波理论又称为 Airy 波理论。同时又由于其波面方程为正弦函数 (或余弦函数)，因此，有时又把线性波称作正弦波 (或余弦波)。线性波波浪要素如下所述：

速度势函数

$$\phi=\frac{gH}{2\omega}\frac{chk(z+d)}{chkd}\sin\theta \tag{7-15}$$

波面方程

$$\eta = \frac{H}{2}\cos\theta, \theta = kx - \omega t \tag{7-16}$$

色散方程

$$L = \frac{gT^2}{2\pi} thkd \tag{7-17}$$

其中

$$k = 2\pi / L, W = 2\pi / T$$

式中 g——重力加速度；

T——波浪周期，即波浪流体质点上下振动一次所用的时间；

L——两波峰之间距离；

d——静水深度；

k——波数，可以理解为在 2π 时间范围内波浪振动的次数；

ω——圆频率，同样可以理解为 2π 长度范围内波长个数。

由速度势函数公式（7-15）可求得一阶近似的速度场

$$u = \frac{\partial \phi}{\partial x} = A\omega \frac{chk(z+d)}{shkd}\cos\theta \tag{7-18}$$

$$w = \frac{\partial \phi}{\partial z} = A\omega \frac{shk(z+d)}{shkd}\sin\theta \tag{7-19}$$

式（7-17）为色散方程，它规定了波浪的频率与波数之间的关系，即确定了波长与波浪周期之间的关系。

线性波的质点运动轨迹是一个封闭椭圆。在水面处，其垂直短半轴等于波幅；在水底处，其水平长半轴等于波幅，垂直短半轴为零。因此，越接近水面处，质点运动轨迹的椭圆越接近圆；越接近水底处，椭圆垂直短半轴越小，在水底处，流体质点沿水底作振幅为波幅的往复运动，其质点运动轨迹如图 7-3 所示。

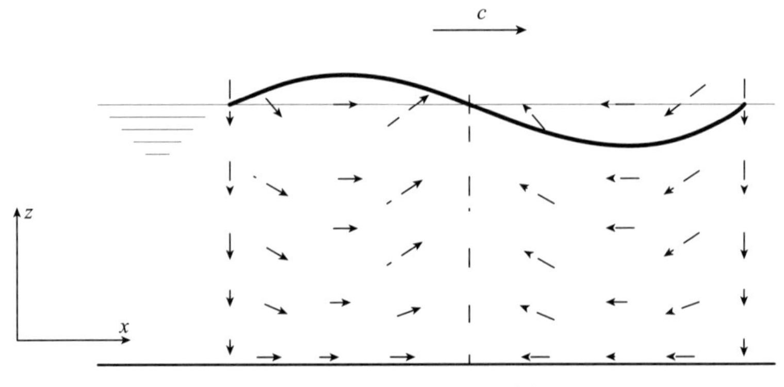

图 7-3 线性波波浪质点运动轨迹

线性波理论是各种波浪理论中最为基本的理论，其概念清晰，公式简明，运用方便，是解决港口、海岸工程等各种实际问题最重要的工具之一，在海洋与海岸工程研究中被广泛应用，解决了许多相关工程问题。与此同时，线性波理论还被应用到非规则波的波谱理论中，用于生成非规则波。因此，线性波理论可以说是一种应用较为广泛的波浪理论，在波浪理论中占有重要的地位。

7.1.3.4　Stokes 波理论

在线性波理论中，自由表面条件中波陡（H/L）高阶项被忽略。对于波陡较小的波浪，线性波理论与实际波浪情况较为相似；对于波陡较大的波浪，应用线性波理论将带来较大的误差，并且在真实海洋环境当中，非线性条件往往起较重要的作用。为了求得更高阶的非线性解，有必要考虑波浪摄动展开法中更高阶问题的解，由此得到波浪的永形波称为 Stokes 波。1847 年 Stokes 提出了有限水深情况下的二阶波浪理论，1925 年 Levi - Civita 与 1926 年 Struick 分别证实了 Stokes 波在无限与有限水深情况下也是收敛的。Stokes 波是基于摄动展开法推导得到的，根据考虑截止阶数的不同，Stokes 波有二阶、三阶、四阶、五阶之分，本节重点对二阶 Stokes 波进行探讨。

摄动法把有限振幅的非线性波视为无限多个线性波的 Fourier 组合。所选取的小参数为

$$\varepsilon = ka$$

式中　k——波数，$k = 2\pi/L$；

　　a——最低阶振幅的长度组合，$a = 0.5H$。

因此，Stokes 展开方法的通用条件是 $H/d \ll (kd)^2$，kd 可视为相对水深。当 $kd < 1$ 和 $H/L \ll 1$ 时，有限振幅波的势函数和波面高度可表示为

$$\Phi = \sum_{n=1}^{\infty} \varepsilon^n \Phi_n = \varepsilon \Phi_1 + \varepsilon^2 \Phi_2 + \cdots + \varepsilon^n \Phi_n + \cdots \tag{7-20}$$

$$\eta = \sum_{n=1}^{\infty} \varepsilon^n \eta_n = \varepsilon \eta_1 + \varepsilon^2 \eta_2 + \cdots + \varepsilon^n \eta_n + \cdots \tag{7-21}$$

对上述两式应用水波运动的势流理论，得到一系列独立于 ε 的偏微分方程，于是对 ε 项得

$$\frac{\partial \Phi_1}{\partial z} - \frac{\partial \eta_1}{\partial t} = 0\ ,\ z = 0 \tag{7-22}$$

$$\eta = -\frac{1}{g}\left(\frac{\partial \Phi_1}{\partial t}\right)\ ,\ z = 0 \tag{7-23}$$

对 ε^2 项可得到二阶 Stokes 波的自由表面条件

$$\frac{\partial \Phi_2}{\partial z} - \frac{\partial \eta_2}{\partial t} + \eta_1 \frac{\partial^2 \Phi_1}{\partial z^2} - \frac{\partial \eta_1}{\partial x}\frac{\partial \Phi_1}{\partial x} = 0\ ,\ z = 0 \tag{7-24}$$

$$\eta_2 = -\frac{1}{g}\left[\frac{\partial \Phi_2}{\partial t} + \eta_1 \frac{\partial^2 \Phi_1}{\partial z \partial t} + \frac{1}{2}\left(\frac{\partial \Phi_1}{\partial x}\right)^2 + \frac{1}{2}\left(\frac{\partial \Phi_1}{\partial z}\right)^2\right] \tag{7-25}$$

将小振幅理论求得的速度势及表面波高值代入式（7 - 24）和式（7 - 25），可求得 Stokes 二阶近似的各波浪要素，结果见表 7 - 5。式中，H 为波高；L 为波长；d 为静水深；$s = z + d$ 为波面到发射平台的距离；$\theta = kx + \omega t$ 为相位角；T 为周期。

表 7-5 Stokes 二阶波的波浪要素公式

波浪要素	表达式
速度势函数 Φ	$\Phi=\frac{\pi H}{kT}\frac{\cosh ks}{\sinh kd}\sin\theta+\frac{3}{8}\frac{\pi H}{kT}\left(\frac{\pi H}{L}\right)\frac{\cosh 2ks}{\sinh^4 kd}\sin 2\theta$
波速 c	$c^2=\frac{g}{k}\tanh kd$
波面高 η	$\eta=\frac{H}{2}\cos\theta+\frac{H}{8}\left(\frac{\pi H}{L}\right)\frac{\cosh kd}{\sinh^3 kd}(\cosh 2kd+2)\cos 2\theta$
色散关系	$L=\frac{gT^2}{2\pi}\tanh kd$
水平速度 u	$u=\frac{\pi H}{T}\frac{\cosh ks}{\sinh kd}\cos\theta+\frac{3}{4}\frac{\pi H}{T}\left(\frac{\pi H}{L}\right)\frac{\cosh 2ks}{\sinh^4 kd}\cos 2\theta$
垂直速度 w	$w=\frac{\pi H}{T}\frac{\sinh ks}{\sinh kd}\sin\theta+\frac{3}{4}\frac{\pi H}{T}\left(\frac{\pi H}{L}\right)\frac{\sinh 2ks}{\sinh^4 kd}\sin 2\theta$
水平加速度 $\partial u/\partial t$	$\frac{\partial u}{\partial t}=\frac{2\pi^2 H}{T^2}\frac{\cosh ks}{\sinh kd}\sin\theta+\frac{3\pi^2 H}{T^2}\left(\frac{\pi H}{L}\right)\frac{\cosh 2ks}{\sinh^4 kd}\sin 2\theta$
垂直加速度 $\partial w/\partial t$	$\frac{\partial w}{\partial t}=-\frac{2\pi^2 H}{T^2}\frac{\sinh ks}{\sinh kd}\cos\theta-\frac{3\pi^2 H}{T^2}\left(\frac{\pi H}{L}\right)\frac{\sinh 2ks}{\sinh^4 kd}\cos 2\theta$
压强 p	$p=-\rho gz+\frac{1}{2}\rho gH\frac{\cosh ks}{\cosh kd}\cos\theta+\frac{3}{4}\rho gH\left(\frac{\pi H}{L}\right)\frac{1}{\sin 2kd}\left(\frac{\cosh 2ks}{\sinh^2 kd}-\frac{1}{3}\right)-\frac{1}{4}\rho gH\left(\frac{\pi H}{L}\right)\frac{1}{\sin 2kd}(\cosh 2ks-1)$
平均能量密度	$E=\frac{1}{8}\rho gH^2[+o(\varepsilon^4)]$
能流	$p=\frac{1}{16}\rho gH^2\left(1+\frac{2kd}{\sinh 2kd}\right)[+o(\varepsilon^4)]$

Stokes 波与线性波或正弦波有较大差别，如图 7-4 所示，从波形上看具有明显峰尖谷宽的特点，不像正弦曲线那样上下对称。另外波峰值距平衡位置的距离比波谷到平衡位置的距离要大。

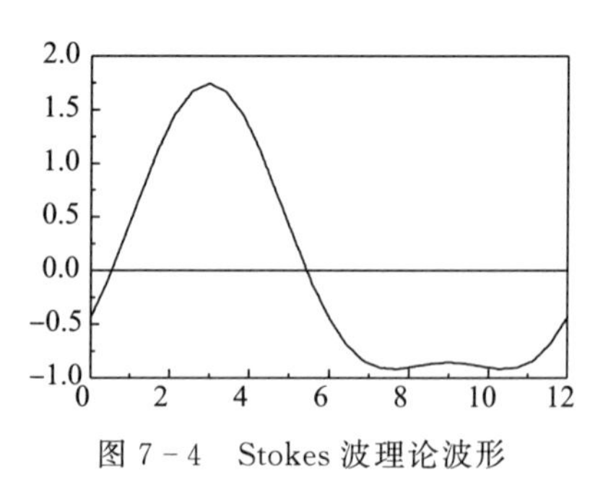

图 7-4 Stokes 波理论波形

从理论速度与水深（图 7-5）的关系可以看出，波浪引起的水质点的运动集中在近水面的区域内，当水深达到一定深度后，由波浪引起的速度几乎为 0，可以忽略，因此，波浪的影响主要集中在近水面区域，且具有表面特性。

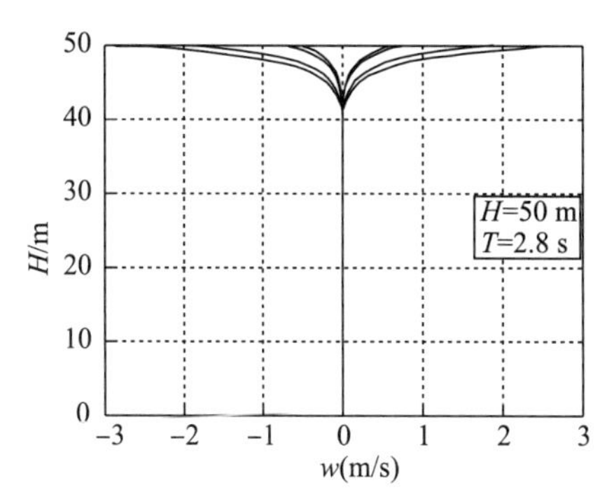

图 7-5　理论 z 向速度与水深关系

根据 Stokes 波理论可以得出波形的几何极限，Stokes 曾证明极限峰角为 120°，Michell 采用等角映象方法计算了极限波浪的全形，严格地证明了最大的波陡为 1/7。

与线性波相比，二阶 Stokes 波波面升高，波峰变尖，波谷变平坦。此外，水平速度存在定常分量，这一速度分量使水质点的运动轨迹不再是封闭的，而是存在随波浪向前的净位移。

7.1.3.5　非规则波的数学模型

非规则波的波动可看作是由无限个振幅、频率不等，初相位不同的简单线性波叠加而成，其波面方程 $\eta(x, t)$ 可以表示为

$$\eta(x,t)=\sum_{i=1}^{\infty}a_i\cos(k_ix+\omega_it+\varepsilon_i) \tag{7-26}$$

式中　a_i——成分波浪的振幅；

k_i——成分波浪的波数；

ε_i——成分波浪的初始相位；

ω_i——成分波浪的圆频率。

非规则波的速度势函数表示如下

$$\phi(x,t)=\sum_{i=1}^{\infty}a_i\frac{g}{\omega_i}\frac{\cosh k_i(z+d)}{\cosh kd}\sin(k_ix+\omega_it+\varepsilon_i) \tag{7-27}$$

对其速度势函数求偏导后，非规则波的速度场表示如下

$$u=\sum_{i=1}^{\infty}a_i\omega_i\frac{chk_i(z+h)}{sh(k_ih)}\cos(k_ix+\omega_it+\varepsilon_i) \tag{7-28}$$

$$w=\sum_{i=1}^{\infty}a_i\omega_i\frac{shk_i(z+h)}{sh(k_ih)}\sin(k_ix+\omega_it+\varepsilon_i) \tag{7-29}$$

式（7-28）及式（7-29）表明，非规则波的速度同样也可以由不同频率及不同波高的线性波叠加组成。同时，每个单个线性波均满足线性波的色散方程，表达式如下

$$\omega_i^2=gk_i\tanh(k_id) \tag{7-30}$$

7.1.3.6　随机波浪的统计特性及波谱[5-8]

前面讨论的线性波、Stokes 波等都是永形波，即波形随空间和时间保持不变，具有不

变的波幅和波长。然而，在自然界中，海浪此起彼伏，瞬息万变，具有明显的随机性，这给人们研究复杂而随机的波浪带来了困难。自20世纪50年代初，相关科研人员将频率、振幅、相位和方向不同的线性波相叠加，以代表真实海浪。结果表明，该方法能较好地反映海浪的随机性。大量的研究结果表明，这种方法对于海浪传播的研究是较为有效的，并逐渐成为研究海浪的主要手段之一[1]。此外，研究表明，海浪运动过程可视为具有平稳性和各态遍历性的随机过程，可以应用统计分析方法研究海浪的各种特性。目前利用谱方法以随机过程描述海浪成为主要的研究途径。

海浪作为一种随机现象，具有统计规律，服从正态分布，从而可以引入以下的谱方法来进行描述。

图7-6给出了随机波浪波面示意图，该图显示出不规则波波面起伏的随机性，把图中记录的每个单个波区分开需要一个固定的准则，当前通用的区分方法称为跨零定义法。该方法将波面高程线从向上跨过零线（静水平面）处开始到下一个上跨零线时结束定义为一个波，称为上跨零点法。该两个零点之间的时间差定义为波的周期，用 T 表示，两零点间的幅值最大值（波峰）与最小值（波谷）的高程差定义为波高，用 H 表示。上述所定义出的波高 H 与波浪周期 T 也是一个随机的统计量，因而在随机波浪理论中还需要引入特征波高的概念。

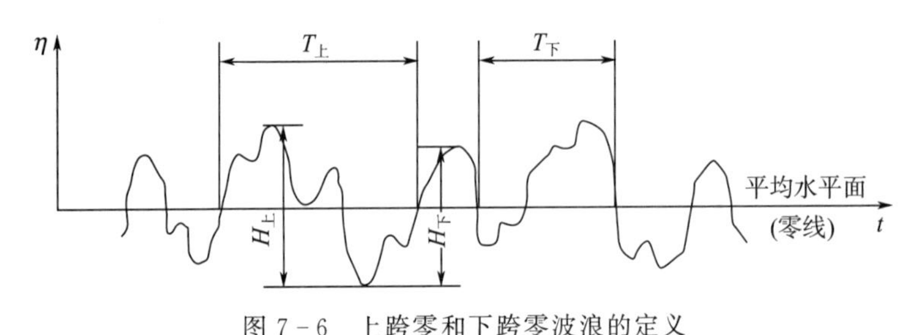

图7-6　上跨零和下跨零波浪的定义

有义波高这一概念是1947年由Sverdrup-Munk首先提出的，是指从一段观测时间所得的记录中，将所有的波高按大小顺序选出，自波高大的算起，取其全部的1/3，再以这些波高的平均值作为波浪的波高，称为有义波高，通常采用 $H_{1/3}$ 表示。有义波高反映了海浪的显著部分，是海洋工程设计中所关心的主要对象。

为了描述作为平稳随机过程处理的海浪，在资料整理、海浪预报、海岸工程及航行体水下发射海情预报的应用中，常常将海浪要素看作随机变量，应用概率论和数理统计方法来研究海浪现象。虽然此方法主要针对海浪外在表现的统计性质进行研究，但是也反映了一定的海浪内部结构特征。因此，在理论和实际应用中，对海浪要素分布函数的研究具有一定价值。研究表明，海浪波面位移、海浪幅值的概率分布及海浪能量谱密度是海浪三个重要的统计特征。

（1）海浪波面位移的概率分布

设一个随机海浪过程如图7-7所示。为了求得波面位移的概率分布，需要对波浪进行采样，采样时间为 t_1，t_2…，t_n，…，采样得到的波面位移分别为 ζ_1，ζ_2…，ζ_n，…，

对 ζ_1，$\zeta_2 \cdots$，ζ_n，…进行统计分析，可以得到波面位移的概率分布。

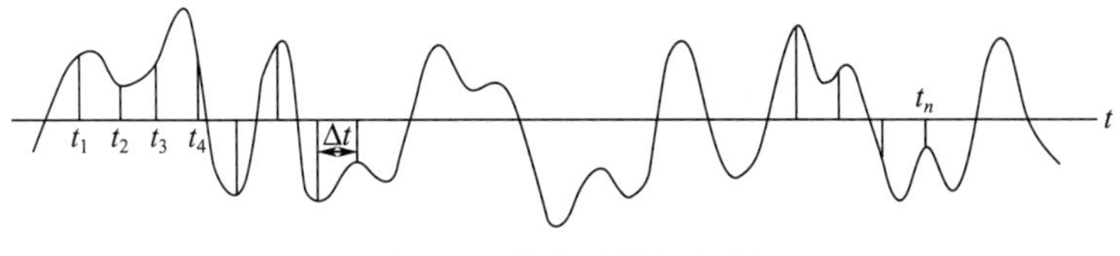

图 7-7 海浪的统计分析

已有的大量文献资料表明，海浪波面位移的瞬时值服从（或近似服从）高斯分布，即有

$$f(\zeta)=\frac{1}{(2\pi\sigma^2)^{\frac{1}{2}}}e^{-\zeta^2/2\sigma^2} \tag{7-31}$$

式中 σ ——波面位移的方差。

例如，学者 Kinsman 对许多海浪进行了采样、统计分析后，得到了图 7-8 所示的结果。图中，虚线表示高斯分布曲线，小圆圈代表 Kinsman 对实际海浪的统计分析值；在图中，横坐标 m 为无因次的海浪平均值，它是由波高除以方差根 σ 所得的，纵轴为概率分布的函数值。此图是由对海浪的 8 次实测值经过统计分析得到的，波面升高的采样周期为0.1 s，共采 11 786 个样值。由图中也可以知道，波面位移的概率分布是非常接近高斯（正态）分布的。

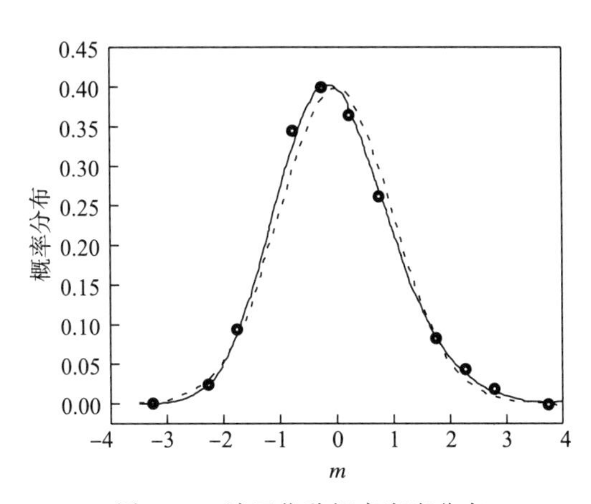

图 7-8 波面位移概率密度分布

海浪的内部结构可用“谱”来描述，对于二维的海浪，所谓“谱”是指能够描述能量与频率之间变化关系的函数关系，即能量相对于频率的分布，它实际上反映的是波浪频率（周期）与波浪能量（波高）之间的关系，又称作频率谱。海浪能量是各组成波能量的叠加，谱给出了各频率间隔内的能量。因正弦波的能量正比于振幅的平方，故可以将谱与组成波的振幅联系起来。根据振幅波理论可知，单个组成波在单位面积的铅直水柱内的平均能量可以表示为

$$E_i=\frac{1}{2}\rho g a_i^2 \tag{7-32}$$

则无限多个不同频率及振幅组成的非规则波浪，其频率连续分布在 0～∞之间，波浪能量谱密度 $S_\eta(\omega)$ 表示如下

$$S_\eta(\omega)\Delta\omega = \sum_{\omega}^{\omega+\Delta\omega} \frac{1}{2}a_i^2 \tag{7-33}$$

由于单位面积海面上的一个水柱体积内的波浪能量为 $0.5\rho g a_i^2$。显然，式（7-33）中等号右边项的大小与在 $\Delta\omega$ 间隔内全部组成波的能量和成比例，于是 $S_\eta(\omega)$ 就与单位频率间隔内波浪的平均能量成比例。因此，如果 $\Delta\omega \to 0$，函数 $S_\eta(\omega)$ 代表了海浪的能量密度相对于组成波频率的分布，称为海浪的能谱或频谱，构成了海浪这一随机过程的频域特性。

图 7-9 为海浪频谱示意图，该曲线反映了波浪圆频率与波浪能量之间的关系。图中的曲线分布表明，风浪频谱的特点是谱密度由低频至峰频迅速增大，在高频带则衰减比较平缓，且随波浪的发展，谱峰向低频方向移动。在 $\omega=0\sim\infty$ 过程中，谱密度函数 $S_\eta(\omega)$ 先增大至极大值，后又减小，该极大值对应的圆频率 ω_p 称作峰频。频谱在整个频率带内（$\omega=0\sim\infty$）的积分即该曲线下的面积，表示了构成非规则波的各个波所提供的能量总和。

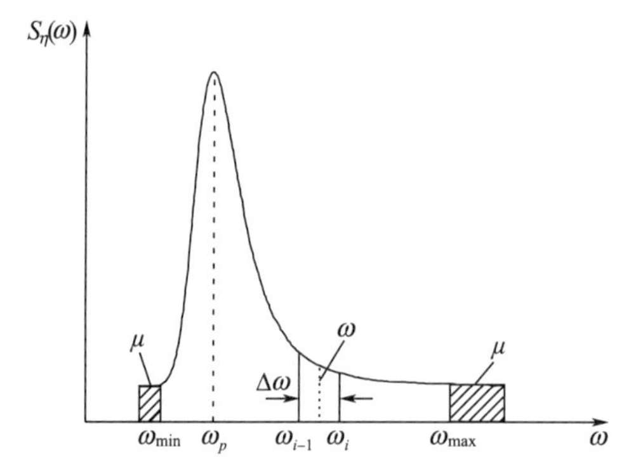

图 7-9　海浪频谱示意图

（2）非规则波的频率谱

以上将波浪视为随机过程，并引入了波浪谱的概念。通过波浪谱来描述非规则波浪已成为研究海洋与航行体之间相互作用关系的重要研究手段。因此，确定波浪谱的形式是研究随机波浪的重要内容。实际上，波浪谱又分为频谱和方向谱两种，在频谱中，只考虑了波浪能量在频域上的分布，当涉及三维波浪时，不仅需要考虑波能在频域上的分布，还需要考虑其在方向上的分布。

频谱的形式可从海区实测的波浪波向、波浪周期、波浪长度等数据资料的统计中得出。因此，在不同的海区所得到的频谱也不同，下面将介绍几种常用的非规则波波浪频谱。

目前一般常用的频谱形式在很大程度上是由经验得到的，其公式为

$$S(\omega) = \frac{A}{\omega^p}\exp\left(-\frac{B}{\omega^q}\right) \tag{7-34}$$

这种谱形式的主要优点是结构简单，使用方便。谱公式中包含了 4 个参量：A、B、

p、q 可供调整，在利用大量的观测资料来拟合时，具有较大的弹性。最早提出并且目前工程上还在应用的是 Neumann 谱，它利用观测得到的不同风速下波高与周期的关系，由半理论半经验公式推导而得，一般适用于充分成长的风浪。

①Pierson - Moscowitze 谱（P - M 谱）

1964 年 Pierson 与 Moscowitze[9] 对在 1955—1960 年的 5 年时间内记录的北大西洋海浪观测数据进行了 460 次谱分析，从中挑出充分成长的 54 个波浪谱，又依照风速分成 5 组，各组代表风速分别为 10.29 m/s，12.87 m/s，15.47 m/s，18.01 m/s 及 20.58 m/s（风速为海面上 19.5 m 高度处风速），就各组谱求得平均谱，Moscowitze 又将这些谱无因次化，并以不同形式的无因次谱进行拟合，最后得到有因次的频谱称作 P - M 谱，图 7 - 10 为 P - M 谱曲线。该波浪谱以充分的观测资料作为依据，分析方法（统计处理及无因次化）也较为有效，故该谱在海浪研究及与海洋工程有关问题的研究中得到广泛应用，并在 1966 年第 11 届国际船模水池会议（ITTC）上被定为标准波浪谱，其表达式如下

$$S(\omega)=\frac{\alpha g^{2}}{\omega^{5}}\exp\left[-\beta\left(\frac{g}{U\omega}\right)^{4}\right] \tag{7-35}$$

其中

$$\alpha=8.1\times10^{-3},\beta=0.74,\ g=9.806\ \mathrm{m/s^2}$$

式中　U——海面上 19.5 m 高度处的风速。

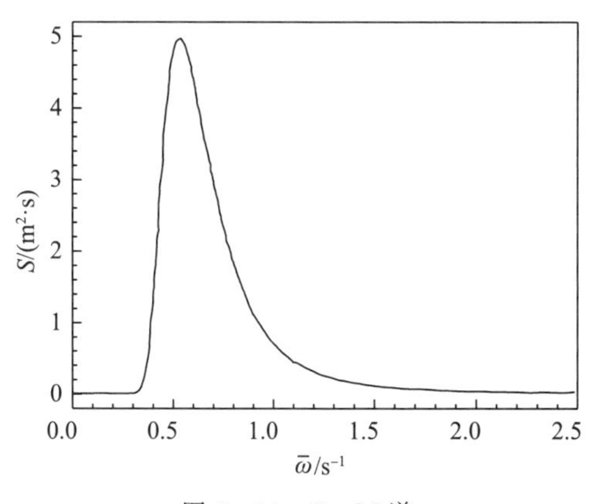

图 7 - 10　P - M 谱

根据半经验半理论分析，该波浪谱下相应描述海面特征的波浪要素公式为

$$H_{\frac{1}{3}}=\frac{2}{g}\left(\frac{\alpha}{\beta}\right)^{\frac{1}{2}}U^{2} \tag{7-36}$$

$$\overline{T}=1.62\pi\frac{U}{g} \tag{7-37}$$

$$\overline{L}=\frac{\pi}{g}U^{2} \tag{7-38}$$

$$\omega_{\max}=\left(\frac{4}{5}\beta\right)^{\frac{1}{4}}\frac{g}{U} \tag{7-39}$$

$$\omega_1 = \left(\frac{-3.11}{H_{1/3}^2 \cdot \ln\varepsilon}\right)^{\frac{1}{4}} \tag{7-40}$$

$$\omega_2 = \left(\frac{-3.11}{H_{1/3}^2 \cdot \ln(1-\varepsilon)}\right)^{\frac{1}{4}} \tag{7-41}$$

式中 $H_{\frac{1}{3}}$ ——1/3 有义波高；

$\overline{T}$ ——平均周期；

$\overline{L}$ ——平均波长；

$\omega_{\max}$——峰频；

ε——频谱的低频侧与高频侧各允许略去的总能量的部分；

ω_1，ω_2——分别为对应于 ε 的频谱范围的低频侧与高频侧频率。

②JONSWAP 谱

Joint North Sea Wave Project 简称为 JONSWAP[10]，即联合北海波浪计划。该计划是为了适应北海开发而特地进行的。以美国、英国为首的多个国家相关部门参与了该计划，科学工作者通过对波浪观测结果资料的整理，最终总结出了 JONSAWAP 谱。经过检验，证实该谱与实测结果吻合良好，并适合于多种成长阶段的海浪，因此在实践中得到广泛应用。与 JONSWAP 谱有关公式如下

$$S_\eta(\omega) = \alpha g^2 \frac{1}{\omega^5} \exp\left[-\frac{5}{4}\left(\frac{\omega_m}{\omega}\right)^4\right] \gamma^{\exp[f(\omega)]} \tag{7-42}$$

$$f(\omega) = \frac{-(\omega - \omega_m)^2}{2\sigma^2 \omega_m^2} \tag{7-43}$$

$$\sigma = \begin{cases} 0.09, (\omega \geqslant \omega_m) \\ 0.07, (\omega \leqslant \omega_m) \end{cases}, \gamma = 3.3 \tag{7-44}$$

$$\alpha = 0.076(\overline{X})^{-0.22}, \overline{X} = \frac{gx}{U^2} \tag{7-45}$$

式中 x——风区长度；

U——静水面以上 10 m 高处的风速。

(3) 非规则波的方向谱

在实际的海面上，引起海面波动的一个波系，虽然有一个主要传播方向，但除了有沿主波向的组成波外，还有许多从各个方向来的组成波。代表这种波浪结构的谱称为方向谱，其谱密度函数除了与组成波的频率有关外，还与组成波的方向有关。图 7-11 给出了海面某固定点的波面随时间的变化，图 7-12 给出了某时刻（t=100 s）沿 X 轴的波面形状，图 7-13 给出了某时刻（t=100 s）三维海浪的波面形状。

由于实际观测波向和资料处理的困难，因此，目前已提出的方向谱远少于频谱。方向谱的一般形式可如下表达

$$S(\omega, \mu) = S(\omega) \cdot G(\omega, \mu) \tag{7-46}$$

式中 $G(\omega, \mu)$——方向扩展函数。

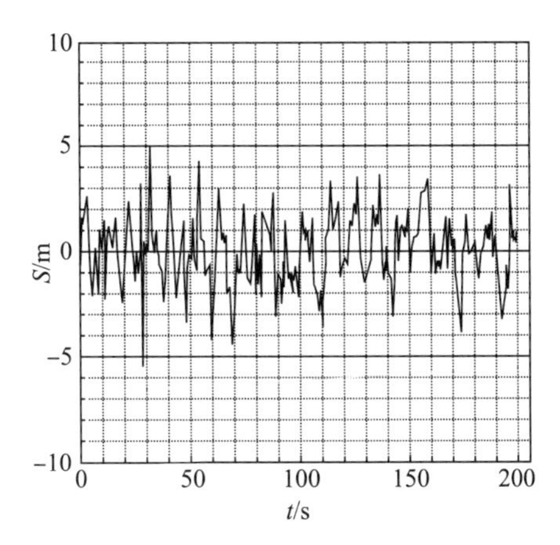

图 7-11　固定点的波面随时间的变化

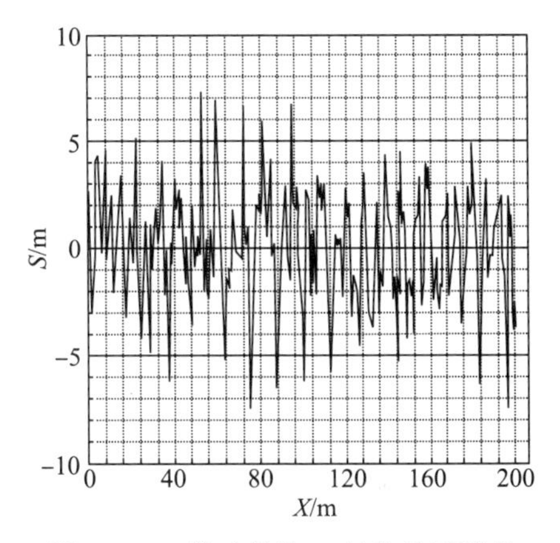

图 7-12　某时刻沿 X 轴的波面形状

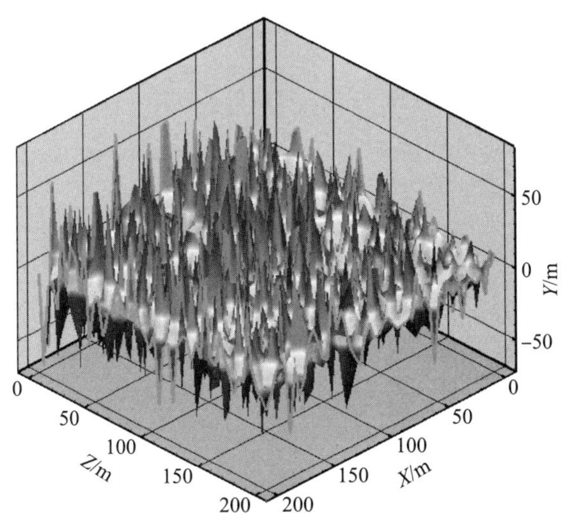

图 7-13　某时刻三维海浪的波面形状（见彩插）

$G(\omega, \mu)$ 应满足以下条件

$$\int_{\mu_0-0.5\pi}^{\mu_0+0.5\pi} G(\omega,\mu)\mathrm{d}\mu = 1 \tag{7-47}$$

式中　μ_0——海浪的主波向角。

实际应用中常假定方向扩展函数只与 μ 有关而与 ω 无关，取其形式为

$$G(\mu) = K\cos^n\mu \tag{7-48}$$

对于 $n=2$，有 $K=2/\pi$ 。

对于一个随机过程的三维海浪，其波面可以描述如下

$$\eta(x,z,t) = \sum_{n=1}^{N}\sum_{m=1}^{M} a_{nm}\cos\left[k_n(x\cos\mu_m + z\sin\mu_m) - \omega_n t + \varepsilon_{nm}\right] \tag{7-49}$$

7.1.3.7　波谱分析方法应用

上文给出了非规则波数学模型公式及非规则波的频率谱，在实际应用中，为得到非规则波还需要将谱在频率上进行离散，以便将谱分量（组成波）作为线性波进行数值模拟和迭代。划分频率的方法通常有等能量划分法及等频率划分法两种。

（1）等能量划分法

等能量划分方法就是使各组波的能量 ΔE（被分割谱曲线下的面积）相等来确定分割圆频率，如图 7－14 所示。波浪的总能量 $E(\omega)$ 为

$$E(\omega) = \int_0^{\infty} S(\omega)\mathrm{d}\omega \tag{7-50}$$

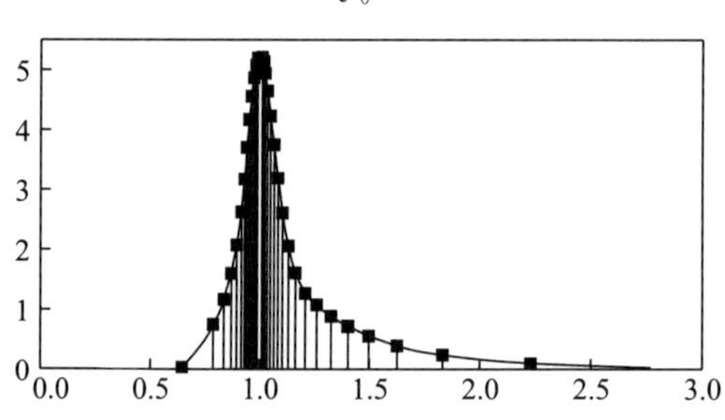

图 7－14　等能量划分法

如非规则波需要用 N 份线性波叠加来表示，则需将 $E(\omega)$ 等分为 N 份，分界频率可按下式求得

$$E(\omega_i) = \int_0^{\omega_i} S(\omega)\mathrm{d}\omega = iS(0\sim\infty)/N \tag{7-51}$$

如给出的 $S(\omega)$ 不可积分，则可通过数值积分计算方法求出 ω_i。将得到的每一份圆频率 ω_i 代入式（7－53）可求得相对应的波数（即求得相应的波长）。将圆频率 ω_i 代入公式（7－34）可求出每一个圆频率所对应的波幅值

$$a_i = \sqrt{2S(\omega_i)\Delta\omega_i} \tag{7-52}$$

其中

$$\Delta\omega_i = (\omega_{i+1} - \omega_i)/2$$

式中　a_i——组成波的波幅值。

(2) 等频率划分法

等频率划分较为简单，即将区间内的圆频率等分为 N 份，取每份中间的圆频率 ω_i 作为该份线性波的代表频率，按以上等能量划分法，即可求得所需要的每一份线性波的波长、振幅及圆频率。等频率划分法存在一定的不足之处，即如果划分的份数不够多，而波谱的能量主要集中于谱峰附近，这将导致只有少数位于谱峰附近的组成波起主导作用，从而将导致一定的误差。但由于其离散简单、使用方便，在许多工程项目中仍被广泛采用。

7.1.4 数值造波方法

参考试验水池的物理结构（图 7－15），在三维 N－S 方程的基础上，可以构造数值波浪水池（图 7－16）。数值波浪水池按照功能划分为 3 个区域：前消波区、工作区和后消波区。通常，要建立一个一般性的数值波浪水池，主要有 3 个重要问题需要解决：1）如何有效地跟踪事先未知的自由表面；2）如何提高计算精度，减少计算量，控制各种数值误差，使计算有良好的稳定性和收敛性；3）如何有效地模拟造波和消波。

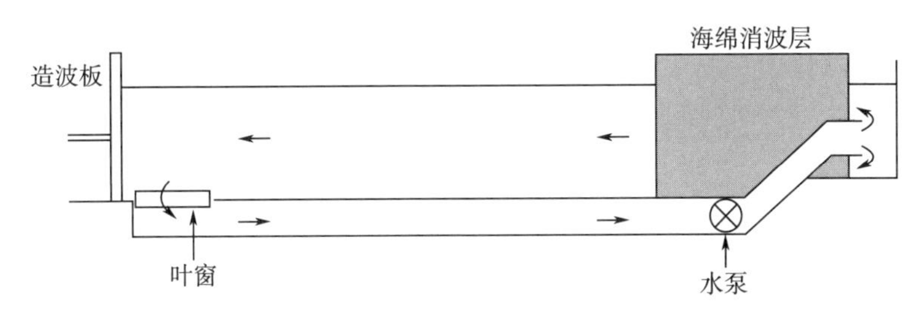

图 7－15　某试验水池示意图

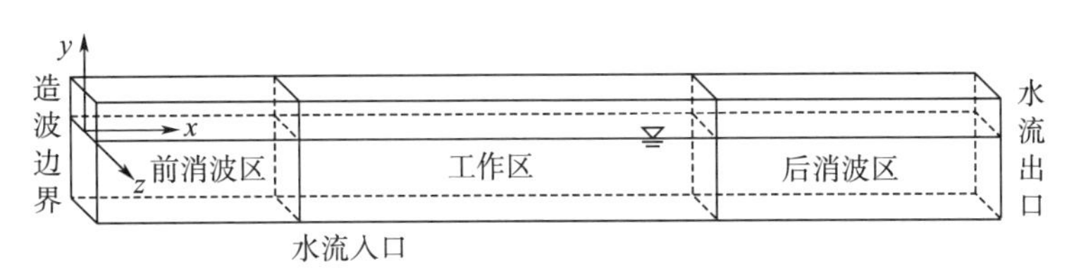

图 7－16　数值波浪水池模型

数值波浪水槽中的造波方法主要有以下五种：

1）空间周期波。Longuet－Higgins 等[11]采用了空间周期边界条件生成波浪，该方法不需要辐射边界条件。

2）模拟造波机造波。这种造波方法类似于实验波浪水槽，即波浪由水槽一端的运动产生。除此之外，还有对拍板式和插入式造波机的模拟。在所有的造波机模拟中，必须仔细处理造波板处的奇异问题。

3）在入流边界给定速度或速度势。水槽中的流体在初始时刻是静止的，入射波由 Stokes 波或孤立波的速度或速度势生成。Boo 等[12]曾使用这种方法造出二阶和三阶 Stokes 波。

4）预先描述的入射波。这种方法事先给定数值波浪水槽内的入射波场，然后通过时间同步进行模拟。

5）离散的内部点源。在数值波浪水槽内部引入一组离散的奇点作为造波源，奇点的性质（位置、强度等）可以人为指定。Grilli & Svendsen[13]最早提出这种技术，他们把点源垂直排成一列放在水槽中，后来许多人相继采用了这种方法。

波浪的消波是波浪模拟过程中很重要的一个问题，也是一个很难处理的问题。当波浪传播到出流边界或波浪反射到造波板附近时，就需要对波浪进行吸收，防止波浪的反射作用影响计算区域的波浪模拟。波浪的消波方法主要有以下六种。

1）周期边界条件。假设波浪是周期性的，在一侧垂直边界上的未知量值等于另一侧边界上的未知量值。这种方法的优点在于容易建立模型，两侧边界之间的距离可以很短，但是它对周期性的要求使其应用受到了限制。

2）人工衰减法（海绵阻尼层方法）。Cointe 等[14]用与实验中相似的波浪吸收技术消波，在自由表面边界条件中加入阻尼项吸收向外传播的波，使波的能量在达到边界前就被吸收掉，这样可以在有限距离内模拟无限外域的情况。Baker 等[15]把衰减项加入自由表面的运动学和动力学边界条件中，也有学者采用仅在动力学边界条件中加入衰减项的处理方法

$$\frac{D\phi}{Dt}-\frac{1}{2}(\nabla\phi)^2+gz+\mu\phi=0 \tag{7-53}$$

衰减项 $\mu\phi$ 在衰减区由零线性增加到一个给定的正值。当 μ 很小时，对波浪的吸收作用也很小；当 μ 很大时，波浪在吸收区会产生反射，仿佛吸收区域变成了一个边界，比较适宜的 μ 值应介于这两者之间。

3）简单的外域解法。这种方法用解析解代替边界条件，通常解析解用特征函数展开式表示出来，但是这种方法仅适用于线性情况，而且建模困难，扩展到多频率的时域问题很复杂。

4）用偏微分方程作为边界条件。用解析解的特征函数展开式得到一组线性偏微分方程作为边界条件，这种方法最简单的形式就是 Sommerfeld 边界条件。用这种方法可以使人工边界靠近研究区域，但是建模复杂、物理意义不易理解。

5）Sommerfeld - Orlanski 边界条件。Orlanski[16]最初使用这种方法，他们把 Sommerfeld 边界条件中的波速在边界上用数值解法求出，不必事先知道波的频率，这是使用最广泛的一种方法。Sommerfeld - Orlanski 边界条件的基本方程为

$$\frac{\partial\mu}{\partial t}+C_u\frac{\partial u}{\partial x}=0 \tag{7-54}$$

$$\frac{\partial v}{\partial t}+C_v\frac{\partial v}{\partial x}=0 \tag{7-55}$$

式中 C_u，C_v——分别为水平速度 u 和竖直速度 v 在开边界处的传播速度。

6）主动造波吸收方法。主动造波的方法就是通过造波板的运动，使打在造波板上的辐射波和反射波在距造波板一定距离处抵消。要吸收的入射波信息决定了造波板的速度和

位置，这种反馈可以由作用在造波板上或距离造波板一定距离处的波高信号控制，也可以由作用在造波板上的水压力控制。

7.1.5　水下航行体波浪载荷计算

波浪力是作用在水下航行体上不可忽视的外载荷，波浪力的计算是航行体、海岸、海洋工程设计中的关键问题之一。流体和结构物的相互作用是一个复杂的问题，早期的海工结构上的波浪力的确定主要依靠半经验公式和物理模型试验，近期以来数值仿真方法逐渐普遍应用。

7.1.5.1　利用 Morison 公式计算波浪载荷

从波浪的作用特点考虑，一般将海洋工程结构划分为大体积与小体积或大构件与小构件两种情况。对于大体积构件，必须考虑波浪的绕流效应。对于小构件又可分为阻力控制构件及惯性力控制构件。研究指出，当构件直径与波高之比小于 0.1 时，作用于细长物体（小构件）上的波浪载荷中阻力起主要作用；当构件直径与波高之比在 0.5～1.0 之间时，惯性力将起主要作用。当构件直径与波长之比大于 0.2 时，则属于大构件，而应采用绕射理论计算波浪载荷。通常的航行体属于小构件。

在海洋工程设计中，通常采用著名的 Morison 公式计算小构件的波浪载荷。Morison 于 1950 年在模型试验的基础上，提出计算垂直于海底刚性柱体上的波浪载荷计算公式。该公式假定柱体的存在对波浪运动无显著影响，认为波浪对柱体的作用主要是粘滞效应和附加质量效应。Morison 公式[19]给出作用于垂直柱体一微小长度上的水平力为

$$\mathrm{d}F=\frac{1}{2}\rho C_D v_x\left|v_x\right|\mathrm{d}z+\rho\frac{\pi D^2}{4}C_M\dot{v}_x\mathrm{d}z \tag{7-56}$$

式中　ρ——流体密度（kg/m³）；

D——柱体直径；

C_D——柱体阻力系数；

C_M——柱体质量系数；

v_x——dz 段中点处流体瞬时速度的水平分量；

$\dot{v}_x$——dz 段中点处流体瞬时加速度的水平分量。

沿柱体的波浪载荷为式（7-56）在整个高度上的积分。

Morison 公式是带有经验性的计算公式，在实际应用中一般遵循以下条件：

1）水质点的瞬时速度和瞬时加速度需根据某种波浪理论求出，如线性波、Stokes 五阶波等；这些波浪理论都假定构件的存在不影响波浪特征，因此一般要求构件的直径 D 满足 $D/L\leqslant 0.2$（L 为波浪的波长）；

2）系数 C_D、C_M 根据波浪理论由经验和试验确定，$C_D=0.5\sim1.2$，$C_M=1.5\sim2.0$；

3）柱体表面光滑；

4）柱体是刚性的，且垂直固定于海底。

如果构件是浮动的或是固定于海底的弹性构件，则 dz 段上的波浪载荷用以下形式的

Morison 公式计算

$$dF = \frac{D}{2}\rho C_D \left| v_x - \dot{x} \right| (v_x - \dot{x})\, dz + \rho \frac{\pi D^2}{4} C_M (\dot{v}_x - \ddot{x})\, dz + \ddot{x} \frac{\pi D^2}{4} \rho dM \quad (7-57)$$

式中 $\dot{x}$——微段 dz 中点处构件运动的水平速度，m/s；

$\ddot{x}$——微段 dz 中点处构件运动的水平加速度，m/s^2；

dM——该段构件的质量，kg。

7.1.5.2 利用数值仿真计算波浪载荷

以 5 级海况下回转体出水流场进行了数值模拟，分析了回转体在波峰状态下和波谷状态下的受力特征。

回转体在水下自由航行过程中，波浪诱导速度随着水深减小而持续增大，波浪效应逐渐变得显著。对于波谷工况，回转体不断减小的横向速度和波浪场不断增加的诱导速度最终到达一个平衡点，回射流偏转角度较小，贯穿背浪侧的空泡前端，与自由液面的相互作用已经开始出现；对于波峰工况，回转体和水体的横向相对运动随着水深减小而持续增加，回转体水平速度和俯仰角速度不断变化，回射流偏转角度大，贯穿了背浪侧的空泡中部，在出水初期该冲击位置远离自由液面。波谷工况中回转体几乎保持垂直姿态，空泡形态具有较好的对称性，闭合区产生的侧向力很小，波谷工况中空泡率先进入出水溃灭阶段；波峰工况下回转体显著倾斜，空泡形态的非对称性增强，空泡闭合区对回转体产生强烈的侧向力作用。波峰和波谷水下发射的流场以及弹面上的压力和水动力载荷分布如图 7-17 所示。

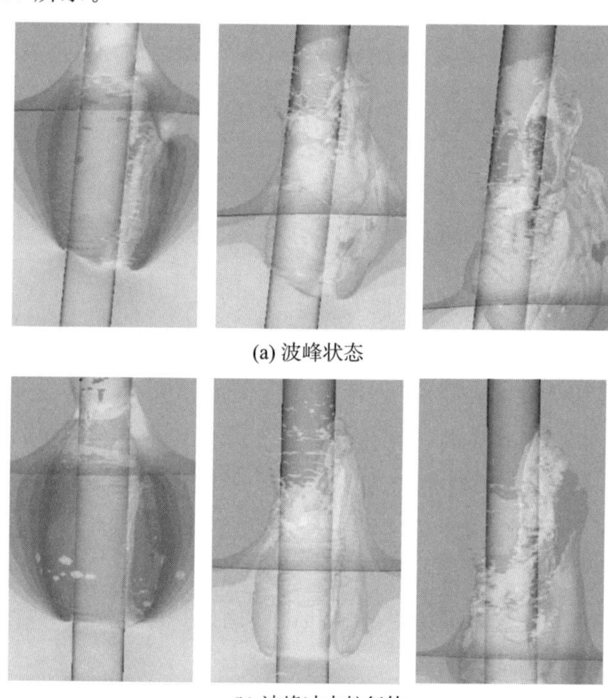

(a) 波峰状态

(b) 波峰冲击航行体

图 7-17 波峰和波谷水下发射瞬时的流场对比（见彩插）

出筒阶段两个工况的水动力曲线均较为接近，波浪引起的非对称特性在水中段才逐渐变得显著，这反映了波浪诱导横向流动的非均匀特性。波峰工况中，回转体头部产生的侧向力在水中航行阶段不断增长，而对比静水发射工况，由于回转体对于流场的运动响应，回转体头部产生的侧向力均逐渐衰减。在出水阶段，由于空泡非对称性的持续增长，空泡闭合区宽度增加，出水后期对回转体产生的侧向力和俯仰力矩相应增大。因此当回转体在波峰处发射，其姿态扶正效应在水下航行阶段受到抑制，在出水阶段增强。波峰和波谷相位下回转体发射过程中受到的侧向力和俯仰力矩的时间历程曲线如图 7－18 所示。

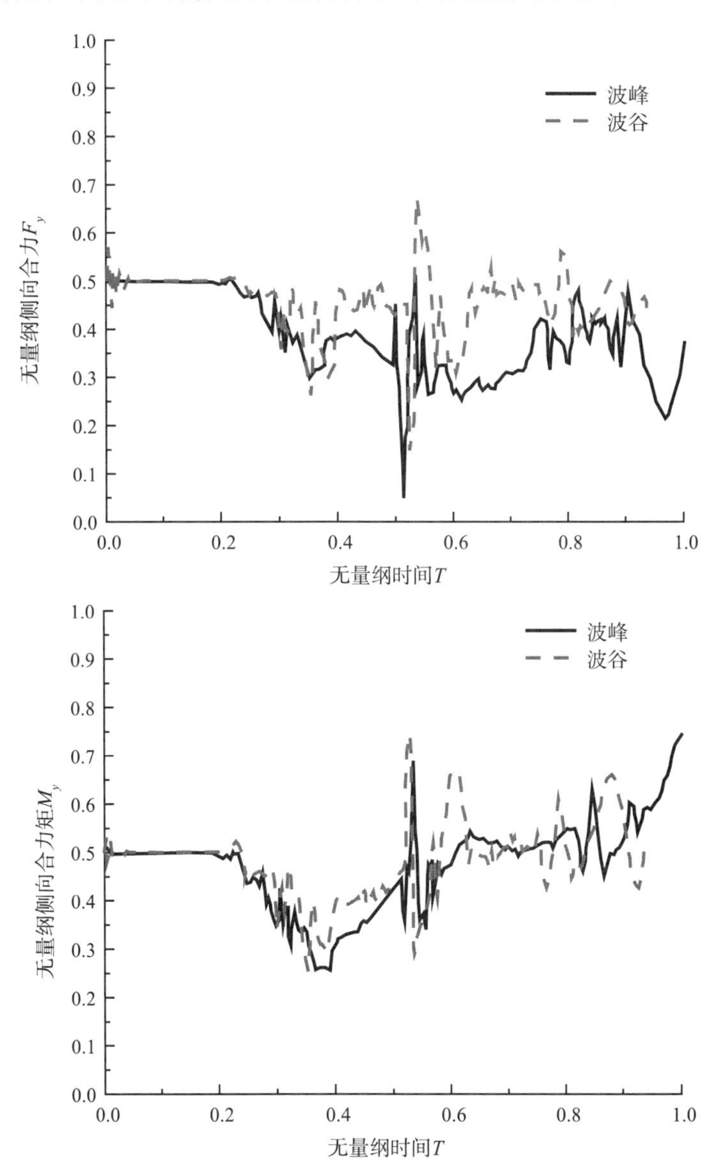

图 7－18　不同波浪条件下回转体水动力和力矩比较

7.2 海流特性及其对水下航行体影响

7.2.1 海流的概念及特征

7.2.1.1 海流基本概念

海洋中的海水沿一定路径大规模流动形成了海流，海流具有相对稳定的流向、路径和速度。海水在月球、太阳引潮力作用下所产生的周期性涨落称潮汐，在产生潮汐现象的同时，还产生周期性的水平运动——潮流。在朔（初一）望（十五）后2～3天，由于月球引起的潮汐和太阳引起的潮汐相重合，达到半个月中的潮差的最大值叫“大潮”。计算和测量的潮流流速结果表明，近海海域以潮汐流为主，最大流速呈现出随阴历规律性变化的趋势。除了潮汐因素以外，海洋风场、大洋环流、海底地形地貌等因素均对海流产生一定影响。

按成因不同，海流可以分为以下4类。

（1）风海流

风海流包括风生流和飘流，它们都是由风对海水的牵引作用而产生的。风生流是由当时气象条件下风引起的暂时性海流，其流向、流速随风向、风速而变。飘流是由信风或盛行风的长期吹动而引起的，流向、流速相对稳定的海流，也称为定海流。

（2）密度流

由于海水的密度不同所引起的海流称为密度流。如非洲的红海，因蒸发量大，海水盐度比印度洋密度大，所以在曼德海峡的底层，有从红海流向印度洋的海流；而在表层，则有从印度洋流向红海的海流。大洋中的海流通常都具有密度流性质，密度流也称为梯度流。

（3）补偿流

海水具有流动性和连续性，如果某处海水因某种原因向它处流动，则必有其他地区的海水流来补偿，这种海流称为补偿流。补偿流有水平方向的，也有垂直方向的。垂直方向的补偿流又有上升流和下降流，由风形成的增水或减水现象是出现上升流和下降流的主要原因。在寒暖流的交汇处，这种现象也比较明显。

（4）潮流

由天体引潮力引起的海水周期性水平运动称为潮流。潮流在近岸、岛屿区和海峡区比较显著。

以上几种海流之间存在相互联系。例如风牵动海水产生风生流，海水发生流动后某区域海水堆积，海水堆积到一定程度就会出现垂直方向的环流。海水堆积的地方产生下降流，减水的地方产生上升流；与此同时，作为海水堆积的结果，还会出现因密度的差异而产生的密度流。

通常获取海流数据的方法有两种：一种是基于大气、日月相对位置等信息，开展大规模海洋环境仿真，获取重点关注区域的海流信息；二是在一定区域内和时间段内针对所关心地点的海流变化过程进行长时间监测。近海海域海流流速最大可达 2 km/h 以上，以潮汐流为主，表现出周期性变化规律，流速和流向的可预测性强；远海海流流动稳定，流速和流切变一般较小，流动变化周期长，一般为几个月。

7.2.1.2　海流随深度的变化特征

若海流流速不随海水深度的变化而变化，即为均匀海流，可以把海流考虑为定常均匀流，即

$$U = U_0 \tag{7-58}$$

当考虑海流沿海水深度发生变化时，可以将海流断面流速视做呈 1/7 对数分布，即

$$U(z) = U_0(1 + \frac{z}{d})^{\frac{1}{7}} \tag{7-59}$$

当考虑海流为均匀剪切流时，可以将海流速度分布用下式表示

$$U(z) = U_0 + \Omega Z \tag{7-60}$$

式中　Ω ——速度剖面沿水深方向的斜率。

以上给出的是研究过程中通常采用的简单海流模型，然而实际过程中海流速度在不同海水深度处是不同的，如果海流以层流形式出现，那么流速随深度的变化可以用一个抛物线的函数来描述。在大多数场合，因为雷诺数（Reynolds number）Re 大于 10 000，所以海流会受到紊流的扰动。

当海流由于 Re 过大而受到干扰后，对于平整海底，且海底上的某一小的边界层海水为层流，那么在不同海水深度处，海流的速度可以近似为

$$U(z) = 2.5U^*(\ln 6.34 \times 10^6 U^* z) \tag{7-61}$$

其中

$$U^* \approx \sqrt{gzs}$$

式中　z——从海底算起的海水高度；

s——海水表面的倾斜度。

例如当潮汐引起的海面波动周期为 12 h，波面的变动高度 $2\xi_a$ 为 3.5 m 时，则 $s = 1.5 \times 10^{-5}$，那么 $U^* = 0.66$ m/s 。这样，就可以由上面的海流速度公式得到

$$U(z) = 0.165 \ln(4.18 \times 10^5 z) \tag{7-62}$$

速度分布如图 7 - 19 所示。

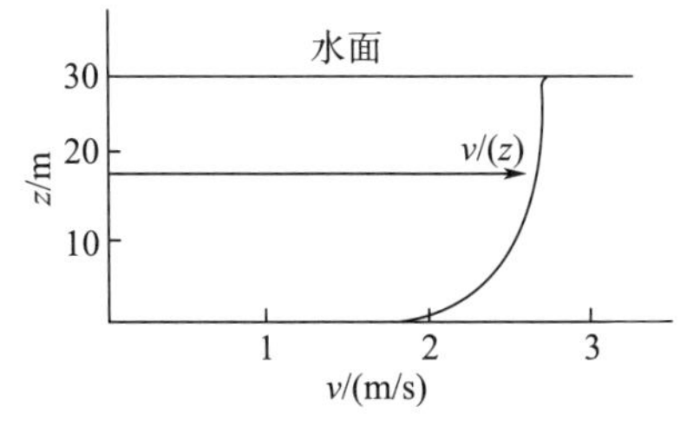

图 7 - 19　不同深度处海流速度

当海流随时间作周期变化时，那么对于足够深的海水，在不同深度处的海流速度为

$$U(z)=U_{cdo}[\cos\omega t-e^{-kz}\cos(\omega t-kz)] \tag{7-63}$$

式中 U_{cdo}——海水表面的速度；

ω，k——分别为海流的角频率与波数。

当潮汐周期为 12 h（$\omega=1.45\times10^{-4}\,s^{-1}$），$k=7.2$ 时，潮汐流速与海水深度的关系如图 7-20 所示。

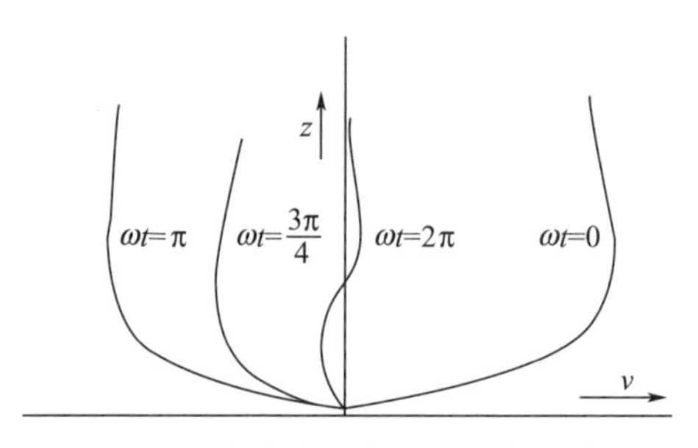

图 7-20 潮汐流速与海水深度的关系

7.2.2 海流对水下航行体的影响

针对航行体垂直出水的过程，航行体保持竖直姿态，运动方向垂直向上，以此来分析均匀海流对航行体的影响。在此状态下，海流的作用相当于使航行体运动相对于流体有了一定的运动攻角。研究结果表明，当空化现象出现时，海流改变了回射流的对称性，使回射流向背流面偏斜，迎流面的空泡长度较背流面要小；背流面的回射流相对于迎流面更加明显，而在迎流面没有明显的回射。航行体出水过程中，在同一端面上迎流面要先发生溃灭。

当海流沿水深方向不均匀时，根据海流随深度的变化规律可以获得流速与深度的关系式，如根据某次试验实测海流结果，拟合获得的流速随深度的变化如图 7-21 所示。考虑实际海流形式和航行体运动姿态情况，分析可知，航行体肩部的局部攻角由当地海流、航行体姿态角、质心速度、转动角速度共同决定。海流的不同会影响航行体运动状态和姿态，因此，其直接和间接地影响肩部的局部攻角变化，从而影响空泡的发展过程。

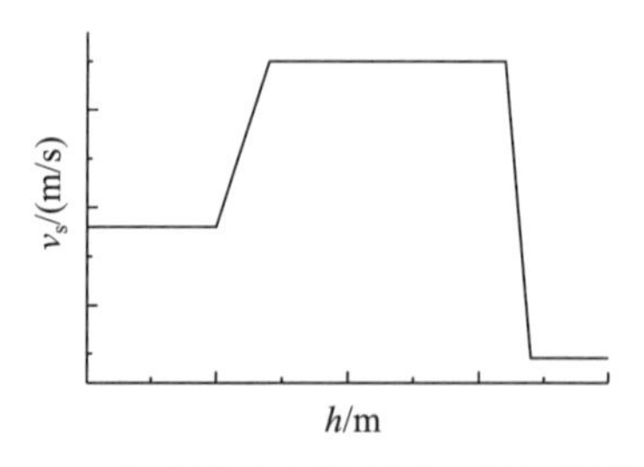

图 7-21 某次试验中海流流速随深度的变化

7.3　小结

本章从流体运动的基本控制方程出发，推导了线性波及二阶 Stokes 波的波面方程、速度势函数、色散方程；对非规则波理论做了详细介绍，引入了海浪的频率谱和方向谱概念，并给出了 P－M 谱、JONSWAP 谱两种常用的波浪谱以及典型海域的波浪特征、势流条件下波浪力的计算方法，介绍了相关的数值造波、消波方法。最后简单介绍了海流的基本概念、分布特性及海流对航行体的影响。

参考文献

[1] 邹志利．水波理论及其应用［M］．北京：科学出版社，2005.

[2] 郑帮涛．潜射导弹出水过程水弹道及流体动力研究进展［J］．导弹与航天运载技术，2010（5）：8-11.

[3] 姜涛．波浪模拟及其对航行体出水过程的影响研究［D］．哈尔滨：哈尔滨工业大学，2010.

[4] 陶建华．水波的数值模拟［M］．天津：天津大学出版社，2005.

[5] 王科俊．海洋运动体控制原理［M］．哈尔滨：哈尔滨工程大学出版社，2007.

[6] 孙效光．海浪统计特性的分析及应用［D］．青岛：中国海洋大学，2012.

[7] 彭英声．船舶耐波性基础［M］．北京：国防工业出版社，1989．

[8] 吴秀恒．船舶操纵性与耐波性［M］．北京：人民交通出版社，1999.

[9] MOSCOWITZ L. Estimates of the power spectrums for fully developed seas for wind speeds of 20 to 40 knots［J］．Journal of geophysical research - atmospheres，1964，69（24）：5161-5179.

[10] 文圣常，余宙文．海浪理论与计算原理［M］．北京：科学出版社，1985.

[11] LONGUET-HIGGINS M S，COKELET E D. The deformation of steep surface waves on water：A numerical method of computation［C］．Proceedings of the Royal Society of London，1976，350：1-26.

[12] BOO S Y，KIM C H. Simulation of Fully Nonlinear Irregular Waves in a 3-D Numerical Wave Tank［C］．Proc. 4th International Offshore and Polar Engineering Conference，Osaka，ISOPE，1994，Vol（3）：17-24.

[13] GRILLI S T，SVENDSEN I A. Corner problems and global accuracy in the boundary element solution of nonlinear wave flows［J］．Engineering Analysis with Boundary Element，1990，7（4）：178-195.

[14] COINTE R，GEYER P，KING B，MOLIN B，TRAMONI M. Nonlinear and linear motions of a rectangular barge in a perfect fluid［C］．Proc. of the 18th Symp. on Naval Hydro，Ann Arbor，Michigan，1990，85-98.

[15] BAKER G R，MEIRON D I，ORSZAG S. Generalized vortex methods for free-surface flow problems［J］. Journal of Fluid Mechanics. 1982，（123）：477-501.

[16] O RLANSK I. A simple boundary condition for unbounded hyperbolic flows［J］．Journal of Computational Physics，1976，21：251-269.

[17] 陶尧森．船舶耐波性［M］．第2版．上海：上海交通大学出版社，1996.

[18] HOGBEN N，LUMB F E．Ocean Wave Statistics［M］．London：National Physical Lab，Ministry of Technology，1967.

[19] 刘英杰．自升式平台桩腿的受力分析［D］．哈尔滨：哈尔滨工程大学，2004.

[20] 周敬国，权晓波，程少华．海浪对航行体出入水特性影响研究综述．导弹与航天运载技术，2016，3：44-49.

[21] 权晓波，孔德才，李岩．波浪模拟及其对水下航行体出水过程影响．哈尔滨工业大学学报，2011，43（3）：140-144.

第8章 水下垂直发射航行体运动与载荷特性

航行体的水下弹道与载荷特性由航行体在水下运动时所受外力决定。根据航行体垂直发射时所受外力特征的不同，水下运动过程可分为出筒段、水中段、出水段三个阶段。出筒段是指航行体从筒中开始运动至尾部离开发射筒的阶段；水中段是指航行体尾部离开发射筒至头部抵达水面的阶段；出水段是指航行体头部抵达水面至尾部离开水面的阶段。

8.1 外力分布特性

水下垂直发射航行体水下运动的流体动力特征与航行体的水动外形和空泡状态密切相关。水动外形影响水下航行体的阻力特性、法向力特性、附连水质量及质心和压心的相对位置关系等一系列流体动力特性，空化现象导致航行体表面产生空泡，改变压力分布规律，对航行体的外力分布特性有较大影响。

本章讨论的附体空泡类型为在航行体圆柱段上闭合的局部空泡流型，空泡在航行体柱段表面上闭合。空泡的发展改变了航行体流体动力特征，使得航行体受力具有强非定常性，全湿流状态下采用定常水动力系数计算航行体受力的工程计算设计方法难以准确描述航行体表面压力变化历程及受力情况，必须给出航行体出筒、出水过程中航行体表面压力随时间的非定常变化过程，并基于此获得航行体的受力情况。

在航行体水下发射的不同阶段，由于空泡发展演化的非定常性致使航行体表面在空间分布上呈现出不同的压力特征。在航行体轴向空间上，根据是否被空泡覆盖，可划分为：头锥沾湿区、空泡覆盖区、空泡末端回射区及尾部沾湿区，如图 8-1 所示。

头锥段位于航行体最前部，在整个航行体水下运动过程中一直处于全湿流状态。在攻角不为零的情况下，在头锥段的迎、背流面会形成压差，从而产生法向力和力矩，头锥段法向力及力矩与航行体外形、头锥部相对海水的局部攻角、航行体的运动速度等相关。

空泡覆盖区为航行体被空泡包裹的主要区域，其范围主要由迎流面空泡长度所决定。一般可将空泡内区域看作等压区，柱段空泡区内所受法向合力为零。

空泡末端回射区是由迎流面空泡和背流面空泡不对称性所决定的区域。攻角不为零时，迎流面空泡长度小于背流面，从而导致背流面空泡压力区对应迎流面全湿流高压区，从而形成干扰力矩。空泡末端回射区的受力主要与空泡压力、迎背流面空泡长度、迎背流面回射高压有关。空泡压力越小，空泡末端回射区压差越大，回射区所受法向力越大；空泡末端过质心后，空泡推进速度越快，空泡长度越长，回射区所引起的法向力力臂越大，俯仰力矩越大。同时，迎背流面空泡长度与压力也受到尾空泡特性的影响。

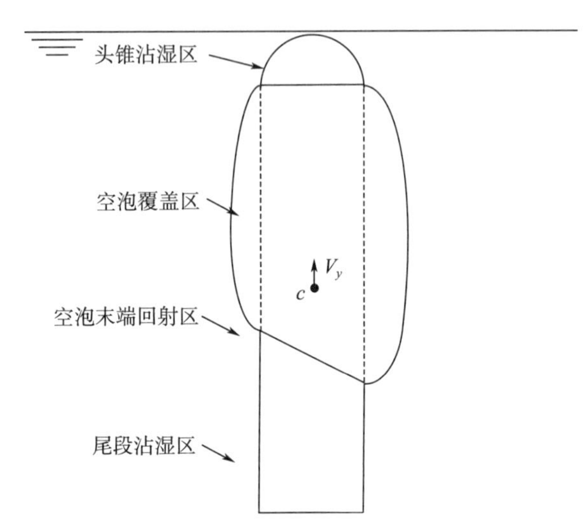

图 8-1　空泡状态航行体受力分区示意图

尾部沾湿区位于空泡末端与航行体尾部之间，由背流面空泡长度所决定。航行体尾部沾湿区与水介质相对运动的存在产生法向力和法向力矩。尾部沾湿区法向力由定常状态下的法向力（包括由平动引起的法向力和由转动引起的法向力）和非定常状态下的附加质量力构成，俯仰力矩由定常状态下的俯仰力矩（包括由平动引起的俯仰力矩和由转动引起的俯仰力矩）和非定常状态下的附加转动惯量力矩构成。

8.1.1　筒中段外力分布特性

航行体弹射出筒加速过程中，在肩部由于绕流的作用将形成一个低压区，压力低于当地静压，当压力小于水的饱和蒸汽压力时，发生空化现象，形成附着于航行体表面的空泡，随着航行体运动速度和环境压力的变化，附体空泡回射压力不断沿航行体表面向下推进。回射压力及附体空泡的发展演化如第 5 章所述。

在平台运动速度影响下，航行体头锥沾湿区域迎流面压力高于背流面，在法向存在压力差；同时，平台运动速度造成迎背流面空泡产生一定偏转，背流面空泡比迎流面长，存在一定泡长差，使得背流面空泡覆盖区域末端的一部分对应迎流面沾湿区域，由于泡压较低，迎、背流面之间存在正向压差；此外，迎、背流面空泡末端回射造成局部高压，迎流面空泡回射压力对应背流面泡压，正向压差较大；在尾部出筒壳段未被空泡覆盖的沾湿区域，迎流面压力系数高于背流面，使得尾部迎流面压力大于背流面。出筒过程航行体所受流体动力如图 8-2 所示。

8.1.2　水中段外力分布特性

航行体利用动力装置产生的高温、高压燃气将航行体弹射出筒，航行体尾部离开发射筒口瞬间，在筒口内外压差的驱动下，筒中高温、高压燃气急剧外泄并膨胀，形成压力冲击作用于航行体表面，并由航行体尾部向前端传播，此过程通常称为筒口后效现象。

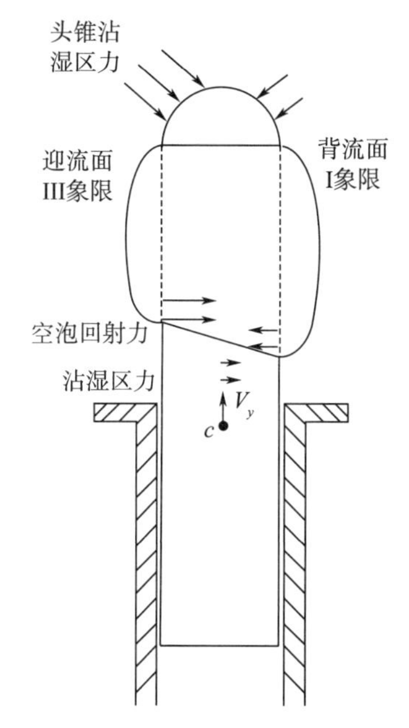

图 8－2　出筒过程航行体所受流体动力示意图

航行体尾部出筒后，航行体水中运动过程伴随附体空泡沿弹轴方向的持续发展。航行体表面压力分布特征及法向受力主要受到附体空泡发展的影响，空泡发展决定回射压力作用位置、与质心的相对关系，从而影响航行体法向受力及俯仰力矩，航行体水中运动过程受力示意图如图 8－3 所示。

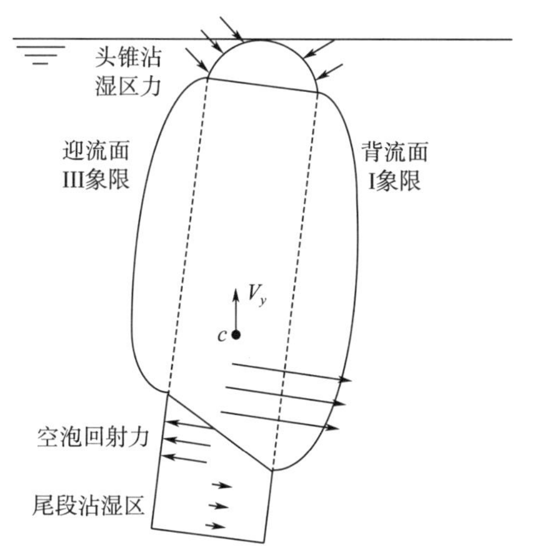

图 8－3　水中运动过程航行体所受流体动力示意图

8.1.3　出水段外力分布特性

出水过程附体空泡持续向航行体后段推进，空泡覆盖区域表面压力特征与水下运动过程一致。航行体出水过程中，空泡末端与质心的相对位置决定了出水过程俯仰力矩的方向，从而对航行体出水姿态的变化趋势存在显著影响。

当航行体头部穿出水面后，附体空泡失去了维持的能量来源会发生溃灭。航行体携带的位于空泡外侧的附着水，在大气压力与泡内压力的压差作用下加速向内运动，冲击航行体表面，形成出水空泡溃灭压力脉冲，其具有作用时间短，压力峰值高的特点。

8.2　运动特性

水下垂直发射航行体在水下运动过程中，由于轴向上受到流体阻力、自身重力、浮力等外力作用，轴向速度不断减小，且同时由于受发射平台横向运动的影响，航行体受到法向流体动力和俯仰力矩作用，俯仰姿态不断发生变化。由于海水密度是空气的 800 倍，航行体在水下所受流体动力相对较大，虽然水下运动的距离较短，但速度和姿态变化较为剧烈。特别是在海浪、海流、流切变等多种干扰力的作用下，呈静不稳定状态的航行体在无控状态下，姿态呈非线性增长并急剧发散的趋势，给航行体水下运动稳定性带来不利的影响。

空泡流动是水下垂直发射航行体流体动力的显著特征，空泡的存在改变了航行体表面的压力分布，进而改变了航行体受力，对其水下运动特性造成较大的影响。针对水下运动特性的研究，主要目的是获取空泡绕流对航行体水下运动特性的影响规律，从而为实现空泡流下航行体运动及受力控制奠定基础。

8.2.1　水下运动特性影响因素分析

航行体在水下运动的不同阶段呈现不同的运动特征。在出筒段，航行体在发射装置高温、高压燃气作用下运动速度不断增大，同时由于发射平台运动速度的影响，航行体在流体动力、弹筒支反力作用下俯仰姿态不断变大；在水中段，航行体在流体阻力、自身重力、浮力的作用下，轴向速度不断减小，同时由于流体动力的作用使得航行体俯仰姿态继续发散。空泡的存在改变了航行体表面压力分布特性，从而对俯仰姿态的发散程度造成一定的影响。在出水段，航行体主要在自身重力作用下轴向速度急剧减小，同时受到出入水过程的影响，流体动力、附加质量随航行体出水过程而急剧变化，且在复杂海浪的影响下出水姿态变化更加复杂，呈现较大的离散特征。相比较而言，航行体水中和出水运动受流体动力影响更大，因此本节重点针对水中和出水段弹道开展研究。

由于航行体一般为轴对称体，其速度运动的主要通道为轴向，姿态运动的主要通道为俯仰，因此需要重点针对轴向和俯仰通道分析航行体受力特征。

8.2.1.1　轴向运动影响因素分析

在水中段航行体轴向上受到尾空泡压力、流体阻力及静压力、重力作用，加速度不断变化，轴向速度整体上呈减小的趋势；在出水段受重力影响较大，轴向速度衰减较快。

根据轴向通道弹道受力与运动模型，航行体在水下运动时，轴向上受到尾空泡压力、头部流体静压、流体阻力、流体惯性力、自身重力的影响，轴向速度不断发生变化，航行体轴向速度的影响要素如图 8 - 4 所示。航行体轴向运动数学简化模型为

$$(M+\lambda_{11})a_{x1}=(P_{\mathrm{di}}-P_{\mathrm{tou}})S-C_{d}qS-Mg\sin\varphi$$

$$\dot{v}_{x1}=a_{x1}+\omega_{z1}v_{y1}$$

$$v_{x1}=\int_{t_1}^{t_2}\dot{v}_{x1}\mathrm{d}t \tag{8-1}$$

式中　M ——航行体质量；

λ_{11} ——航行体轴向附加质量；

a_{x1} ——航行体轴向加速度；

P_{di} ——航行体尾部压力；

P_{tou} ——航行体前端压力；

S ——航行体轴向横截面积；

C_A ——航行体轴向力系数；

q ——动压头；

g ——重力加速度；

φ ——航行体姿态角；

ω_{z1} ——俯仰角速度。

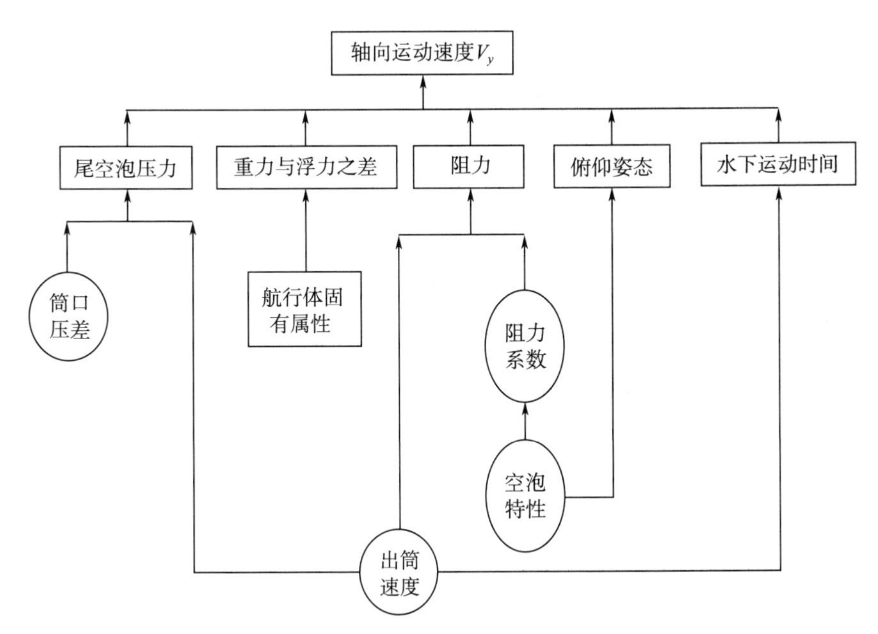

图 8 - 4　轴向速度的影响要素

对轴向速度存在直接影响的因素包括尾空泡压力、航行体阻力系数、重力特性、姿态角特性、水下运动时间。

1）尾空泡压力是导致航行体轴向速度改变的直接原因，尾空泡压力越大，水下运动速度衰减量越小；尾空泡自身受到筒口压差和出筒速度的影响。

2）航行体阻力系数和重力特性是航行体自身固有属性；在空泡绕流作用下气泡附着在航行体表面，降低了航行体的摩阻，将减小航行体阻力系数。

3）姿态角特性与发射条件有关，俯仰姿态角速度越大，由角速度导致的交叉项 $\omega_{z1}v_{y1}$ 越大，将使得出水段速度衰减量越大；在空泡绕流作用下俯仰姿态角速度发生变化，从而改变了交叉项对轴向速度的影响量值。

4）水下运动时间由水下运动速度所决定，水下运动时间越短，速度衰减量越小。

从各部分受力对轴向速度的影响要素来看，在水中段，重力与浮力之差、阻力所起的作用相对较大，从而使得航行体轴向速度呈现不断减小的趋势；在出水段，重力与浮力之差起主要作用，由于航行体部分截面出水，所提供的浮力不断减小，从而使得出水段速度衰减量趋势相比水中段更为明显。

8.2.1.2 俯仰运动影响因素分析

俯仰运动特征是垂直发射航行体水下运动最主要的特征。受到发射平台横向运动的影响，航行体迎、背流面产生压差，一方面航行体头部过渡形状使得头部迎、背流面压差相对较大，进而在航行体头部产生较大的法向力和俯仰力矩；另一方面空泡附着在航行体柱段且随着航行体运动呈现非定常发展的特征，背流面空泡推进速度要快于迎流面，从而形成空泡回射区压差，使得航行体柱段受到较大的空泡回射区力矩。

由于空泡绕流下水下航行体流体动力特征呈现出非定常、高动压、多相流特征，且受到空泡形态的影响较大，对流体力矩的分析采用局部分区受力的方式予以分析。

在水中段，由于航行体头锥段处于沾湿状态，在小攻角下其所受流体动力主要由定常俯仰力矩系数所决定，而柱段处于空泡附着，水中段运动时间较短，导致空泡推进至质心附近，空泡回射区力臂小而导致其力矩相对头锥段偏小。针对某空泡附着航行体定常数值模拟获得的航行体所受分段力系数，计算结果如图 8－5 所示。从计算结果可以看出，航行体头锥段所提供的流体法向力和俯仰力矩占较大的比重，头锥段所受流体动力是整个航行体受力的主要组成部分。在主要由头锥段受力作用下，航行体俯仰姿态不断增大。

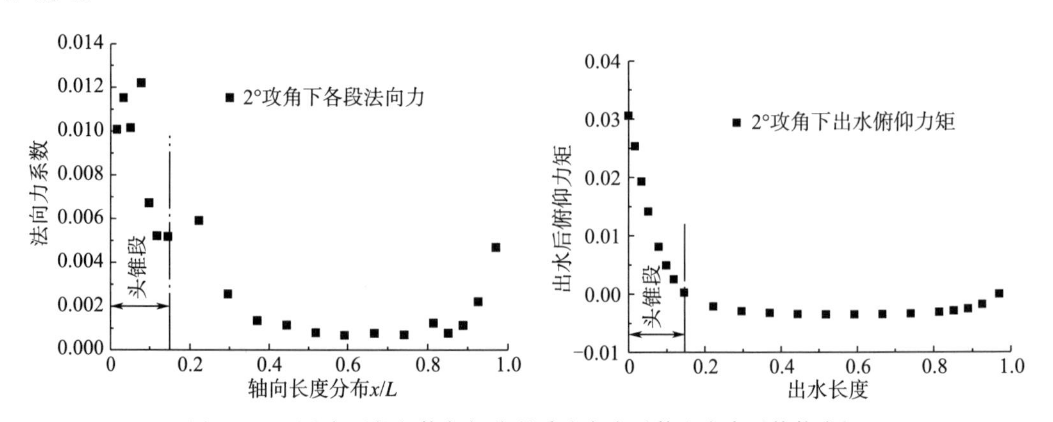

图 8－5 2°攻角下航行体各部分所受法向力系数和出水后俯仰力矩

在出水段，一方面随着航行体运动出水，航行体头锥段所受力矩逐渐减小，另一方面随着空泡不断向航行体尾部推进，空泡回射区力臂增大而导致回射力矩越来越大，并在出水段流体力矩中占有较大比例。在主要由空泡回射力矩作用下，俯仰姿态呈现出扶正减小的趋势。俯仰角速度随时间变化示意图如图8-6所示。

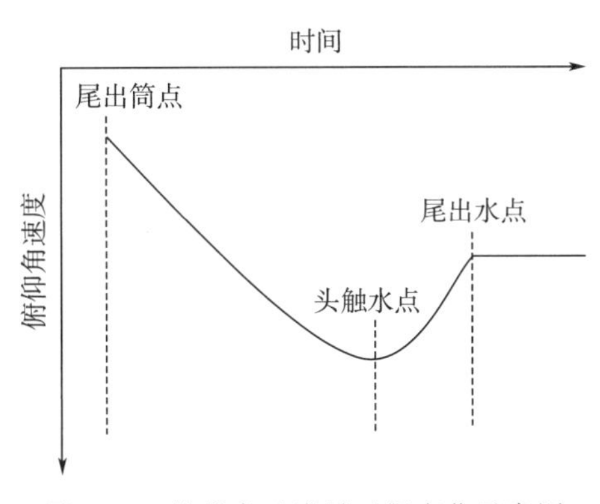

图8-6　俯仰角速度随时间变化示意图

8.2.2　发射条件与环境对水下运动特性的影响

8.2.2.1　发射水深对水下运动特性的影响

发射水深是影响水下垂直发射航行体运动特征的主要因素之一。发射水深越大，航行体在水下运动时间越长，水中段速度衰减量越大，俯仰姿态也更恶劣。

在水中段，由前文可知头锥段受力是导致俯仰姿态改变的主要因素，水深越深，航行体在水中段运动时间越长，俯仰角速度向负向偏转的时间也越长，俯仰角速度绝对量值也就越大。

在出水段，在柱段空泡回射力矩的作用下航行体俯仰角速度开始向正向运动。水深越深，头触水点空泡推进长度越长，空泡回射区作用力臂越大，从而导致空泡回射力矩也越大，俯仰角速度扶正量也越大。但受到航行体长度的限制，当迎流面空泡推进至尾部形成超空泡时，柱段空泡回射力矩变为零，俯仰角速度不再扶正。

综合来看，在不同水深下由于出水段柱段空泡回射区导致的扶正量相比水中段头锥段导致的负向偏转量要小，使得水深越大，俯仰角速度也相对较大，不同水深条件下俯仰角速度对比如图8-7所示。

8.2.2.2　出筒速度对水弹道特征的影响

在相同发射水深下，出筒速度也影响着航行体在水下的运动过程，并对其受力造成明显影响。

对于轴向运动而言，一方面出筒速度的增大将导致航行体水下运动阻力增大，另一方面出筒速度的增大将导致航行体水下运动时间减小。这两个方面对水中段轴向速度衰减量的贡献趋势是完全相反的。总体上来看，出筒速度越大，头触水速度和尾出水速度也越大。

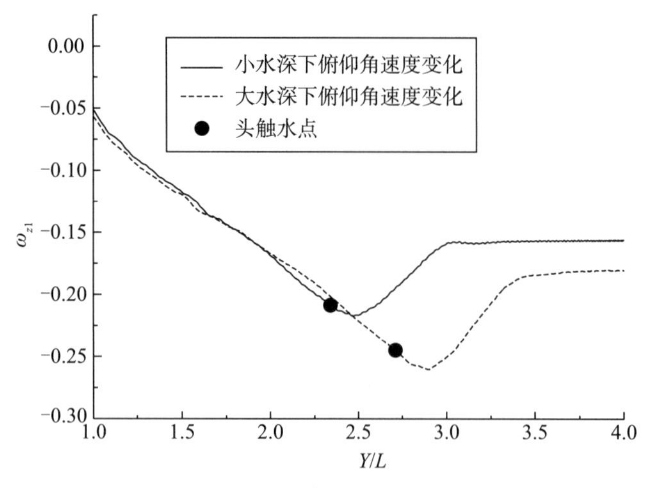

图 8－7　不同水深条件下俯仰角速度对比

对于俯仰运动而言，出筒速度的影响可从对全湿流的影响和对空泡流的影响两个方面进行分析。

1）在全湿流状态下，在相同的发射平台运动速度条件下，出筒速度越大，航行体在水下运动的攻角越小，但流体的动压也越大。相同水深下俯仰角速度改变量呈现随出筒速度增大而减小的趋势，但影响量值相对较小。

2）在空泡流条件下，出筒速度改变了空泡推进速度，进而对柱段空泡回射区力矩造成明显的影响。在一定水深范围内，相同水深下出筒速度越大，航行体在水下运动速度越快，空泡推进速度越大，较早推进过质心，俯仰角速度越早开始扶正，对航行体姿态越有利。

从出筒速度对出水段俯仰角速度的影响来看，出筒速度越大，相同时刻空泡推进过质心的距离越大，柱段空泡回射力矩越大，从而导致出水段由空泡回射力矩导致的俯仰角速度扶正量越大。但受航行体长度的影响，当出筒速度增大至一定量值后，空泡推进至尾部形成超空泡，出水段空泡扶正量不再增大。出筒速度越大，头触水速度也越大，某型水下垂直发射航行体出水段俯仰角速度增量与出筒速度的关系如图 8－8 所示。

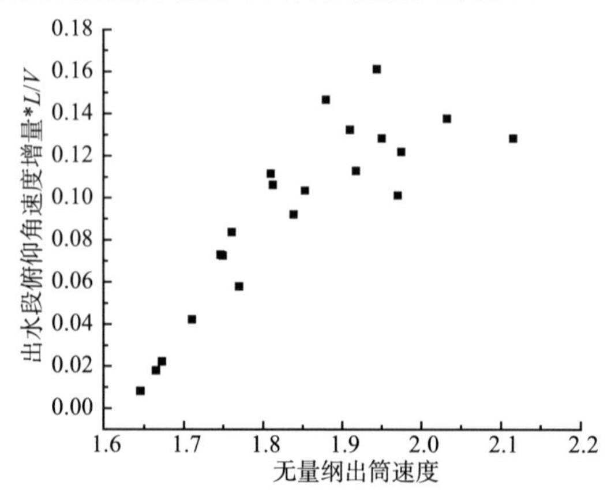

图 8－8　出水段俯仰角速度增量与出筒速度的关系

8.2.2.3　波浪对水弹道特征的影响

航行体在水下运动的过程中，波浪对航行体的受力和运动存在明显的影响。一方面波浪导致水质点的运动，使得航行体各部段相对水流的速度均发生变化，从而导致航行体攻角和受力的改变，另一方面由于波浪相位的影响，使得航行体在水中段的运动行程相比静水下发生变化，波峰状态下需要额外穿越 1/2 波高的行程，从而导致水下的运动时间增长。

针对波浪对水弹道特征的影响，一般可采用规则波浪势函数定性确定波浪对水弹道参数的变化趋势，也可采用数值造波的方式实现对航行体在波浪中的运动求解。

1）对于轴向运动而言，波浪对航行体速度的影响可分为运动行程改变、头部静压改变、姿态交叉项改变两个方面。

根据式（8-1）可以看出，在波浪状态下由于水下运动行程的改变，使得水下运动时间发生变化，从而导致水下速度衰减量发生变化；同时由于波浪水质点的运动导致航行体头部静压 P_{tou} 发生变化，也将导致水下速度衰减量的变化；波浪水质点的运动导致航行体姿态角速度发生变化，从而导致姿态交叉项 $\omega_{z1} \cdot v_{y1}$ 发生变化，这也会对速度衰减量造成影响，但这部分影响相对较小，可忽略。以逆浪波峰状态为例，分析波浪对航行体轴向运动速度的影响。

a）波峰出水状态下与静水状态相比，航行体需要额外运动 1/2 波高，从而使得速度衰减量增大。这部分单纯是由于水深的增加导致水下运动时间增长进而导致的速度衰减量，可根据静水工况下不同水深下速度衰减量插值得到。

b）航行体头部静压改变对速度衰减量的影响，可根据势流理论进行计算。

波浪任意点处水质点的压强 p 满足拉格朗日方程

$$\frac{p-p_0}{\rho}=-\frac{\partial\Phi}{\partial t}-gz \tag{8-2}$$

式中　Φ ——波浪水质点的速度势；

z ——以静水面为参考点的距离，指向上方为正。

相比于静水状态下，在波峰状态下单纯由于波浪额外导致的静压改变量为

$$\Delta p=\rho g a \mathrm{e}^{\alpha z}-\rho g z \tag{8-3}$$

由于静压改变导致航行体需要额外做功导致速度的变化，有公式

$$\begin{aligned}\int_{(-H-a+L)}^{0}\Delta p S\,\mathrm{d}z&=\rho g S\int_{(-H-a+L)}^{0}(a\mathrm{e}^{\alpha z}-z)\mathrm{d}z=\rho g S\left[\frac{1}{2}(H+a-L)^2+\frac{a}{\alpha}(1-\mathrm{e}^{\alpha(-H-a+L)})\right]\\&=\frac{1}{2}m(V_0^2-V_1^2)\end{aligned} \tag{8-4}$$

式中　H ——水深；

L ——航行体长度；

S ——航行体横截面积。

2）对于俯仰运动而言，波浪的影响可分为对头锥段受力的影响和对柱段空泡回射区

的影响两个方面。

逆浪波峰状态下，由于航行体头锥段处水质点运动速度方向与航行体运动速度相反，使得头锥段局部攻角增大，进而导致头锥段所受俯仰力矩增大，如图 8-9 所示。

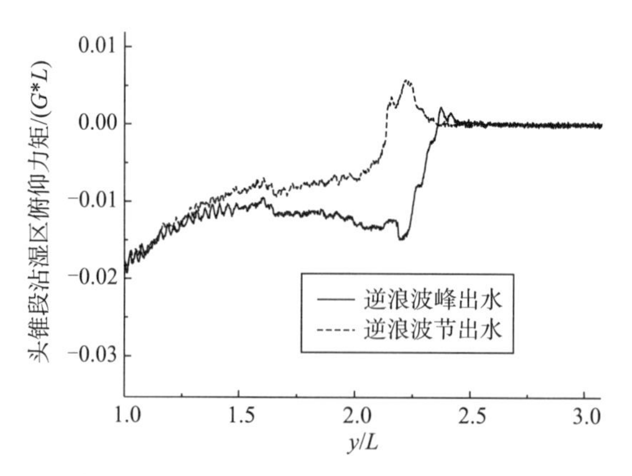

图 8-9 不同波浪相位对头锥段受力的影响

对于柱段空泡回射区，逆浪波峰状态与静水状态相比，一方面由于水质点静压的增大，使得空泡推进速度变慢，头触水时刻空泡长度变小，导致空泡回射区力臂变短，另一方面由于波浪水质点运动速度方向与航行体运动速度方向相反，增大了柱段空泡区的局部攻角，即相当于增大了柱段空泡区的横流速度，从而使得迎、背流面空泡的不对称度增大，导致迎、背流面空泡长度差增大，空泡回射区的范围增大。这两个方面对空泡回射区的力矩作用呈现出相反的趋势。

总体上来看，波浪对俯仰角速度的影响仍呈现逆浪波峰状态更为恶劣的趋势。

8.3 载荷特性

航行体水下发射过程中，出筒阶段发射筒及航行体之间的相互作用、出水过程中空泡溃灭载荷对航行体的冲击作用等使其所处的载荷环境十分严苛。出筒加载、出水卸载、水中的附加质量和附加阻尼、空泡的发展和溃灭、航行体周围的多相流环境，使水下垂直发射的载荷问题研究具有很大难度。

8.3.1 航行体出筒载荷特性

出筒工况是水下垂直发射航行体载荷设计的重要工况。出筒段，航行体在尾部燃气的作用下不断加速，头部的阻力不断增加，从而在航行体内产生较大的轴向压载。由于平台运动速度的影响，会产生迎、背流面压差，产生航行体的出筒横向载荷。出筒段结构主要受到弯矩、剪力、外压等载荷。轴载主要受静压、动压、惯性力影响，其中静压主要与发射深度有关，动压主要与发射速度和头部阻力系数有关，惯性力包括结构惯性力和附加惯性力两部分，结构惯性力与结构质量、发射过载相关，而附加惯性力与轴向附加质量、发射过载有关。

弯矩为外力矩与惯性力矩的矢量和。法向外力与水动系数、动压、攻角、空泡形态有关，攻角与发射速度、平台运动速度、横流有关，水动系数与头型直接相关。惯性力矩部分与航行体动力学模型参数和减振垫参数相关，包括航行体质量分布、结构材料、几何参数、阻尼，以及减振垫刚度、阻尼等。下面结合出筒物理过程介绍出筒载荷的特点。

8.3.1.1　出筒载荷特点分析

航行体与发射筒内壁之间采用弹性支撑实现导向、支撑、减振、补偿等功能。为提高减振性能，弹性支撑本体采用了加筋缓冲吸能结构。典型弹性支撑的整圈抗压载荷一位移曲线如图 8-10 所示。可以看出，由于本体材料的非线性和加筋缓冲吸能结构的影响，弹性支撑抗压刚度表现出明显的非线性特征。

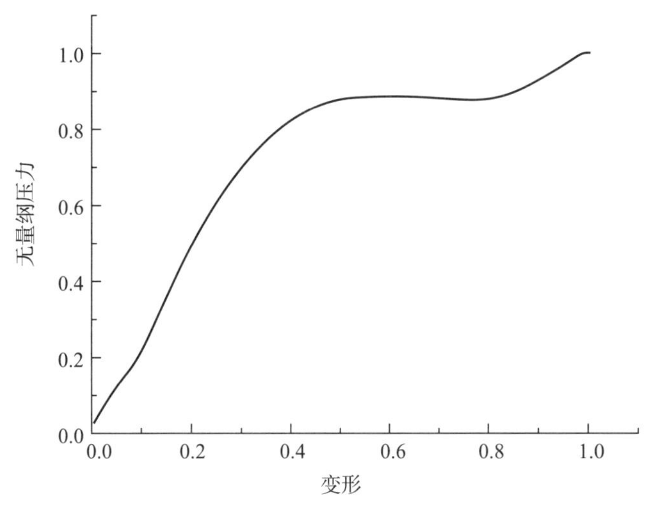

图 8-10　典型适配器刚度曲线

在出筒过程中，航行体在尾部燃气的作用下不断加速，头部的阻力不断增加，从而在航行体内产生较大的轴向压载。由于平台运动速度的影响，会产生迎、背流面压差，产生航行体的出筒横向载荷。在出筒载荷计算中，根据航行体行程，采用接触的方式实现弹性支撑和发射筒之间的相对运动。若发射筒为刚性边界，可直接约束弹簧单元节点对应自由度，采用解除约束的方式实现弹性支撑的出筒过程。利用给定的航行体横向外力分布，建立水下垂直发射航行体发射系统动力学模型，获得结构运动方程，通过求解结构运动方程，计算出航行体各部段的载荷。由于弹性支撑变形造成的外压可根据计算得到的弹性支撑压缩量，结合适配器刚度曲线，并考虑预压量影响后给出。

随着出筒过程中弹性支撑不断变化，航行体的边界约束也不断变化，航行体的出筒横向载荷体现出随行程不断变化的特性，航行体结构弯矩主要由水动外力矩引起。出筒后，尾部燃气推力作用消失，在航行体头部阻力作用下，水中运动速度不断衰减，轴向压载有所减小。在航行体刚出筒时，筒内燃气快速泄出，造成周围流场的压力上升，这种筒口后效带来的外压载荷对航行体尾部结构造成影响，失去弹性支撑约束作用，航行体结构的弯矩从出筒时刻开始迅速减小，且存在一定程度的振荡。

8.3.1.2　出筒载荷影响因素

出筒载荷影响因素可以分为：

1）受航行体流体外形影响的流体动力学参数：阻尼系数、附加质量和空泡特性等；

2）发射条件：水深、弹射速度、平台运动速度、平台摇摆；

3）发射环境：横流、波浪。

其中发射水深、平台运动速度和波浪是影响出筒载荷的主要因素。

由于水深的增加导致静压增加，并且航行体在水中的运动时间也增长，对轴向载荷的影响主要有两个方面：水深会引起静压的增加，导致航行体所受轴载增加；水深增加时，需要增加出筒速度和出筒过载，会引起动压和惯性力的增加。

根据不同平台运动速度下缩比试验分析结果，平台运动速度主要对航行体出筒载荷产生影响，其原因可以从理论上进行分析：流线形头型在水下运动过程中通过控制头触水速度可实现航行体表面无自然空化现象，在小攻角条件下，航行体各部段所受法向外力与攻角存在正比关系，即

$$F_N = \frac{1}{2}\rho v^2 S C_N^\alpha \alpha \tag{8-5}$$

其中

$$\alpha = -\tan^{-1}(\nu_{y1}/\nu_{x1})$$

式中　v ——航行体运动速度；

S ——航行体特征面积；

C_N^α ——法向力系数对攻角导数，小攻角下为常值；

α ——攻角；

ν_{y1}，ν_{x1} ——速度在航行体坐标系下 y 轴和 x 轴的分量。

在出筒过程中，υ_{y1} 远小于 ν_{x1}，且在发射瞬时 $\nu_{y1} = -\nu_{平台速度}$，随着航行体向上运动，ν_{y1} 也逐渐衰减但衰减量很小，故而在整个出筒过程中可近似认为

$$\alpha = -\tan^{-1}(\nu_{y1}/\nu_{x1}) \approx -\nu_{y1}/\nu_{x1} \approx -\upsilon_{平台速度}/\nu_{x1} \tag{8-6}$$

由式（8—8）和式（8—9）可知，在出筒段

$$F_N \propto \nu_{平台速度} \tag{8-7}$$

在出筒内弹道一致情况下，对应给定截面力臂长度一定，法向外力矩也满足

$$M \propto \nu_{平台速度} \tag{8-8}$$

从以上理论分析结果可以看出，出筒载荷大小与平台运动速度之间存在线性关系。

根据波浪理论，海水质点在水平方向上呈周期性变化，因此海浪引起的海水质点速度与平台运动速度的相位关系决定了二者的叠加速度，而二者的叠加速度决定了航行体的横向来流速度，从而对航行体出筒载荷产生影响。基于上述认识，顺浪波峰逆浪波谷发射海浪引起的海水质点速度与平台运动速度呈相互抵消关系，降低出筒载荷。

8.3.2　航行体出水载荷特性

航行体出水过程中，水动外力作用下会引起结构的瞬态响应，而结构响应又会改变周围流场，使流体动力发生改变，从而又影响到结构的响应。这种相互作用的物理性质表现为流体对结构在惯性、阻尼和弹性诸方面的耦合现象。航行体出水过程频率、阻尼会不断变化，影响航行体出水瞬态载荷的计算和分析，出水过程中随机波浪与空泡溃灭等引起的水动力载荷的变化再与航行体振动相位随机遭遇，使得航行体出水载荷具有随机性、强非线性和瞬态冲击特性。出水段，航行体穿过自由面，伴随波浪等物理过程，迎、背流面压差会激起航行体动力学响应，造成出水载荷的产生。出水段航行体主要受到弯矩、剪力、外压、内压等载荷。

8.3.2.1　载荷计算方法

由于航行体出水载荷具有瞬态冲击特性，航行体的出水载荷响应由下列方程来计算

$$[\boldsymbol{m}+\boldsymbol{\lambda}]\{\ddot{\boldsymbol{q}}\}+[\boldsymbol{c}]\{\dot{\boldsymbol{q}}\}+[\boldsymbol{k}]\{\boldsymbol{q}\}=\{\boldsymbol{f}(t)\} \tag{8-9}$$

式中　$[\boldsymbol{m}]$ ——广义结构质量矩阵，为对角阵（计算中考虑刚体模态和前两阶弯曲振动模态）；

$[\boldsymbol{\lambda}]$ ——广义附加质量矩阵；

$[\boldsymbol{c}]$ ——广义阻尼矩阵，在计算中采用辨识出的模态阻尼比；

$[\boldsymbol{k}]$ ——广义刚度矩阵；

$\{\boldsymbol{q}\}$ ——广义位移矢量；

$\{\boldsymbol{f}(t)\}$ ——由水动外力计算的广义外力。

由于附加质量耦合项的影响，上式中的广义质量矩阵不再是对角阵，各阶之间是相互耦合的，不能独立求解，因此在载荷计算中将所有阶统一联立求解。

为考虑出水过程中附加质量不断变化的特点，首先求出不同出水长度下航行体各阶附加质量及其耦合项，在计算不同时刻按照该时刻的广义附加质量阵进行求解。

同样利用上述方法，对出水载荷进行了计算，并与试验结果进行了对比，如图8-11所示，可以看出计算结果与应变测量结果吻合较好。

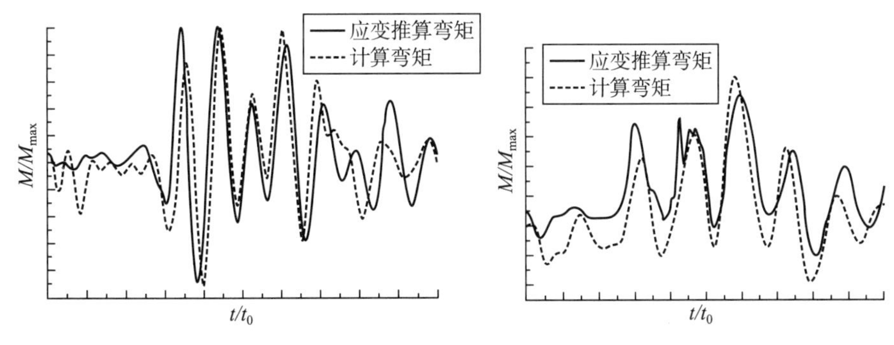

图8-11　试验测量弯矩与计算弯矩比较

8.3.2.2 耦合附加质量

惯性类流体动力属于非定常绕流问题。附加质量则是物体在流场中运动时流场惯性的一种度量。附加质量具有下列性质：

1）对同一物体而言，运动方式和方向不同，对应的附加质量不同；

2）不同运动的附加质量可以独立存在，它们所起的作用就如各种运动单独存在时一样；

3）附加质量是物体形状参数和运动方向的函数，而与速度、角速度等运动参数的大小无关。

航行体出水过程中，附加质量随时间变化。在出筒时，附加质量会随浸水长度的增加而增加。在水中运行时，附加质量会随空泡长度的增加而减小。在出水时，附加质量会随出水长度的增加而减小。

由考虑附加质量变化的结构运动方程可知，附加质量不仅影响质量矩阵，其变化率还引起阻尼矩阵变化，该阻尼力与附加质量沿航行体轴向变化及轴向速度有关。

附加质量的空间变化率与航行体运动状态（法向刚体运动、轴向刚体运动、弹性振动）有关。对于航行体出水运动，轴向、法向弹性振动和法向刚体运动附加质量变化率沿航行体长度表现出不同的特征。出筒过程变化规律与出水过程相反。航行体水下过程中附加质量及其变化率如图 8-12 所示。

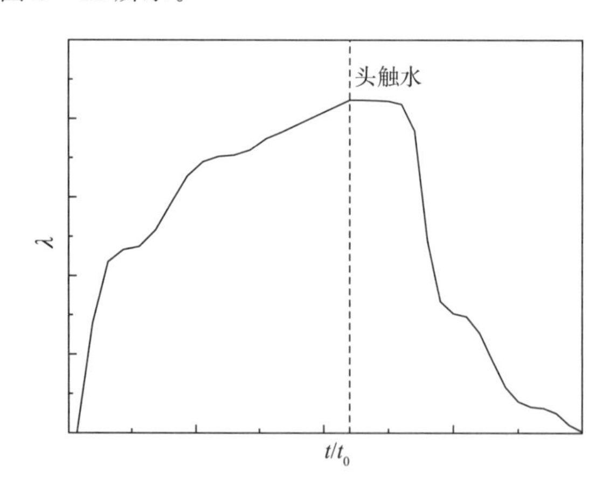

图 8-12　出筒段及出水段附加质量及其变化率

弹性振动引起附加流体惯性力应在载荷计算中进行补偿，需要考虑弹性振动诱导的附加流体惯性力。

8.3.2.3 阻尼参数辨识及影响分析

航行体在水下和出水过程中其阻尼特性也与空中不同，因此，在载荷计算中还需要考虑流体阻尼的影响。为了准确计算出水载荷，如何确定合理的附加质量、阻尼等参数是关键。通过对航行体进行阻尼辨识的结果可以看出，航行体在水下及出水过程中，其频率较干态低，阻尼较大，并随时间不断变化，航行体出水过程频率及阻尼辨识结果如图 8-13 所示。

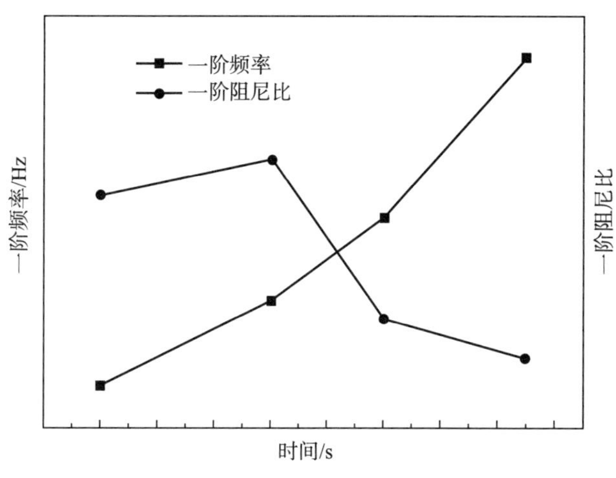

图 8-13　航行体出水过程频率及阻尼辨识结果

8.4　小结

基于理论分析和缩比试验数据的手段对影响水弹道的主要因素进行分析，获取了航行体垂直发射过程中轴向运动和俯仰运动变化特征，并对发射水深、出筒速度、波浪等发射条件与环境对水弹道的影响进行总结，在一定发射水深和出筒速度范围内，发射水深越大、出筒速度越小、逆浪波峰状态下航行体俯仰角速度较为恶劣，这是垂直发射水下航行体水弹道设计需要重点分析的工况。

航行体出筒过程中，航行体在尾部燃气的作用下不断加速，头部的阻力不断增加，从而在航行体内产生较大的轴向压载，由于平台运动速度的影响，会产生迎、背流面压差，产生航行体的出筒横向载荷；航行体出水过程中，航行体穿过自由面，空泡发生溃灭，伴随波浪等物理过程，会产生迎、背流面压差，会激起航行体横向动力学响应，造成横向出水载荷的产生。

参 考 文 献

[1] 黄寿康．流体动力（弹道（载荷（环境［M］．北京：宇航出版社，1991.

[2] RATTAYYA J V, BROSSEAU J A, CHISHOLM M A. Potential flow about bodies of revolution with mixed boundary conditions—Axial flow [J]. Journal of Hydronautics, 1981, 15: 74-80.

[3] RATTAYYA J V, BROSSEAU J A, CHISHOLM M A. Potential flow about bodies of revolution with mixed boundary conditions—Cross flow [J]. Journal of Hydronautics, 1981, 15: 81-89.

[4] LOGVINOVICH G V. Hydrodynamics of Flows with Free Boundaries [M]. New York: Halsted Press, 1973.

[5] VASIN A D. The principle of independence of the cavity sections expansion (Logvinovich′s Principle) as the basis for investigation on cavitation flows. RTO AVT Lecture Series, 2001.

[6] 吴望一．流体力学［M］．北京：北京大学出版社，2004.

[7] 权晓波，魏海鹏，孔德才，等．潜射导弹大攻角空化流动特性计算研究［J］．宇航学报，2008，29（6）：1701-1705.

[8] 王献孚．空化泡和超空化泡流动理论及应用［M］．北京：国防工业出版社，2009.

[9] 尹云玉．固体火箭载荷设计基础［M］．北京：中国宇航出版社，2007.

[10] 尹云玉，吕海波，李宁，陈敏．潜射火箭出水过程横向响应载荷研究［J］．导弹与航天运载技术，2007，（6）：12-16.

[11] 尹云玉，李明．纵向力对弹性梁横向弯矩的影响分析［J］．强度与环境，2008（5）：1-8.

[12] 吕海波，魏海鹏，李明．水下航行体动响应影响因素敏感性分析［J］．强度与环境，2008（6）：1-5.

[13] 吕海波，李明，魏海鹏．小波变换在水下航行体出水动响应识别中的应用［J］．强度与环境，2009（6）：14-18.

[14] 吕海波，权晓波，尹云玉，魏海鹏，姚熊亮，考虑水弹性影响的水下航行体结构动响应研究［J］．力学学报，2010（3）：350-356.

[15] 李明，尹云玉．水下航行体动态响应计算的附加质量探讨［J］．导弹与航天运载技术，2008（4）：16-18.

[16] 赵振军，吕海波，郭百森，李明，周春晓．柔性飞行器飞行动力学与结构动力学耦合分析方法［J］．导弹与航天运载技术，2012（3）：11-14.

[17] 魏海鹏，郭凤美，权晓波．水下气体射流数值研究．导弹与航天运载技术，2009（2）：37-47.

[18] 权晓波，魏海鹏，孔德才，等．潜射导弹大攻角空化流动特性计算研究．宇航学报，2008，29（6）：1701-1705.

[19] 吕海波，权晓波，尹云玉，等．考虑水弹性影响的水下航行体结构动响应研究．力学学报，2010，42（3）：350-356.

[20] 裴金亮，权晓波，魏海鹏，等．水下航行体出水空泡溃灭理论与计算研究．水中兵器，2012（4）.

第9章　通气空泡流体动力控制原理和技术

流动控制技术是航空航天、船舶等工程领域研究的热点，在飞行器减阻、增升、降低噪声辐射，以及发动机内外流控制等许多领域都存在着巨大的应用潜能。水下航行体的流体动力特征和航行体姿态极大地依赖于流体运动状态，特别是紧贴物体表面的边界层流动状态。通过对绕流流体的运动，尤其是对边界层流动施以被动或主动控制，可以极大地改善水下航行体的流体动力特征，从而减小航行体水下运动的阻力，增强航行体的运动稳定性，改善航行体的受力环境。

流动控制方法可以分为被动控制方法和主动控制方法两类。

被动控制方法通常采用增加辅助结构来改变流动状态，如导流装置及涡流发生器等，典型应用包括机翼上的翼刀、涡流发生器等。被动控制是通过被动流动控制装置来改变流动环境，这种流动控制方式是预先设定的，当流场实际情况偏离设计状态时，就无法达到最佳控制效果。

主动流动控制则是在航行体附近流场中直接施加适当的扰动模式并与流动的内在特征相耦合来实现对流动的控制，如航行体表面变形、吹气、吸气及合成射流等。主动流动控制的优势在于它能在需要的时间和部位出现，通过局部能量输入，获得局部或全局的有效流动改变，进而使航行体性能显著改善。

被动控制的控制措施相对固定，其控制效果容易受流动状态变化的影响，当流动状态发生变化后，控制能力下降。由于其所使用的手段比较简单，因此成本低，重量增加相对较小。主动控制是动态的和实时的，通常控制动作随流动状态改变而改变，因而可以获得较为理想的控制效果，即使在流动状态发生较大变化时仍能发挥较大作用，但依赖于较为复杂且有较大重量的辅助系统，成本较高。

目前对于水下垂直发射航行体的流体动力控制主要采用主动充气技术。在航行体垂直发射过程中，通过航行体内部或表面的气源，从航行体表面某些位置通入或排出气体，形成通气空泡，通过通气空泡泡内压力和空泡形态的改变实现对流体动力的调节与控制。

9.1　基于通气空泡的流体动力控制原理和技术

水下垂直发射航行体主要采用主动充气方式进行流动控制，按照充气方式的不同，主动充气技术主要包括主动通气空泡技术和主动排气空泡技术两种。

（1）主动通气空泡技术

主动通气空泡技术通常应用于肩部自然空化航行体，其原理是向航行体肩部已有空泡内通入不可凝结气体，从而提高泡内压力，降低空泡溃灭压力，改善航行体受力环境，进而降低航行体出水载荷。具体实现方法是在航行体发射过程中，利用航行体内部气源，经过航行体表面的通气口向肩部已有空泡内持续通入高压气体，提高空泡内的压力，增加空泡的长度，从而提高空泡的稳定性。

（2）主动排气空泡技术

主动排气空泡技术通常应用于抗空化头型航行体，即针对航行体肩部无自然空泡的情况，利用航行体内部气源向外部排气，从而在航行体表面形成气膜或气泡，实现对水下垂直发射过程航行体流体动力的调节与控制。

主动通气空泡与主动排气空泡两种技术均通过航行体向周围流场排出气体来实现流体动力控制，改善水下垂直发射航行体运动过程的流体动力与载荷特性，但二者充气位置、充气动力、所形成的流场结构或空泡形态及作用机理均有所不同，对比见表 9-1。

表 9-1　主动通气空泡技术与主动排气空泡技术对比

主动充气方式	主动通气空泡	主动排气空泡
适用航行体	肩部自然空化航行体	抗空化头型航行体
是否存在自然空化	存在自然空化	不存在自然空化
充气位置	肩部自然空泡内	航行体肩部及轴向不同位置
充气动力	高温、高压主动排出	高压主动排出
空泡形态/流场结构	尺度较大的通气空泡	小尺度不连续空泡也可能融合成厚度较薄的连续泡
溃灭形式	出水时存在溃灭现象	出水时无明显溃灭现象

9.1.1　主动通气空泡技术

主动通气空泡技术就是航行体水下弹射出筒运动到一定位置后，航行体内部气源开始工作，向肩部已有空泡内通入气体，形成一定尺度的肩部附体空泡。空泡将部分航行体包裹住，并与航行体一起在水下垂直运动，直到航行体出水。主动通气空泡技术可以降低流体动力载荷，保护航行体外形和内部装置完好，确保航行体在水中段及出水段运动的稳定性。俄罗斯将该项技术应用于潜射固体弹道导弹 P-31（SS-N-17）和 P-39（SS-N-20）。

20 世纪 70 年代初，俄罗斯通过多项方案论证、型号设计、试验和理论计算，提出了这种主动通气空泡发射方式。专家认为，侧向流体动力通常产生在航行体表面空泡末端区域。流体动力实际上对空泡内的航行体部分并不起作用。空泡越长，航行体在水中运动时的弯矩和角扰动就越小。如果空泡在航行体上的闭合位置在航行体质心下部，则航行体可获得全新的性质，即静稳定性。由此通过设计和研究得出结论，当航行体的绕流状态由全湿绕流（航行体未被肩部通气空泡包裹）转变为空化绕流（航行体由肩部通气空泡包裹）时，流体动力会发生相应的改变。

采用主动通气空泡技术需要解决的工程问题包括：

1）主动通气结构设计问题，包括通气口数量、通气方向、通气结构安装位置和方式、抛去方式和时机等；

2）气源固体火药技术，包括火药类型、成分、药量及其燃烧的控制等；

3）稳定空泡的形成问题，包括通气量的控制，空泡外形的控制，空泡外形不对称性的调整等。

主动通气空泡对流体动力及载荷的控制原理可分为以下几种：提高泡内压力、增加空泡长度、减小空泡溃灭压力。

（1）提高泡内压力

采用主动通气空泡技术时，通入空泡内的气体量直接影响泡内压力。试验结果表明，随着通气量增加，泡内压力增加，在一定范围内，泡内压力与通气率变化近似呈线性关系，如图 9-1 所示。

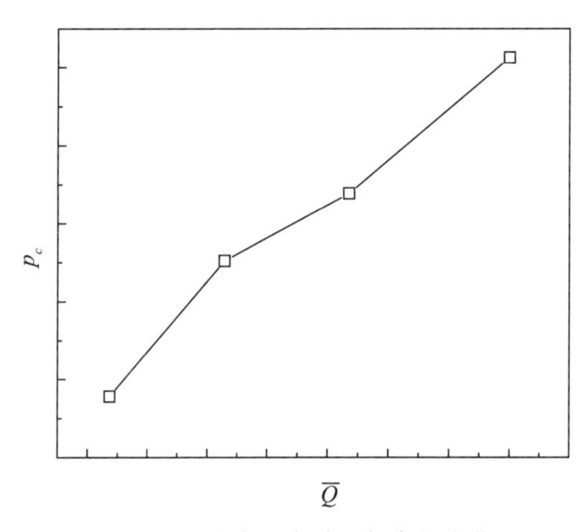

图 9-1　泡内压力随通气率的变化

（2）增加空泡长度

在形成肩部通气空泡时，通气量与空泡形态密切相关。在一定航行体运动速度条件下，肩部通气空泡长度随通气率的变化曲线如图 9-2 所示。通气量越大，空泡的发展速度越大，空泡的长度就越大。

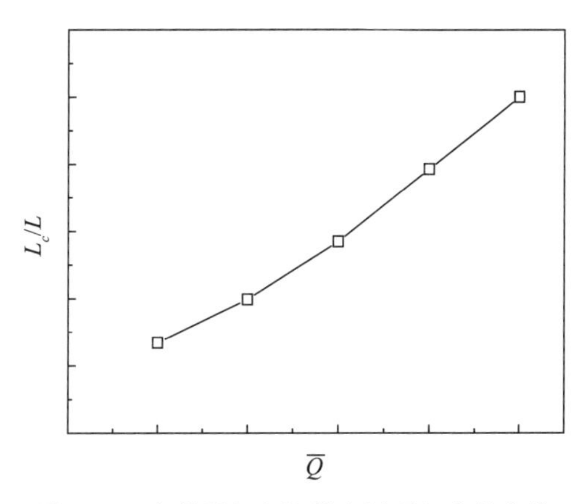

图 9-2　肩部通气空泡长度随通气率的变化

（3）减小空泡溃灭压力

空泡溃灭压力的大小与附着水冲击航行体表面的速度相关，而冲击速度取决于泡内压力。泡内压力越大，冲击速度越小，溃灭压力就越小；泡内压力越小，冲击速度越大，溃灭压力就越大。

9.1.2 主动排气空泡技术

法国的 M51 潜射战略导弹采用了主动排气空泡技术，其发射过程视频截图如图 9－3 所示。通过视频资料可以观察到 M51 导弹水下发射过程中在头部与柱段交界处存在主动排气装置，根据排气空泡形态分析，其排气装置应由 12～18 个圆形截面的圆柱排气结构组成，在出水过程中持续排气，大部分航行体始终包裹在气水混合物中。

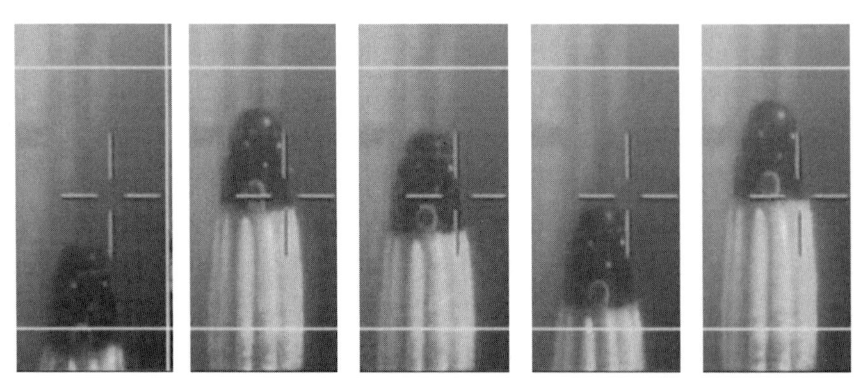

图 9－3　M51 发射过程视频截图

当排气融合成整体空泡后，主动排气空泡技术对流体动力的控制原理与主动通气空泡技术类似，通过改变空泡形态，进而改变航行体的流体动力特性。排气量对通气空泡的稳定发展、头触水时刻空泡的特征参数（泡长、泡压等）有着重要影响。数值计算结果表明，在不同排气量条件下，随着排气量的增加，空泡轴向发展速度加快，且空泡发展更稳定，如图 9－4 和图 9－5 所示。

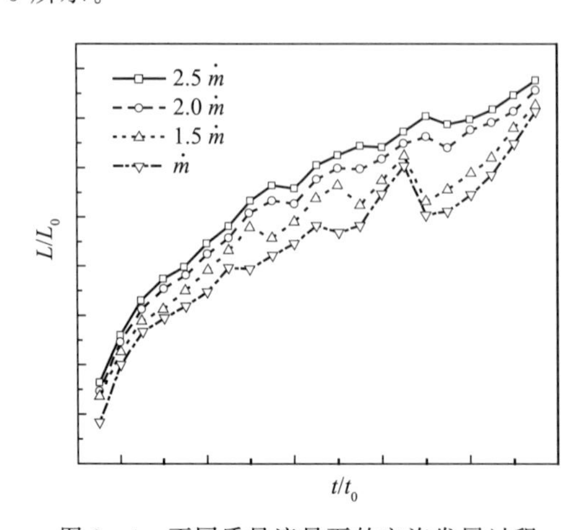

图 9－4　不同质量流量下的空泡发展过程

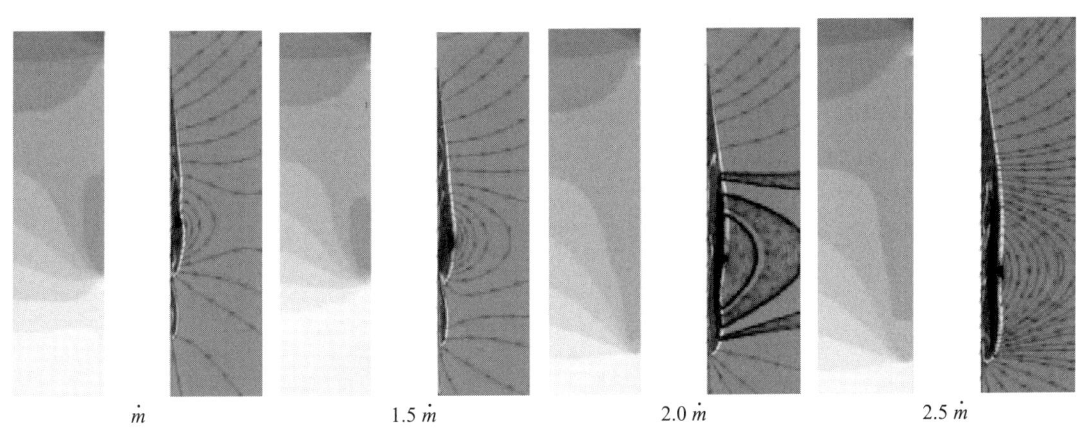

图 9-5　不同质量流量流场图（见彩插）

9.2　通气空泡形态特性

水下航行体采用主动充气的方法获得通气空泡时，空泡形态主要与通气率、欧拉数（自然空化数）等参数有关。基于缩比模型水洞试验结果，分析了通气空泡形态与各参数之间的关系。

9.2.1　通气率对通气空泡形态的影响

回转体缩比模型水槽垂直出水试验结果表明，在小通气率下，附着在回转体表面的空泡内部流场处于气水掺混状态，随着通气率的增加，空泡内部逐渐转变为半透明状态，不同通气率下通气空泡形态如图 9-6 所示。

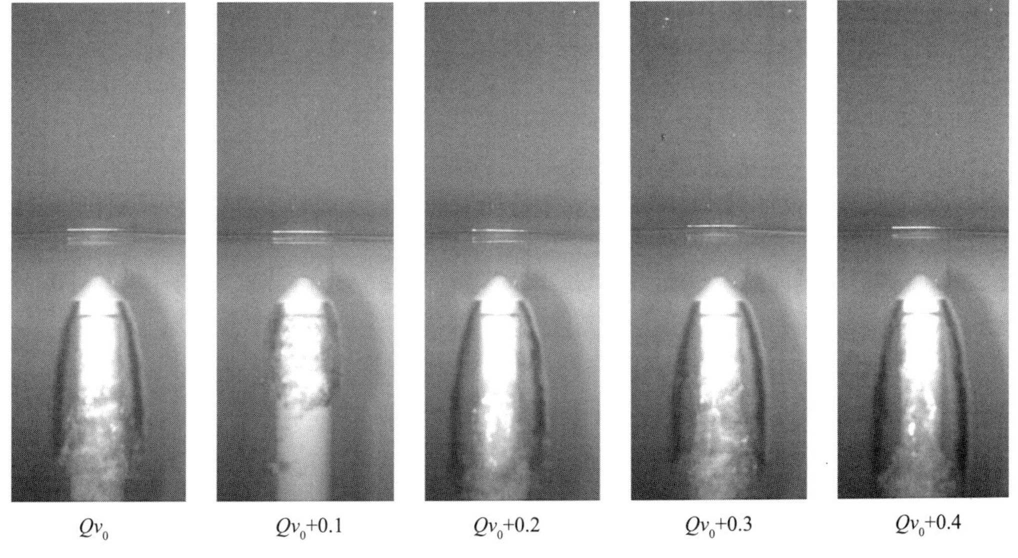

图 9-6　不同通气率下空泡形态图

相同欧拉数下，空泡直径、空泡长度与通气质量流率近似呈线性增加的趋势，当通气率增大到一定程度时，空泡长度、空泡内压力增加的趋势减缓。相同欧拉数下，无量纲空泡直径和空泡长度随通气率的变化规律如图 9－7 所示。

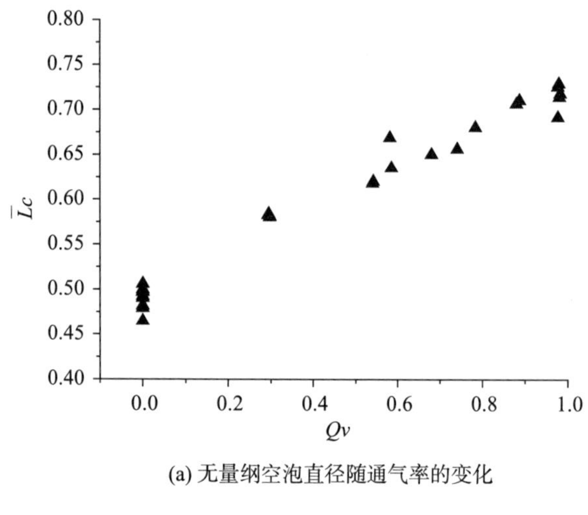

(a) 无量纲空泡直径随通气率的变化

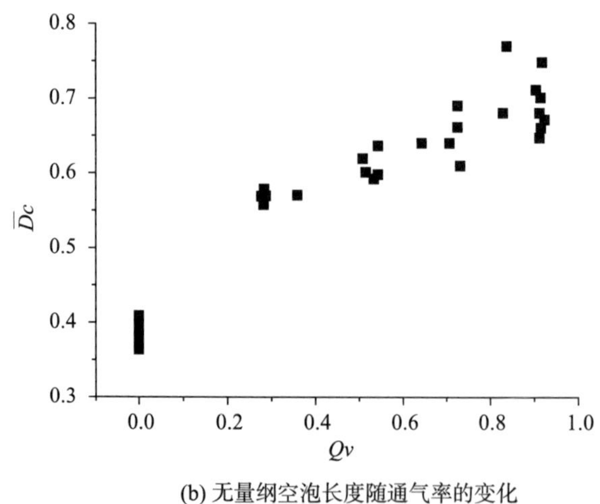

(b) 无量纲空泡长度随通气率的变化

图 9－7　无量纲空泡直径和空泡长度随通气率的变化

航行体在穿越自由液面的过程中，在小通气率下，附着空泡区域较小，在回转体穿越自由液面过程中，肩部空泡逐渐溃灭，形成水气两相混合物，附着在回转体肩部区域继续向上运动，回转体中后部没有大团的附着空泡；在大通气率下，附着空泡区域较大，在回转体穿越自由液面过程中，肩部空泡溃灭，形成水气两相混合物，附着在回转体肩部区域继续向上运动，在水中段形成“椭球形”附着空泡团，在自由液面的作用下，逐渐向回转体尾部发展。不同通气率下，回转体穿越自由液面过程空泡形态随时间的变化情况如图 9－8 所示。

(a) Qv_0

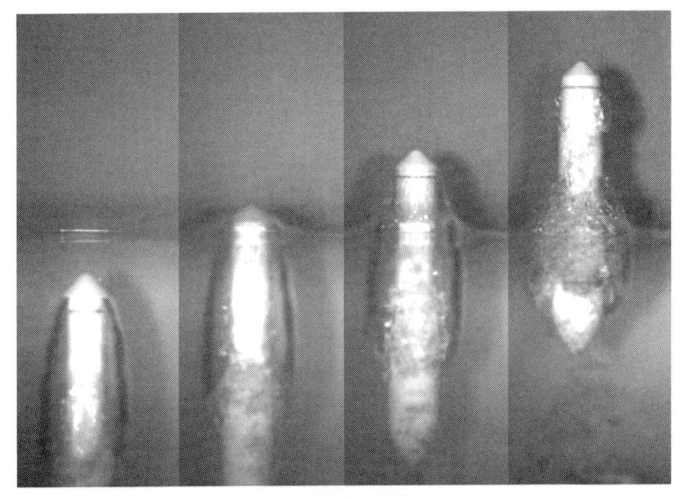
(b) $Qv_0+0.2$

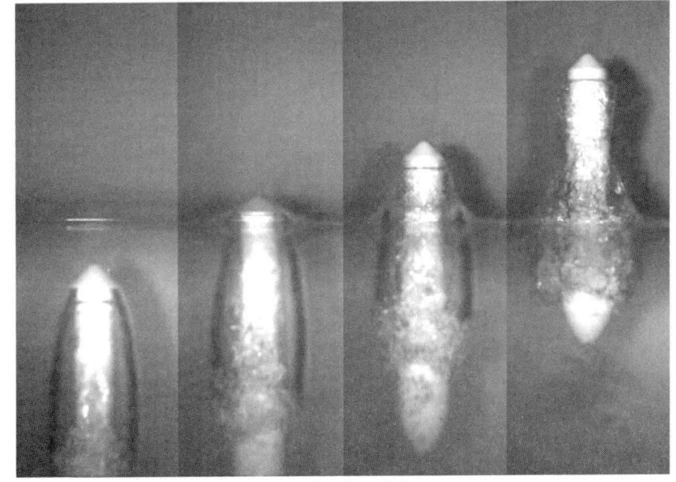
(c) $Qv_0+0.4$

图 9-8　不同通气率下回转体穿越自由液面阶段空泡形态随时间的变化

9.2.2 欧拉数对通气空泡形态的影响

相同通气率下，随着 Eu 的减小，空泡内的流动状态从透明型空泡逐渐向半透明水气掺混状态转换，不同的欧拉数下，通气空泡的形态如图 9－9 所示。

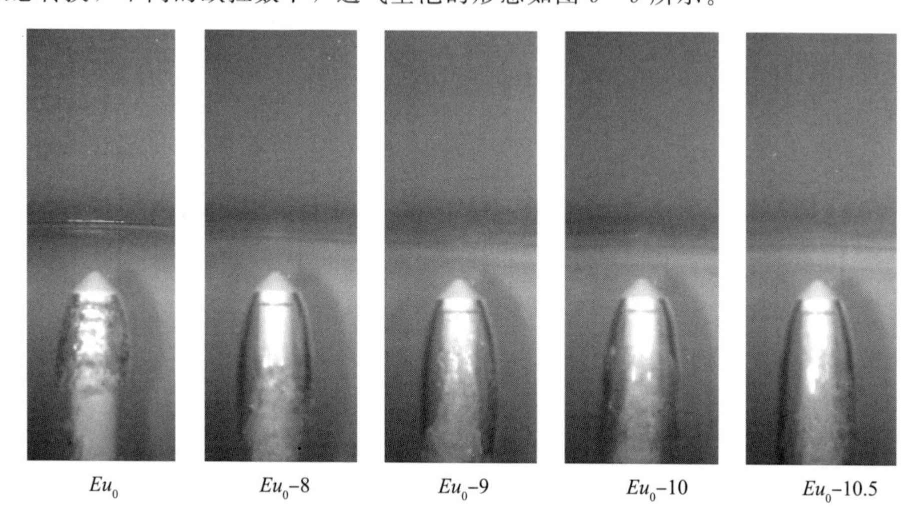

图 9－9 相同通气率不同欧拉数下的空泡形态图

相同通气率下泡径和泡长随欧拉数的变化规律基本一致，随欧拉数的减小都呈现出先下降后上升的趋势。相同通气率下空泡无量纲直径和长度随欧拉数的变化规律如图 9－10 所示。

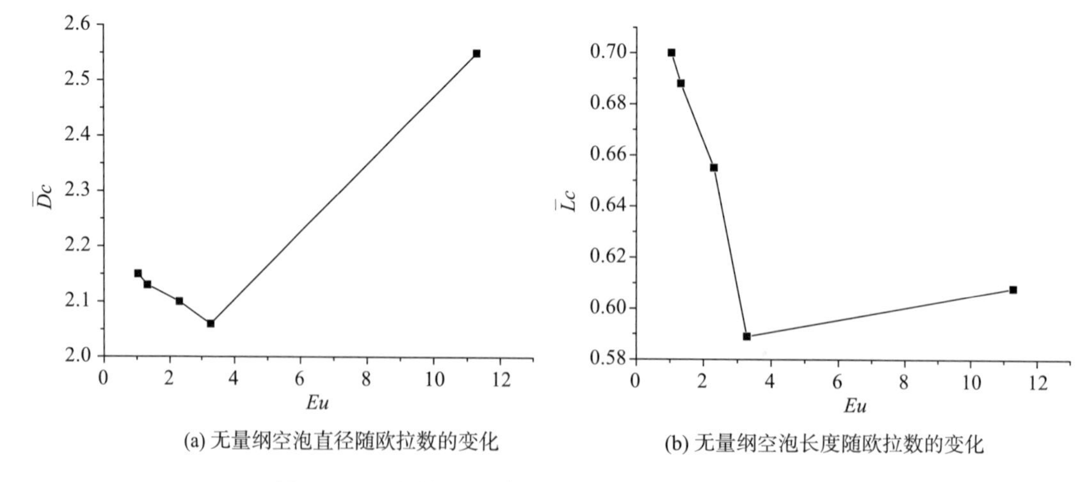

(a) 无量纲空泡直径随欧拉数的变化　　(b) 无量纲空泡长度随欧拉数的变化

图 9－10 无量纲空泡直径和长度随欧拉数的变化规律

不同的欧拉数下回转体穿越自由液面过程中，在大欧拉数下流动处于透明空泡状态，随着欧拉数的减小，空泡内流动变为半透明水气混合流型。在回转体穿越自由液面过程中，附着空泡前端逐渐溃灭，形成水气两相混合物，附着在回转体表面继续向上运动，附着空泡中后部区域在自由液面的作用下，逐渐向回转体尾部发展。与透明空泡状态相比，流动处于半透明水气混合状态时，空泡前部溃灭后，附着空泡中后部区域的水气两相混合程度更加剧烈。不同的欧拉数下回转体穿越自由液面过程空泡形态随时间的变化如图 9－11 所示。

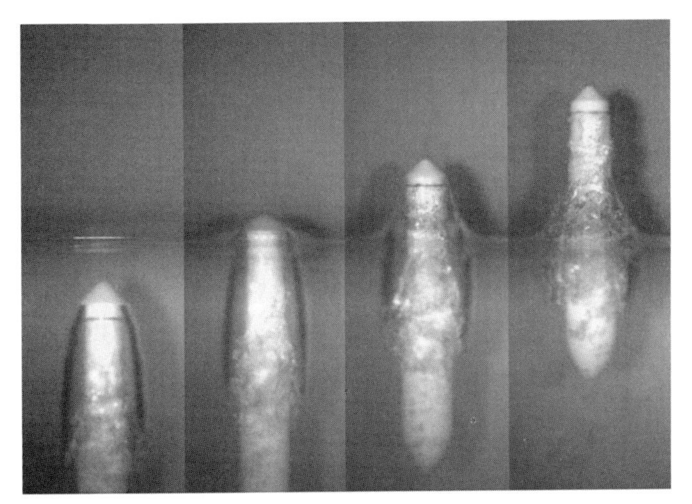

(a) Eu_0

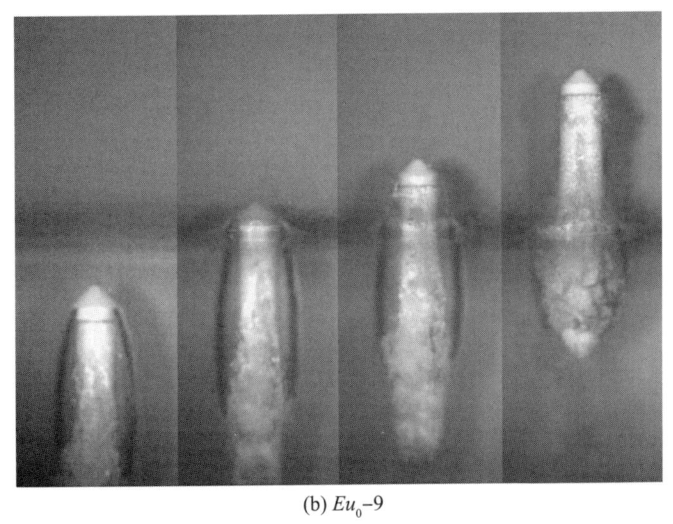

(b) Eu_0–9

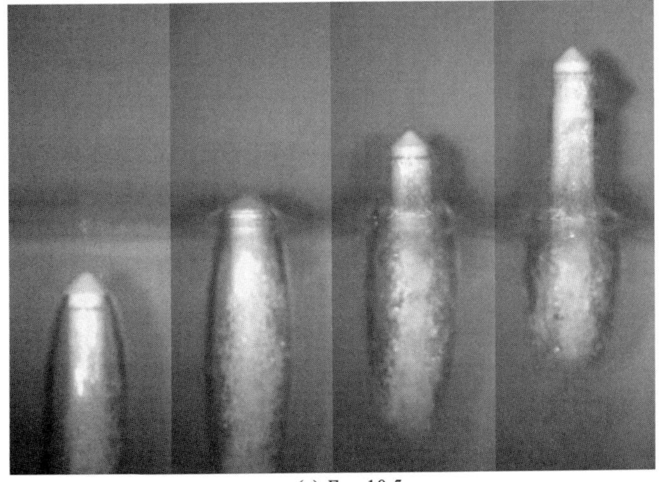

(c) Eu_0–10.5

图 9-11　不同欧拉数下回转体穿越自由液面阶段空泡形态随时间的变化

9.3　通气空泡对航行体流体动力特性的影响

航行体在水下垂直发射过程中，受到的阻力主要有压差阻力和粘性阻力，压差阻力主要是由航行体运动时其前后的压强差造成的，而粘性阻力则主要是由于航行体运动过程中，其表面与流场中的水接触产生的粘滞力所致。

图 9 - 12 为某一给定工况下，航行体总阻力系数随通气率的变化关系。从图中可以看出，自通气开始，阻力系数随通气率的增加而逐渐减小，从空泡形态的变化趋势可知，当通气率增加时，航行体表面空化区域逐渐增大，航行体周围与水沾湿面积逐渐减少。在空泡内部的未沾湿区域，由于气体的粘性远小于液体的粘性，所以航行体所受到的粘性阻力逐渐减小，而且减小的趋势比较快，但是通气率增加到一定程度时，虽然航行体表面与水的沾湿面积依旧不断增大，但趋势趋于平缓，所以航行体所受阻力减小的趋势也变得缓慢。

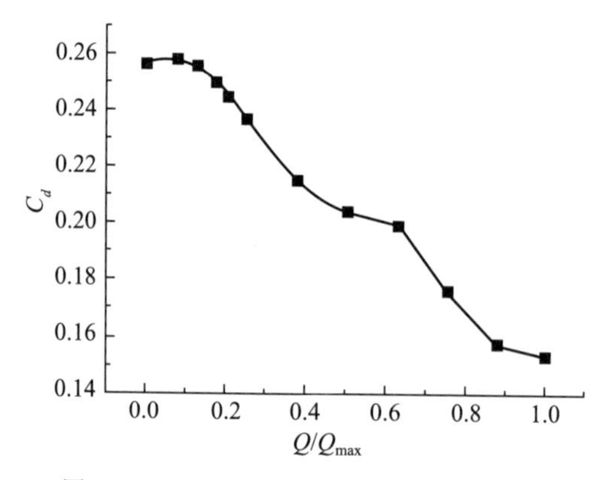

图 9 - 12　阻力系数随通气率的变化特性

图 9 - 13 为某一给定工况下，航行体俯仰力系数随通气率的变化关系。从图中可以看出，随着通气率的增大，航行体所受的俯仰力在逐渐增大，这是由于重力的作用，迎、背流面的空泡长度不对称，表面沾湿面积不同，所以俯仰力系数随通气率的增加而不断加大。

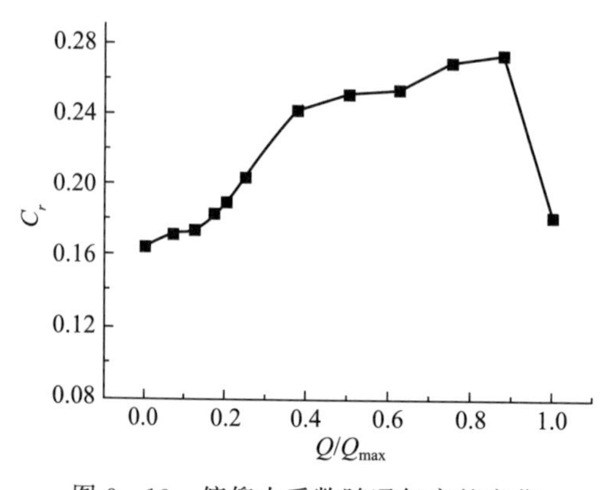

图 9 - 13　俯仰力系数随通气率的变化

9.4　小结

本章首先给出了流动控制的概念，流动控制的主要方法和分类。针对水下垂直发射航行体，重点介绍了基于通气空泡的流体动力控制原理和技术，具体包括主动通气空泡和主动排气空泡两种技术。分析了主动通气空泡技术中通气空泡形态、泡内压力随通气率的变化关系，以及对水下航行体载荷存在重要影响的通气空泡溃灭压力的影响因素；分析了主动排气空泡航行体泄压空泡技术中不同通气量条件下的主动排气空泡发展过程及流场演化特性。分析了通气空泡形态随通气率、欧拉数的变化关系，以及通气空泡对航行体流体动力特性的影响。

参考文献

[1] H. 欧特尔．普朗特流体力学基础［M］．朱自强，钱翼稷，李宗瑞，译．北京：科学出版社，2008.

[2] VLASENKO Y D. Experimental investigations of high - speed unsteady supercavitating flow，Third International Symposiumon Cavitation，April 1998，Grenoble，France.

[3] SAVCHENKO Y N. High - speed body motion at supercavitating flow，Third International Symposiumon Cavitation，April 1998，Grenoble ，France.

[4] REICHARDT H. The Laws of Cavitation Bubbles as Axially Symmetrical Bodies in a Flow. Ministry of Aircraft Productuin（Great Britian），Reports and Translations. 1946（766）：322 - 326.

[5] WOSNIK M. Experimental study of a ventilated supercavitating vehicle［A］. Proceedings of CAV2003：Fifth International Symposium on Cavitation［C］，Osaka，Japan，2003.

[6] 贾力平，魏英杰，王聪，等．通气超空泡研究中的几个问题［J］．船舶工程．2006，5（28）：37 - 41.

[7] 洪俊武，陈晓东，张玉伦，陈作斌．主动流动控制技术的初步数值研究［J］．空气动力学学报，2005（4）：402 - 407.

[8] 张素宾．高速航行体通气空泡流动研究［D］．上海：上海交通大学，2011.

[9] KIRSCHNER I N，et al. Supercavitiation research and development［A］. Undersea Defense Technologies［C］，Hawai，i 2001.

[10] VLASENKO Y D. Control of Parameters at Supercavitating Flow［R］. TNO report. FEL - 98 - A027.

[11] SEMENENKO V N. Artificial Supercavitation Physics and Calculation. Van den Braembussche，ed. VKI Special Course on Supercavitating Flows，Brussels，2001：RTO - EN - 010（11）.

[12] SAVCHENKO Y N. Supercavitation - Problems and Perspectives. E. B. Christopher，ed. 4th International Symposium on Cavitation，California，2001：CAV2001. Lecture. 003.

[13] SEREBRYAKOV V. Problems of Hydrodynamics for High Speed Motion in Water with Supercavitation. Sixth International Symposium on Cavitation. Wageningern，Netherlands. 2006，CAV2006 - 134.

[14] PELLONE C. Franc J P，Perrin M. Modeling of Unsteady 2D Cavity Flows Using the Logvinovich Independence Principle. C. R. Mecanique，2004，332：827 - 833.

[15] LOGVINOVICH G V，SEREBRYAKOV V V. On Methods of Calculating a Shape of Slender Axisymmetric Cavities，Gidromehanika，1975（32）：47 - 54.（in Russian）.

[16] ROBERT K，CHARLES H，JOHN C. Experimental Study of Ventilated Cavities on Dynamic Test Model. Naval Undersea Warfare Center，Cav2001：Session B3. 004.

[17] 段磊．通气空泡多相流动特性研究［D］．北京：北京理工大学，2014.

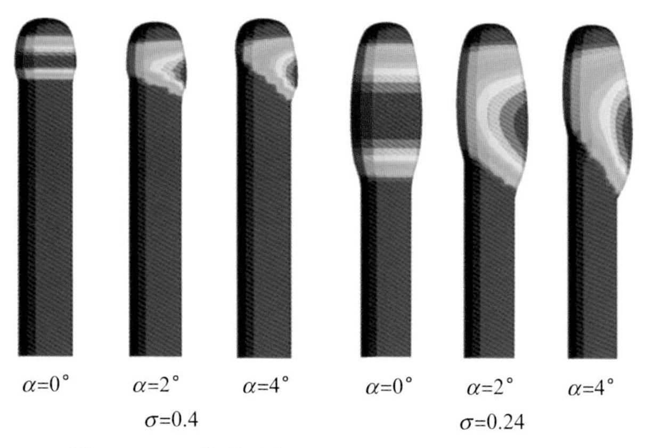

图 2－4　三维带攻角空泡形态计算结果（P18）

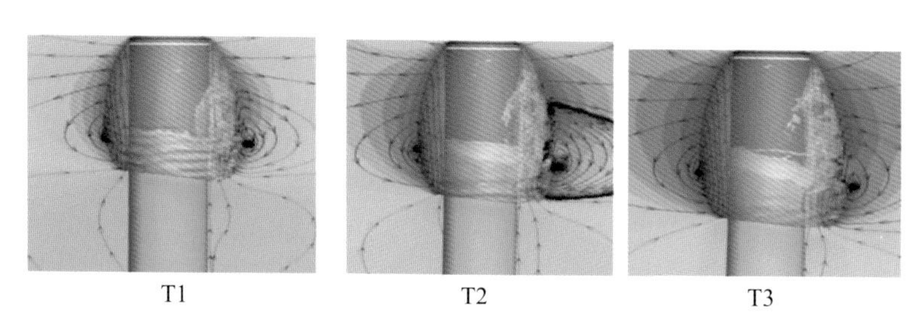

图 3－7　三维仿真获得的典型时刻流场图（P58）

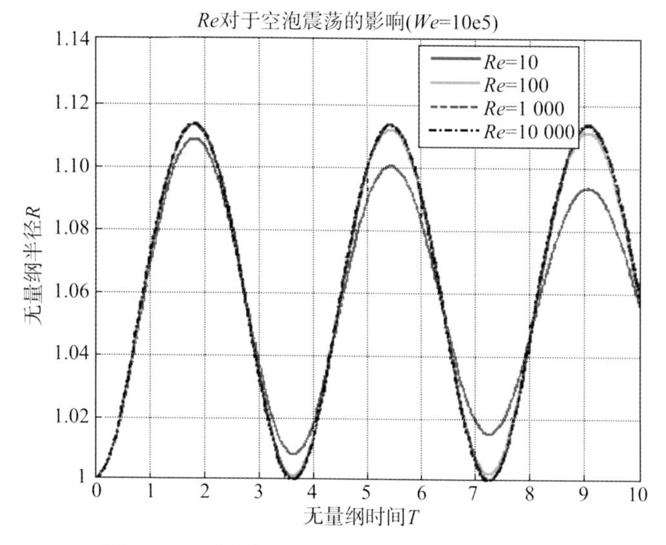

图 4－1　雷诺数 Re 对空泡震荡的影响（P66）

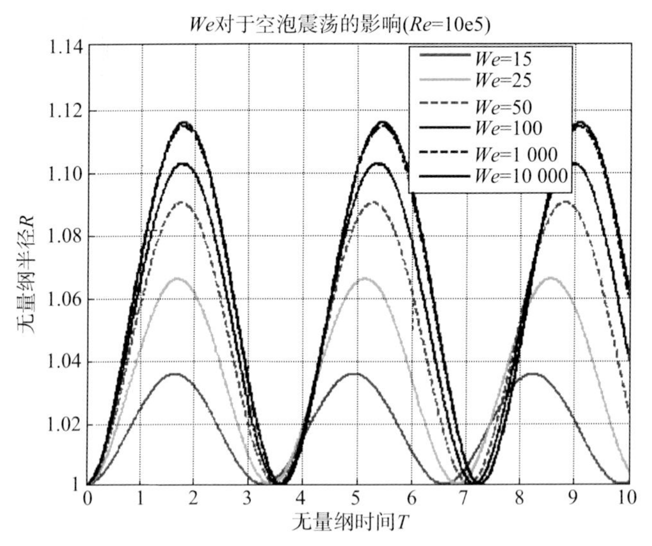

图 4－2　韦伯数 We 对空泡震荡的影响（P66）

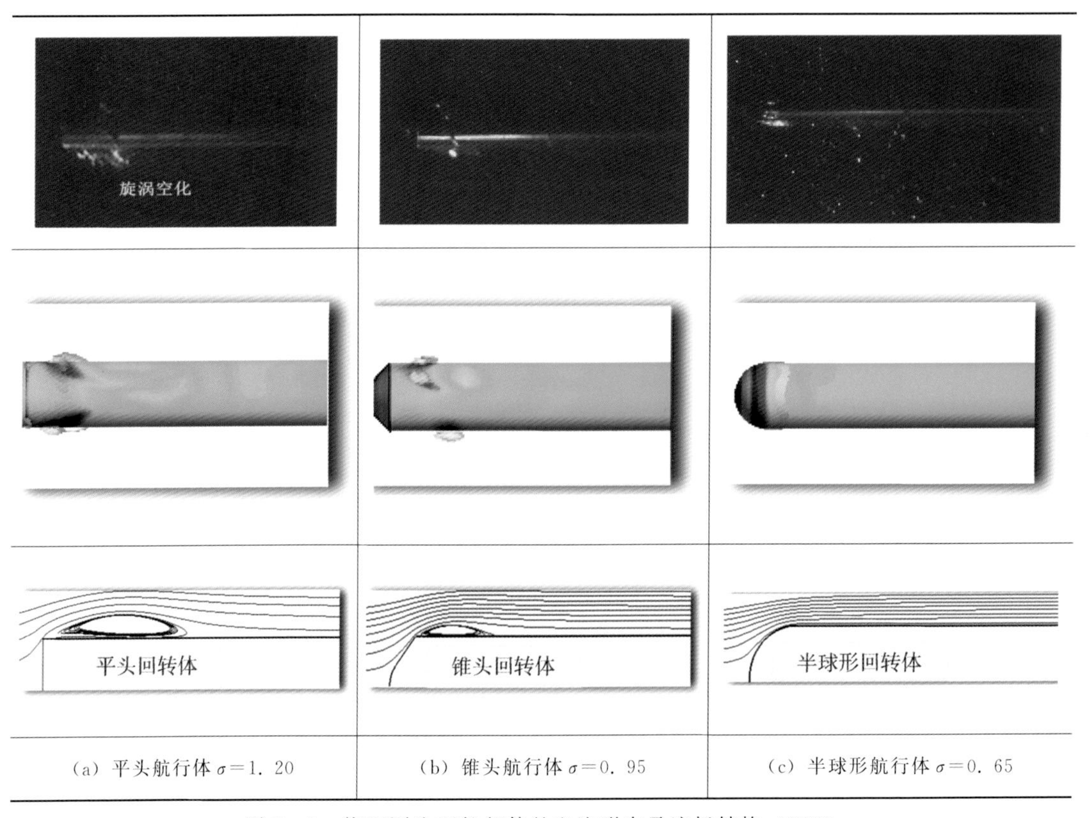

图 5－2　绕不同头型航行体的空泡形态及流场结构（P78）

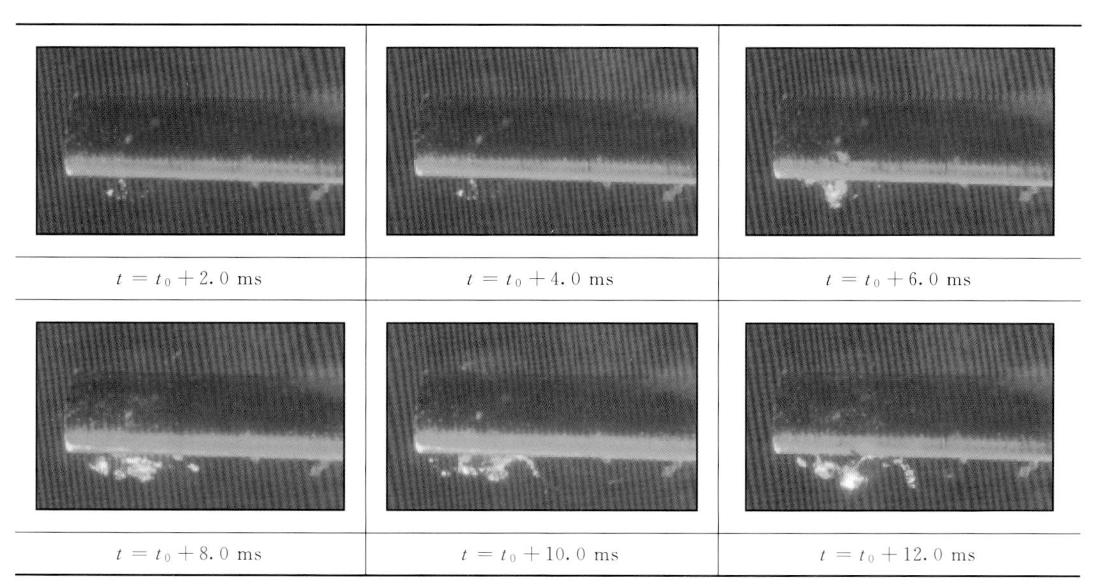

图 5－3　绕平头航行体的非定常空泡形态（P78）

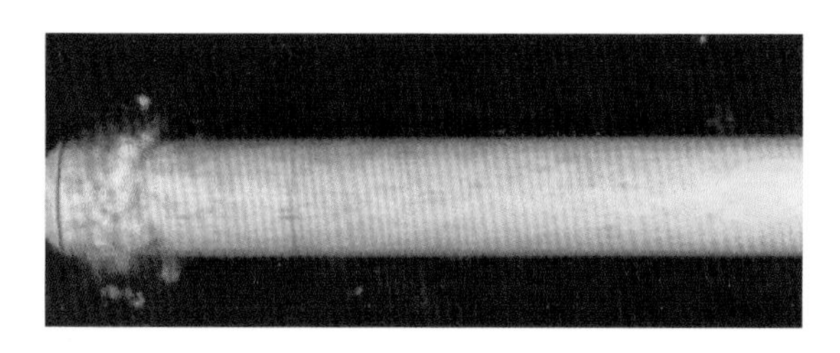

(a) σ =0.90

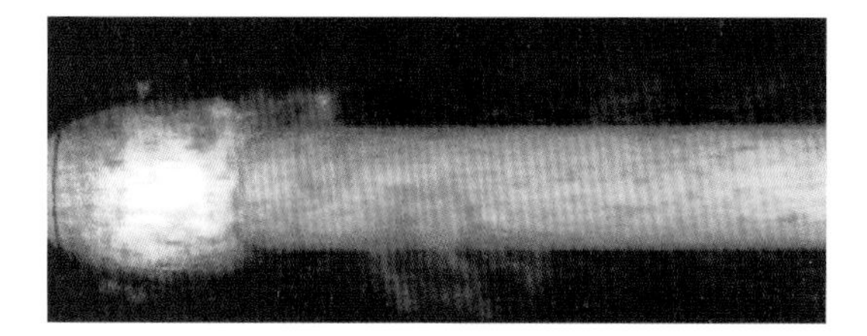

(b) σ =0.58

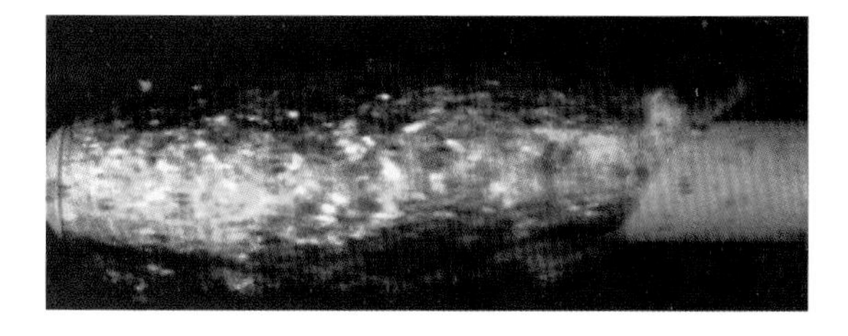

(c) σ =0.21

图 5－6　锥头型航行体不同空泡数下附体空泡发展过程试验结果（P81）

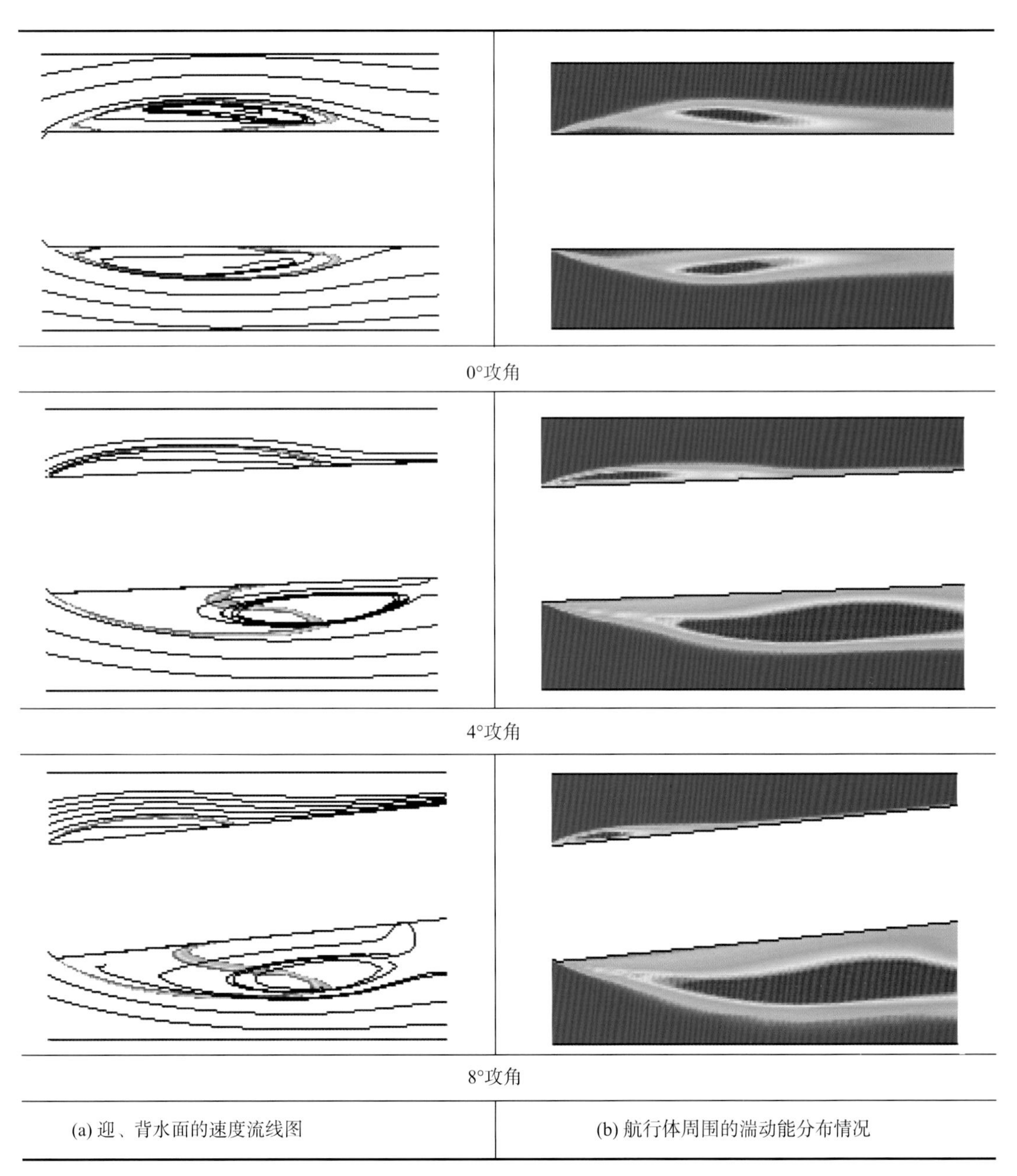

图 5-10　不同攻角下，迎、背水面的流场结构分布（$\sigma=0.30$）（P84）

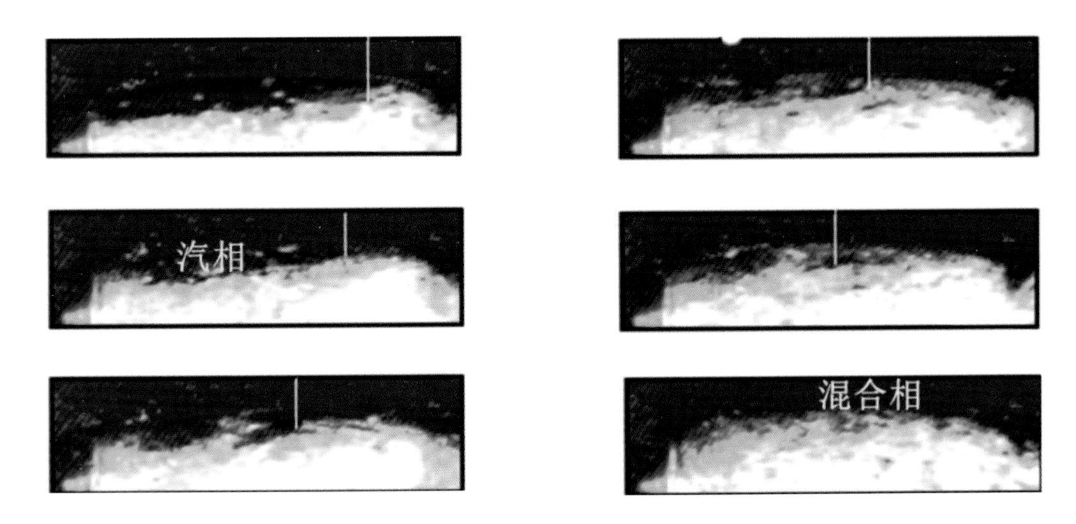

(a) 实验结果

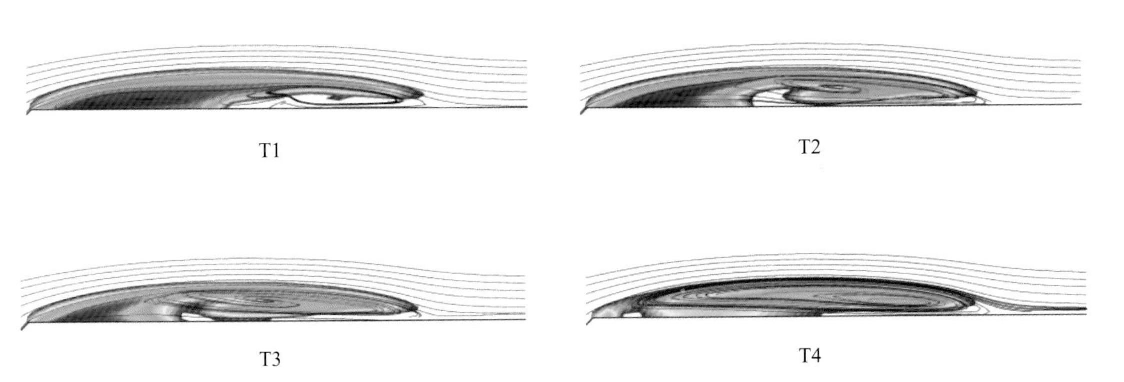

(b) 数值计算结果

图 5-12　空泡内回射流的反向推进过程（$\sigma=0.30$）（P85）

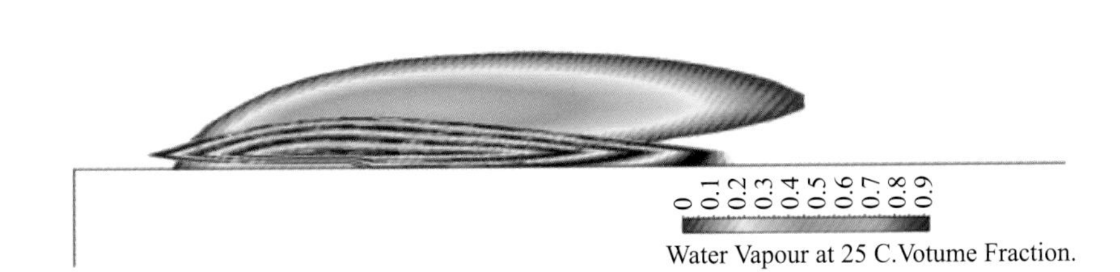

图 5-14　绕平头型航行体的非定常空泡形态及空泡脉动、脱落（$\sigma=0.65$）（P86）

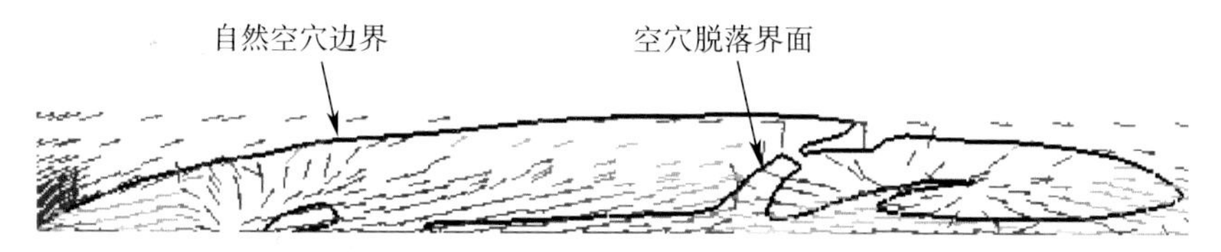

图 5-15　空泡内部矢量图（P87）

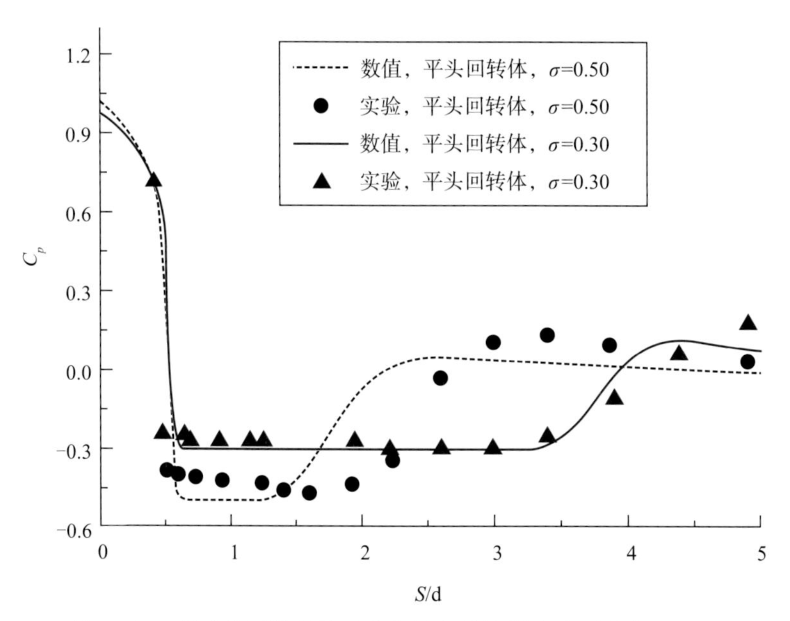

图 5-16　绕平头型航行体的空泡形态及航行体表面压力（P87）

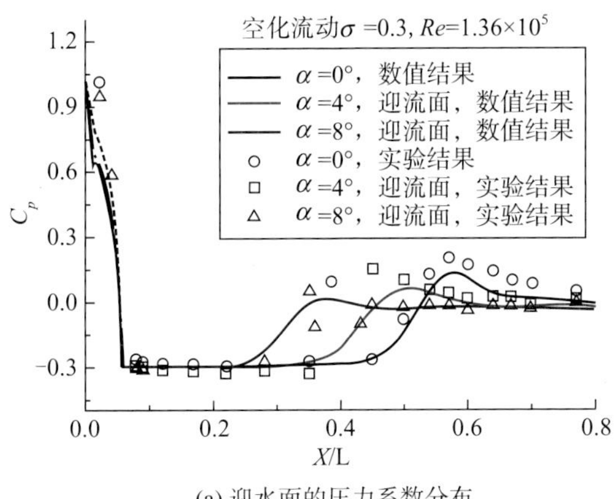

(a) 迎水面的压力系数分布

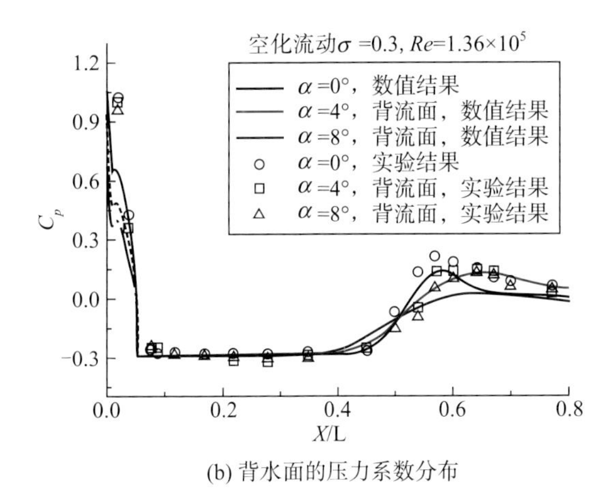

(b) 背水面的压力系数分布

图 5－17　平头型迎、背水面的压力系数（$\sigma=0.30$）（P88）

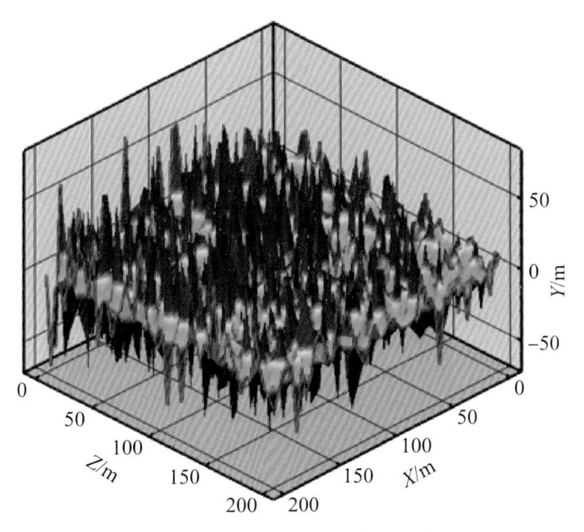

图 7－13　某时刻三维海浪的波面形状（P129）

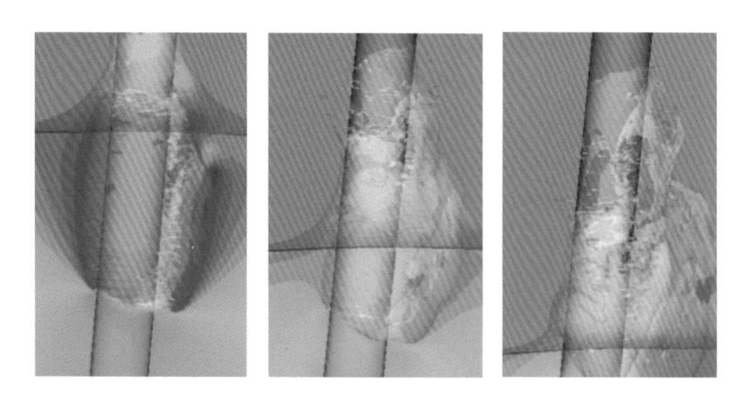

(a) 波峰状态

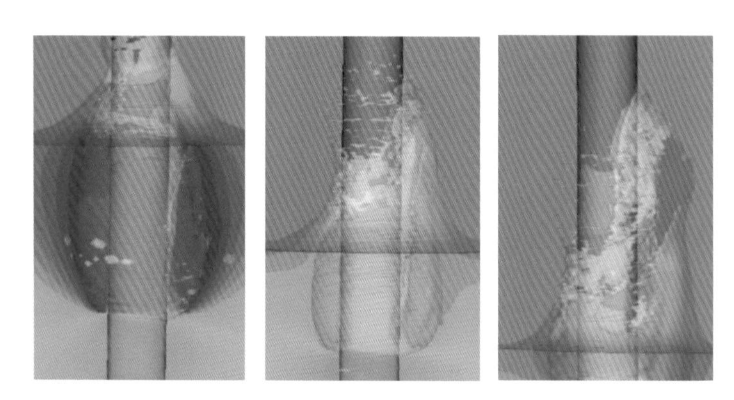

(b) 波峰冲击航行体

图 7－17　航行体横切面流线分布（P134）

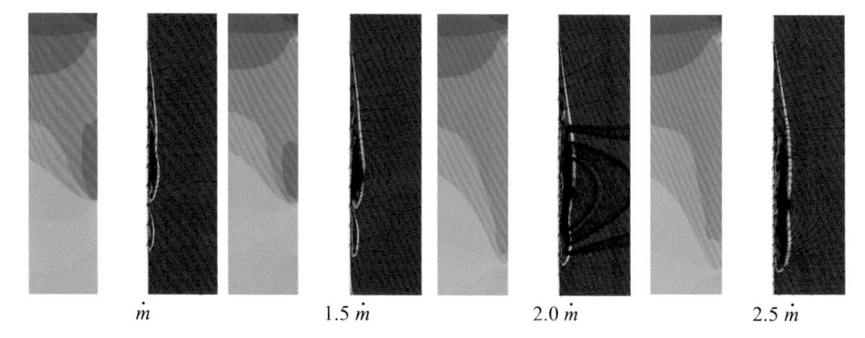

图 9－5　不同质量流量流场图（P161）